GAN

生成对抗神经网络

原理与实践

李明军◎著

北京大学出版社

PEKING UNIVERSITY PRESS

内 容 简 介

生成对抗神经网络(Generative Adversarial Nets,GAN)作为一种深度学习框架,发展十分迅猛。通过相互对抗的神经网络模型,GAN能够生成结构复杂且十分逼真的高维度数据。因此,GAN被广泛地应用在学术研究和工程领域,包括图像处理,如图像生成、图像转换、视频合成等;序列数据生成,如语音生成、音乐生成等;以及其他众多领域,如迁移学习、医学图像细分、隐写术、持续学习(深度学习重放)等。

GAN的技术较为复杂,细分领域众多,因此需要有一个高效率的学习方法。首先,需要了解GAN的全景,对GAN的发展脉络和各个细分领域都有所了解。这样,当我们面对各种各样的应用场景时,才能够做到胸有成竹。其次,掌握生成对抗的基本原理,以及实现生成对抗的关键技术。这样,当我们面对在GAN领域出现的各种新理念、新技术时,才能够追本溯源,从容应对。最后,针对自己感兴趣的GAN进行深入地研究。本书正是这样组织的,让有志于学习研究GAN的人能够快速入门并掌握GAN的关键技术。

图书在版编目(CIP)数据

GAN 生成对抗神经网络原理与实践 / 李明军著 . — 北京 : 北京大学出版社,2021.5
ISBN 978-7-301-32116-4

Ⅰ.①G… Ⅱ.①李… Ⅲ.①人工神经网络－研究 Ⅳ.①TP183

中国版本图书馆 CIP 数据核字(2021)第 059712 号

书 名	**GAN生成对抗神经网络原理与实践**
	GAN SHENGCHENG DUIKANG SHENJING WANGLUO YUANLI YU SHIJIAN
著作责任者	李明军 著
责 任 编 辑	张云静 刘 倩
标 准 书 号	ISBN 978-7-301-32116-4
出 版 发 行	北京大学出版社
地 址	北京市海淀区成府路205号 100871
网 址	http://www.pup.cn 新浪微博:@北京大学出版社
电 子 信 箱	pup7@pup.cn
电 话	邮购部 010-62752015 发行部 010-62750672 编辑部 010-62570390
印 刷 者	北京鑫海金澳胶印有限公司
经 销 者	新华书店
	787毫米×1092毫米 16开本 18.5印张 449千字
	2021年5月第1版 2021年5月第1次印刷
印 数	1-4000册
定 价	79.00元

　　自 2014 年 Ian J. Goodfellow 等人提出 GAN——生成对抗神经网络以来,GAN算法模型就如雨后春笋般出现,广泛地应用在计算机视觉、自然语言处理以及其他学术与工程领域。这得益于GAN模型的几个特点:GAN生成数据速度非常快,生成的数据非常逼真,不需要预先假设样本数据的分布空间。

　　GAN面临的主要挑战有模型训练困难,容易出现生成模型坍塌等问题。因为GAN是采用生成对抗策略来训练的,优化生成模型必然导致判别模型的损失增大,反之亦然。可以说,GAN的应用发展史,就是不断地解决模型训练困难、对抗生成模型坍塌的过程。实现思路包括采用多个生成模型、潜在空间匹配,以及给GAN添加从数据空间到潜在空间的映射等,正是上述技术手段的应用才使GAN能够蓬勃发展。

 ## 本书特色

1. 概览全景

　　首先,本书对 GAN 进行全景式的介绍,让读者能够了解 GAN 的技术起源、在应用领域的发展演变过程、在技术上面临的主要挑战,以及解决这些挑战的思路和对策。有了这个基础,当面对具体的 GAN 时,就能够追本溯源,快速掌握它的基本原理。

2. 详解原理

　　其次,本书详细介绍了 GAN 的基本原理,即通过生成模型(Generative Model,G)和判别模型(Discriminative Model,D)的相互对抗,最终实现生成模型具备生成足够逼真的高维度数据(如图像或音乐)的能力。除此之外,本书还详细介绍了卷积神经网络、反卷积神经网络,以及卷积操作和反卷积操作的原理和技术实现,它们是构建 GAN 的基础。掌握了原理之后,读者就可以随心所欲地构建自己所需要的各种 GAN 模型。

3. 案例丰富

最后,本书介绍了几种常用的、有代表性的 GAN 模型实战,包括原始的 GAN、DCGAN(基于深层卷积网络的 GAN)、CGAN(有条件约束的 GAN)、InfoGAN(自动捕获图像中关键特征的 GAN)、SGAN(多层堆叠的 GAN)、CycleGAN(循环一致的 GAN)等。这些 GAN 模型涵盖了 GAN 在发展演变过程中各个阶段面临的挑战与对策,可让读者掌握各种各样的 GAN 的关键原理和实战代码。

附赠资源

附赠书中相关案例源代码,读者也可用微信扫一扫下方二维码关注公众号,输入代码 36971,即可获取下载资源。

本书读者对象

本书适合任何对 GAN 技术感兴趣的研究人员,以及人工智能相关领域的从业人员。
尤其推荐以下人群阅读本书:
- GAN 研究人员
- 深度学习从业人员
- 图像生成从业人员
- 图像识别从业人员
- TensorFlow 2.0 从业人员

目录
CONTENTS

第2章 TensorFlow 2.0安装 ··············39

第3章 神经网络原理 ··············43

第4章 TensorFlow 2.0开发入门 ·········· 65

第5章 常用数据集 ·········· 112

第1章

生成对抗神经网络综述

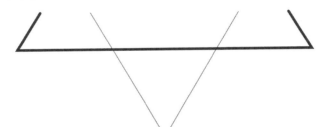

1.1 什么是生成对抗神经网络?

生成对抗神经网络(Generative Adversarial Nets, GAN)是一种深度学习的框架,它是通过一个相互对抗的过程来完成模型训练的。典型的 GAN 包含两个部分,一个是生成模型(Generative Model,简称 G),另一个是判别模型(Discriminative Model,简称 D)。生成模型负责生成与样本分布一致的数据,目标是欺骗判别模型,让判别模型认为生成的数据是真实的;判别模型试图将生成的数据与真实的样本区分开。生成模型与判别模型相互对抗、相互促进,最终生成模型能够生成以假乱真的数据,判别模型无法区分是生成的数据还是真实的样本,如此一来,就可以利用生成模型去生成非常逼真的数据。

由于 GAN 能够生成复杂的高维度数据,因此被广泛应用于学术研究和工程领域。GAN 的主要应用包括图像处理、序列数据生成、半监督学习、域自适应(Domain Adaptation)。图像处理是 GAN 应用最多的领域,包括图像合成、图像转换、图像超分辨率、对象检测、对象变换等;序列数据生成包括音乐生成、语音生成等。

1.1.1 GAN 架构

生成模型的输入是低维度的随机噪声(如向量),输出是高维度的张量(如图像或音乐)。判别模型的输入是高维度的张量(如图像或音乐);输出是低维度的张量,如代表输入张量是否来源于真实样本的热向量(one-hot)。在训练阶段,生成模型输出的高维度张量也会输入给判别模型,由判别模型判断生成的数据是否已经足够像真实的样本数据。模型训练完成之后,在评估阶段就可以通过给生成模型输入低维度的随机噪声,让生成模型输出高维度的张量数据(图像或音乐)。

关于 GAN 的生成和对抗,最早的 GAN 是作者通过警察(判别模型)和造假币者(生成模型)来举例的。造假币者试图造出非常逼真的假币,警察试图将假币和真币区分开。造假者不断提升造假币的能力,以试图欺骗警察;警察也不断提高自己的辨别能力,将假币尽可能地识别出来。二者相互对抗、相互竞争,造假者的造假水平和警察的辨别能力都不断地提高,直到最终造假币者能够造出以假乱真的假币,这就是生成对抗的原理。GAN 的架构如图 1-1 所示。

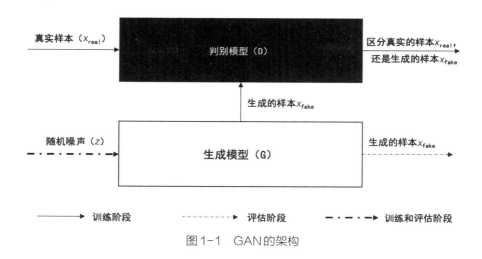

图 1-1 GAN 的架构

1.1.2　判别模型

　　判别模型的输入是一个高维度的张量(如图像或音乐),输出是一个低维度的张量,一般是向量(如图像所属类别)。这个转换的过程是典型的降采样(Down Sampling)过程,即将高维度、大尺寸的输入张量逐步转换成低维度、小尺寸的输出张量,最终输出向量的过程。这一降采样的过程与卷积神经网络的过程十分类似。实际上,GAN 网络架构中采用卷积神经网络作为判别模型是十分常见的。判别模型的网络架构如图 1-2 所示。

图 1-2　判别模型的网络架构

1.1.3　生成模型

　　生成模型的输入是一个代表随机噪声的低维度张量,输出是一个代表高维度的张量(如图像或音乐)。生成模型的转换过程是一个典型的升采样(Up Sampling)的过程,这一过程与反卷积神经网络的操作过程非常类似。实际上,采用反卷积神经网络作为生成模型的情况也是十分常见的。

典型的生成模型的网络架构如图1-3所示。

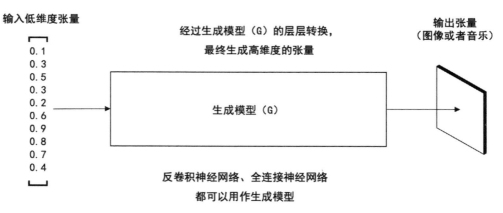

图1-3　生成模型的网络架构

1.1.4　训练方法

由GAN的原理可知,生成模型(G)和判别模型(D)相互对抗,用$L(G,D)$代表损失函数,其中判别模型试图最小化误差,生成模型试图最大化误差。最终的误差函数如下:

$$\min_{G} \max_{D} L\left(G, D\right) = E_{x \sim p_{\mathrm{data}}}\left[\log D\left(x\right)\right] + E_{z \sim p_{z}}\left[\log\left(1 - D\left(G\left(z\right)\right)\right)\right] \tag{1-1}$$

由式(1-1)可知,生成模型和判别模型对误差都有影响,其中任何一个变动都会导致误差变动。所以,GAN是采用交替训练的方法来训练的,即固定一个模型,训练另外一个模型。

GAN模型的训练过程可以通过以下步骤来完成。

(1)固定生成模型的参数,优化判别模型的参数。首先生成一批样本数据$G(z)$,将它们标记为生成的样本,然后与真实的样本数据x(标记为真实样本)一起输入判别模型。由于判别模型的目标是将二者区分开,因此这是一个典型的分类预测问题,这也是卷积神经网络非常擅长的。实际上,目前主流的GAN网络的判别模型往往都是卷积神经网络。经过训练,如果判别模型具备足够的容量,就能够将真实样本与生成的数据区分开,于是可以得到一个判别模型D1。

(2)固定判别模型D1的参数,优化生成模型的参数。生成模型的优化目标是降低判别模型的准确率,所以应根据判别模型的辨别结果调整生成模型的参数,直到生成模型能够产生让判别模型D1无法区分的生成数据。至此,可以得到一个生成模型G1。

(3)循环执行(1)和(2),交替训练并且升级生成模型和判别模型,每经过一轮训练,就会提高一些模型的准确率,升级一次模型,最终得到生成模型G2、G3、G4、⋯、Gn和对应的判别模型D2、D3、D4、⋯、Dn。经过以上n轮训练,不管是生成模型还是判别模型的性能都会得到极大的提升,判别模型能够区分稍有瑕疵的生成数据。为了能够欺骗判别模型,生成模型必须能够生成几乎没有瑕疵,或者说是能够以假乱真的数据,最终 GAN 具备了生成足够逼真的高维度数据的能力。

1.2　为什么要学习 GAN?

为什么要学习 GAN?因为 GAN 功能强大、应用广泛,并且无须限定样本数据分布,就能够生成锐利而清晰的数据。

1.2.1　GAN 的应用场景非常广泛

GAN 的应用场景十分广泛,包括图像生成、图像处理、序列数据生成、半监督学习、域自适应,以及其他相关领域,如医学图像细分(通过图像细分算法精确定位病灶)、隐写术(一种加密技术,通过将加密信息写入肉眼可视的图像中实现)、持续学习(深度生成重放)。

图像处理是 GAN 应用最广泛的领域,包括图像生成、图像转换、图像超分辨率、对象检测、对象变换、视频合成等场景,其中图像生成是 GAN 模型的最原始的应用场景。图像转换是指将一个领域(x)中的图像转换成另一个领域(y)中的图像,如将真人模特的照片转换成动漫卡通人物的角色;图像超分辨率是指将低分辨率的图像转换成高分辨率图像的场景;对象检测是指检测图像中是否包含指定的对象(如图像中是否包含狗);对象变换是指将图像中的对象替换成其他对象,并且在不改变对象背景的前提下,让变换后的图像看起来足够真实;视频合成是指根据当前视频的内容,预测未来一段时间的视频内容。

序列数据生成是指生成序列化数据的场景,包括语音对话或音乐合成。

半监督学习是指样本数据中只有少量的样本是有标记的,大量的样本数据是没有标记的,这种类型的数据在生活中广泛存在。GAN 能够通过充分利用标记的样本数据所属类别的信息,从理论角度来说,GAN 的识别准确率可以达到非常高。

域自适应是迁移学习的一种,是指将在一个领域学习得到的模型应用在另一个领域中,其应用也十分广泛。例如,根据黄种人的人脸数据集训练一个人脸识别模型,如果该模型直接应用于非黄种人的人脸(如白种人或黑种人)识别,那么识别的准确率可能会很低。域自适应能够提高模型的适应能力,保证模型在应用于新领域时的性能。

1.2.2　GAN 既关注全局又关注细节

从架构上来说,GAN 包含判别模型和生成模型,判别模型关注全局,生成模型关注局部细节,二者相互竞争、相互成就,最终构成了有机的整体——GAN 模型。

　　判别模型负责判断生成的数据与真实样本中的图像是否足够接近,这是一个将高维度数据转换成低维度数据的过程。判别模型采用自顶向下、从全局到局部的方式来观察图像,将输入张量层层降采样,以便最终生成的数据足够接近真实的样本数据。这一特点使得判别模型能够关注全局。

　　生成模型负责生成数据,负责将输入的随机噪声从低维度张量转换成高维度张量,这是一个典型的升采样的过程。生成模型采用自底向上、从局部到全局的方式来生成图像,这使得生成模型能够关注局部细节,确保最终生成的图像足够真实。

　　GAN将判别模型和生成模型整合起来,二者相辅相成。因此,GAN既能关注全局,又能关注细节,如图1-4所示。

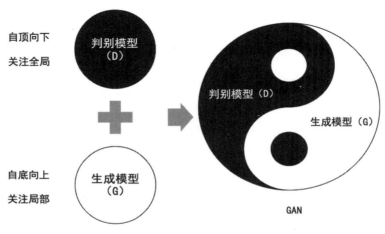

图1-4　GAN既关注全局又关注细节

1.2.3　GAN能生成足够逼真的数据

　　GAN能够生成清晰锐利的数据,这是GAN的重要优势之一。

　　传统的表征学习,由于直接向样本数据学习,往往需要尽可能地模拟全部样本数据。为了兼顾尽可能多的样本数据,模型生成数据时往往倾向于取平均值的办法,因为这样可以取得较小的误差,而这一点正是导致样本模糊的主要原因。

　　GAN的学习方式与传统的表征学习不同。GAN利用判别模型学习样本的分布,学习的目标是能够辨别输入的数据是否来自真实的样本;生成模型负责生成数据,目标是生成让判别模型认为是"真实的"样本数据。所以,生成模型不是试图模拟全部的样本数据,而是生成"足够逼真"的数据,正是这一点保证了GAN能够生成足够逼真的数据。

　　以图像生成为例,如视频中有一张当前向前看的人脸,想要预测下一刻人脸的转向。由于下一刻人脸可能向左转,也可能向右转,在传统的生成模型中,会试图同时模拟向左转或向右转,结果就是取平均值,导致图像模糊。这种情况不会发生在GAN中,因为当生成模型生成这样的人脸时,判别模型会发现生成的图像不像真实的人脸,所以判别模型会给出较低的评价,生成模型无法收敛在当前参数;相反,当生成模型生成一张向左转或者一张向右转的人脸时,由于生成的图像"足够真实",判别模型反而会给出较高的评价,所以最终生成模型会生成"足够逼真"的数据,而不是模拟尽可能多的样本数据。

从理论上来说,GAN之所以能够生成逼真的、清晰锐利的数据,根本原因在于目标函数(Object Functions)。目标函数用来度量生成模型生成的数据分布与样本数据的分布是否一致,所以可以通过目标函数去控制生成模型的生成目标——是覆盖尽可能多的样本数据还是生成足够逼真的数据。目标函数也称为损失函数(Loss Function)、代价函数(Cost Function),在本书中它们是同义词。

生成的数据分布与样本数据分布是否一致,该如何度量呢?可以采用KLD(Kullback-Leibler Divergence)作为目标函数,也可以采用Reverse KLD作为目标函数。采用KLD作为目标函数时,所有样本数据所在的分布空间都会产生误差,所以生成模型需要尽可能覆盖所有的样本分布空间。采用Reverse KLD作为目标函数时,只有生成的数据分布空间才会产生误差,所以只有对于生成模型生成的数据分布空间才能尽可能地拟合;对于生成模型没有生成数据的样本空间分布,由于不会产生误差,因此生成模型不会试图去全部覆盖。

采用KLD作为目标函数时,生成模型尽可能地覆盖全部样本;采用Reverse KLD作为目标函数时,生成模型会生成尽可能逼真的数据,这是GAN能够生成逼真数据的技术原理,如图1-5所示。

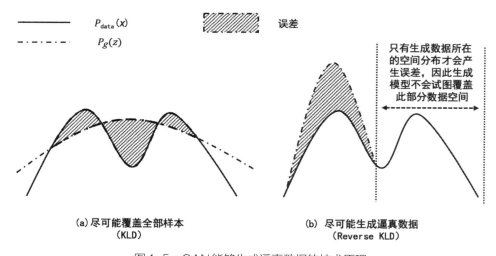

图 1-5　GAN能够生成逼真数据的技术原理

1.2.4　GAN能够快速地生成数据

GAN能够快速地生成数据,这是因为GAN能够并行地生成数据,这一点是由GAN的运行机制决定的。

传统的生成模型往往采用自回归的模式来评价生成数据的质量,因此生成数据的速度非常慢。以生成图像为例,在生成第i个像素时,必须以前$i-1$个像素为条件计算第i个像素的概率。以$p(x_i)$代表第i个像素的概率,那么生成包含i个像素图像的概率计算公式如下:

$$p_g(x) = p_g(x_1)p_g(x_2)\cdots p_g(x_{i-1}) \tag{1-2}$$

$$= \prod_{i=1}^{d} p_g(x_i | x_1, x_2, \cdots, x_{i-1}) \tag{1-3}$$

式中,d为图像的维度(一般情况下图像是三维的)。

从式(1-2)和式(1-3)可知,传统的生成模型在评价生成质量时存在两个方面的问题:第一是计算量大,第二是只能串行计算。计算量大是因为要反复计算每一个像素的生成概率;串行计算是因为只有在前一个像素已经生成之后,才能计算下一个像素的生成概率。这是造成传统生成模型生成数据慢的根本原因。

与传统生成模型不同,GAN的生成模型采用简单的前向传播(推理)的神经网络来生成数据(将潜在空间Z映射到样本数据空间X)。因此,GAN的生成模型一次就生成了完整数据,然后由判别模型来评价生成质量(是否足够像),即GAN采用并行生成数据的方式,而不是采用逐个像素生成的方式,所以其生成速度比传统生成模型快很多。

1.2.5　GAN无须预设样本数据空间分布

传统的生成模型因为需要通过最大似然估计(Maximum Likelihood Estimation,MLE)来生成模型,所以往往需要对样本数的先验分布(Prior Distributions)和后验分布(Posterior Distributions)进行假设。这种假设会导致在计算最大似然估计时产生偏差。如果无法假设样本数据的分布,那么可能会导致采用最大似然估计算法的生成模型无法应用。

GAN无须预先假设样本数据空间分布,因为GAN是通过求解对抗的博弈游戏来计算样本数据空间分布的。它通过判别模型和生成模型的相互对抗,找到纳什均衡(Nash Equilibrium)点,从而找到相应的真实的样本数据空间分布。

1.2.6　对GAN的研究爆发性增长

自从2014年GAN被提出以来,各个领域对GAN的研究都呈现爆发性增长的趋势。在GitHub上有一个the-gan-zoo的项目专门收录各种类型的GAN,其逐月统计收录的GAN的累计数量如图1-6所示,可以看出,GAN的相关研究呈现爆发性增长的趋势。

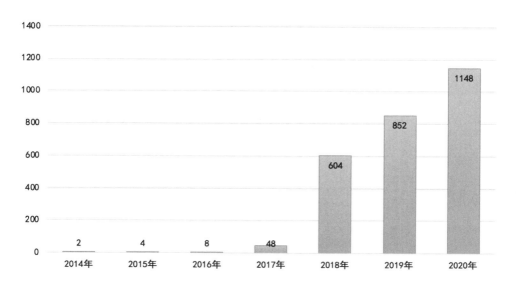

图 1-6　对 GAN 的研究呈爆发性增长

1.3　应用场景

　　GAN 的应用场景十分广泛,包括图像处理、序列数据生成、半监督学习、域自适应等,如表 1-1 所示。

表 1-1　GAN 的各种应用场景一览

应用领域	应用场景	代表 GAN
图像处理	图像生成	GAN、DCGAN
	多域图像生成	Coupled GAN
	图像转换	Pix2pix、PAN、CycleGAN、DiscoGAN
	多域图像转换	StarGAN
	图像超分辨率	SRGAN
	对象检测	SeGAN、Perceptual GAN for small object detection
	对象变换	VGAN、Pose-GAN、MoCoGAN
	文本转图像	Stack GAN、TAC-GAN
	变换面部特征	SD-GAN、SL-GAN、DR-GAN、AGEGAN

应用领域	应用场景	代表GAN
序列数据生成	音乐合成	C-RNN-GAN、SeqGAN、ORGAN
	语言合成	RankGAN
	语音合成	VAW-GAN
半监督学习	采用判别模型	SSL-GAN、CatGAN
	采用辅助分类器	Triple-GAN
域自适应	域自适应	DANN、CyCADA、Unsupervised pixel-level domain adaptation
其他应用	隐写术	Steganography GAN、Secure steganography GAN
	深度重放学习	Deep generative replay
	医学图像分割	DI2IN、SCAN、SegAN

1.3.1　图像生成

图像生成是GAN最早的应用场景。最早GAN的生成模型和判别模型都是采用全连接神经网络,其主要优点是实现比较容易,生成模型和判别模型都非常容易实现反向传播;主要缺点就是只能生成某一个图像,如对于手写数字来说,只能随机生成某个数字(如手写数字5),不能由人工指定具体生成哪个数字。

另一个非常重要的图像生成的GAN是有条件约束的GAN(Conditional GAN,CGAN)。有条件约束表示可以指定约束条件,指定GAN生成我们想要的图像。例如,可以随机指定数字0~9,让GAN生成该数字。

CGAN是非常重要的GAN,在GAN的发展史上有着重要的意义。因为生成足够真实的图像并没有意义,人类如果想获得真实的图像,可以使用照相机拍摄,没有必要使用GAN去生成足够真实的图像,所以只有能够按照人类指定的约束条件去生成图像才有意义。实际上,现代很多类型的GAN都是在CGAN基础上的变形,通过指定约束条件,生成各个领域需要的高维度数据,如图像或音乐;也可以通过指定约束条件,让GAN生成包含我们期望的特征的高维度数据,如指定年龄段的人物图像。

1.3.2　多域图像生成

多域图像生成是指一个GAN能够一次就生成多个域的图像。这是通过多个GAN对来实现的,一个随机噪声输入给多个GAN对,分别生成各自域的图像。

多域图像生成代表的GAN有Coupled GAN,Coupled GAN包含多个配对的GAN,每个GAN同样包含一个生成模型和判别模型,每个GAN负责生成一个域的图像数。配对的多个GAN的部分网络层之间共享权重。共享权重的网络层主要分布在生成模型的低层(接近输入层的网络层)和判别模型的高层(接近输出层的网络层),代表的是图像的高级语义特征。需要指出的是,Coupled GAN通过共享代表高级图像语义的表征层来生成多个域的图像。因此,从广义的角度来说,这些多个域的图像应该具备相当的相似性。

1.3.3　图像转换

图像转换是指将一个域(x)中的图像转换成另一个域(y)中的图像。例如,可以利用GAN将模特的照片转换成动漫中的卡通人物,这里的模特照片属于一个域(x),动漫卡通人物属于另一个域(y)。

图像转换的关键在于转换后的图像需要具备新域的特征,同时也要保留转换之前的图像特征。例如,将一个美少女模特的照片转换成一个动漫的卡通人物,那我们希望转换后的动漫人物是一个可爱的“小女孩”,而不希望是“肌肉男”。因为转换成“小女孩”表示保留了原来图像中女性的特征,转换成“肌肉男”则丢失了原来图像中女性的特征。如果输入是一张男性照片,那么我们希望其转换成一个具有男性特征的人物,即使转换成“肌肉男”也可以,因为这样至少保留了原图中男性和人物的特征。但不管怎么样,我们都不希望将一个男性人物的照片转换成一张桌子、一把椅子,或者与“人物”无关的其他图像,因为这样丢失了原始图像中“男性”和“人物”的特征。

按照所使用的样本数据是否需要配对,图像转换可以分为有配对样本的图像转换、无配对样本的图像转换。

1. 有配对样本的图像转换

有配对样本的图像转换,其训练样本的图像数据是成对出现。例如,有一个训练样本 $\text{Data}\big((x_1,y_1),(x_2,y_2)\cdots(x_n,y_n)\big)$,其中,$x_i \in X, y_i \in Y, i = 1\cdots n$,$(x_1,y_1)$是配对的,即图像$x_i$是图像$y_i$从域$Y$转换到域$X$的目标图像;对应地,图像$y_i$是图像$x_i$从域$X$转换到域$Y$的目标图像。这样的图像转换就是有配对样本的图像转换。

有配对样本的图像转换的GAN包括像素到像素转换的生成对抗神经网络(Pix2pix)和特征感知的生成对抗神经网络(Perceptual Adversarial Networks,PAN)。Pix2pix的生成模型以输入图像为约束条件生成目标图像,逐个像素的计算配对的目标图像和生成的图像之间的差异作为损失函数。与Pix2pix不同,PAN将感知损失添加到生成对抗的损失中,通过比较判别模型的隐藏层中特征图谱(Feature Maps)的区别来判断特征图谱损失。之所以能这样做,是因为根据卷积原理,相同或类似的特征,经过同样的卷积核卷积所生成的特征图谱应该是相同或相似的。

2. 无配对样本的图像转换

与有配对样本的图像转换相比,无配对样本的图像转换有着更广泛的应用场景。因为有配对的样本数据并不容易获得,相反,我们生活中存在大量的无配对图像样本。例如,对于动漫公司来说,他们希望通过聘请各种角色的模特并给这些模特拍摄照片,利用图像转换技术来生成各种各样的动漫角色,加速动漫创作。虽然他们已经有了大量的动漫人物,但是现有的动漫人物与模特照片之间无法一一配对,即无法采用有配对样本的图像转换技术。这是典型的无配对样本的图像转换应用场景。

无配对样本的图像转换是指将图像从一个域转换到另一个域,并且样本数据中的图像不需要成对出现。例如,有一个样本数据集,包含两个域,域 X 包含数据 $(x_1, x_2, \cdots, x_n)$,域 Y 包含数据 $(y_1, y_2, \cdots, y_n)$,两个域中的图像无须配对,就能够实现图像转换。

无配对样本的图像转换还可以用于其他领域,如语言翻译,可以通过互联网抓取大量的中文语料库,也可以通过互联网抓取大量英文。通过无配对样本的图像转换技术对自然语言进行转换,可以将中文转成英文(同理,也可以将英文转换成中文),实现自然语言翻译。

无配对样本的图像转换的代表 GAN 模型有循环 GAN(CycleGAN)和 DiscoGAN(Discover cross-domain relations with GAN,DiscoGAN),其主要特点就是通过一个循环,首先将图像 x_i 从域 X 转换到域 Y,得到 $G_{x \to y}(x_i)$;然后从域 Y 转换回域 X,得到 $G_{y \to x}[G_{x \to y}(x_i)]$。如果两次转换都很理想,那么应该有 $x_i \approx G_{y \to x}[G_{x \to y}(x_i)]$。通过这样的一个循环,比较原始的输入图像与重构后的图像差异,该差异就是重构损失(Reconstruction Loss)。对于生成模型来说,该重构损失类似于有监督学习中的标记信息。通过该循环转换,从某种程度上来说,CycleGAN 和 DiscoGAN 将无配对样本的图像转换转换成有监督学习的方式,这是其非常重要的优势。

1.3.4 多域图像转换

多域图像转换有着广泛的应用,假如我们有模特的照片、梵高的画作、动漫人物的图像、素描画像,如果进行两两转换,则需要很多个转换模型。如果存在 n 个域,那么,n 域要进行两两图像转换,需要 $n(n-1)$ 个 GAN 模型。当 n 比较大时,需要训练很多个独立的转换模型,很不方便。

StarGAN 提出了一种采用一个 GAN 网络来实现多个域的图像转换方法,其采用多个域共享一个生成模型的方式来实现。StarGAN 与 CycleGAN 比较类似,首先将输入的图像 x_i 转换到目标域 $G_{\text{original} \to \text{target}}(x_i)$,如果目标域的判别模型认为该图像与目标域图像一致,则说明生成的图像足够像目标域的图像;然后将生成的图像转换回原来的域 $G_{\text{target} \to \text{original}}(G)_{\text{original} \to \text{target}}(x_i)$。如果两次转换结果都足够好,那么图像 x_i 与经过两次转换生成的图像应该足够相似,应该有 $x_i \approx G_{\text{target} \to \text{original}}(G)_{\text{original} \to \text{target}}(x_i)$,这说明转换到目标域之后的图像依然保留了转换之前的特性。利用以上原理,StarGAN 能够实现在多个域之间的图像转换,并且保留原始的图像特征。

1.3.5 图像超分辨率

图像超分辨率是指从低分辨率图像获得高分辨率图像。通俗地说,图像超分辨率就是图像分辨率增强。图像超分辨率有一个基础的问题,即恢复高分辨率图像在图像放大期间丢失的纹理细节。

高分辨率的图像能够提供很多细节,这些细节在很多应用场景中不可或缺。例如,医疗图像中的图像细节能够为医生的诊断提供重要的帮助;在安防监控中,拍到一个嫌疑人较为模糊的照片,如果能通过放大获得详细的细节,有助于捕获嫌疑人;在计算机视觉中,图像超分辨率也有助于提高计算机图像识别、对象检测等任务的准确率。

图像超分辨率的代表 GAN 有图像超分辨率 GAN(Super Resolution GAN,SRGAN)。SRGAN 采用了特征相似性损失,而不是原先的将逐个像素的均方误差(Mean Squared Error,MSE)作为损失函数;聚焦于判别模型的中间层特征图谱(Feature Maps)的差异,而不是逐个像素的差异。其优势在于避免了逐个像素比较的缺点,逐个像素的比较以均方误差作为损失函数,会导致生成模型倾向于取平均值,从而导致图像特征细节的不平滑,并且对于具有剧烈像素值变化的图像来说,模型往往不够健壮。

1.3.6　对象检测

对象检测是指检测出图像中存在的目标对象,并标定目标对象在图像中的位置。对象检测是对象识别的前提,只有检测到了对象,才能对对象进行识别。

对象检测的主要困难在于被检测的对象尺寸较小,分辨率比较低。其解决办法有两类,第一类是训练多个模型去适应各种不同的分辨率,代表的 GAN 有 YOLO(You Only Look Once)和 SSD(Single Shot Detection);第二类采用图像超分辨率技术,将低分辨率的图像转换成高分辨率的图像,然后进行对象检测,代表的 GAN 有针对小尺寸对象检测的感知 GAN。它将判别模型拆分成两个分支,一个是生成分支,另一个是感知分支,生成分支负责生成真实的大尺寸的对象;感知分支负责保证生成的大尺寸图像能够保留被检测对象的特征,保证生成的对象能够完成对象检测。

对象检测的另一种思路的代表就是图像分割和生成,代表的 GAN 有 SeGAN(Segmenting and generating the invisible,不可见对象分割与生成),其用于检测并生成在一个图像中被遮挡的对象。SeGAN 由三个部分组成,分别是分割模型(Segmentor)、生成模型(Generator)、判别模型(Discriminator)。分割模型的输入是图像和一个遮挡对象的可视区域掩码,输出是整个被遮挡对象的掩码。生成模型和判别模型被训练用于生成对象的图像,图像中不可见区域的对象能够被重新生成,从而完成对象检测和定位。

1.3.7　对象变换

对象变换是一种条件图像生成,在保持图像背景不变的前提下,按照特定条件约束去替换图像中的对象,并且使替换的图像尽可能真实。

对象变换场景的代表 GAN 有 GeneGAN(Learning object transfiguration and attribute subspace from unpaired data,从无配对样本数据中学习场景特征并进行对象变换),它采用编码器-解码器(Encoder-Decoder)的模型架构来实现对象变换,其中编码器负责将图像分解为背景特征和对象特征,解码器根据背景特征和对象特征重建背景和图像。需要指出的是,为了求解编码的特征空间,需要两个独立的训练样本集,其中一个是包含被检测对象的图像集,另一个是不包含被检测对象的图像集。

对象变换的另一个场景是图像混合,是指将对象植入另一图像的背景中,并使合成后的图像看起来非常逼真。其代表GAN有GP-GAN(Gaussian-Poisson GAN),GP-GAN采用图像超分辨率的图像混合框架,使用GAN技术和经典的基于梯度的图像混合技术。GP-GAN的大致原理是,首先使用GAN技术将图像分解成一个完成图像混合的、低分辨率的图像,以及使用渐变约束方法得到的详细纹理和边缘轮廓;然后GP-GAN通过模型优化,生成混合良好的、高分辨率的图像,同时保持捕获的高分辨率图像的纹理细节。

1.3.8　文本转图像

文本转图像(Text to Image)是指输入一段描述的文本,GAN根据文本生成一个对应的图像。例如,输入"天苍苍,野茫茫。风吹草低见牛羊",GAN就能绘制一幅水草丰茂,把牛羊都盖住,风吹开草露出来牛羊那一刻的草原景象的图片。

文本转图像的本质是完成从潜在空间(Latent Space)到实际数据空间的映射。其代表GAN有StackGAN,原理和CGAN类似,都是输入约束条件,然后生成满足约束条件的图像。只不过StackGAN中的约束条件是通过文本来描述的,如牛、羊和草原等。在实际场景中,有时还需要指定草的颜色、牛羊的颜色等。

StackGAN采用两个阶段来生成图像,第一阶段生成低级别的图像特征,如草原、牛、羊等;第二阶段在第一阶段生成的特征图像的基础上进行局部细节的细化,如牛羊的颜色、草原的颜色等,完成最终的图像生成。

1.3.9　变换面部特征

变换面部特征(Change Facial Attributes)是指生成特定人的脸,同时满足指定的约束条件。例如,是否戴眼镜、性别、年龄段、脸的转向等。

变换面部特征的代表GAN有语义分解GAN(Semantically Decomposing GAN,SD-GAN),它将潜在空间 z(随机噪声)分解成代表人的标识信息和代表面部表情或动作的特征信息,然后使用上述信息作为约束条件,通过类似于CGAN的原理,生成具备上述特征的人脸。上述约束条件的特征不仅可以是人脸特征,还可以是其他特征,如天气等。

1.3.10　音乐合成

音乐合成是典型的序列数据生成。

用GAN来生成序列数据存在两个难点,第一个难点是生成离散值的数据。生成模型作为一个功能函数,需要将变量从连续的潜在空间映射到离散的数据空间。因此,当采用反向传播算法优化生成模型时,由于判别模型的变化是连续的,生成模型难以将连续的、细微的变化映射到离散的数据空间中。第二个难点是,当生成一个序列数据,如音乐和语音时,需要对生成的部分句子或音乐片段进行及时评价,但是现有的采用卷积神经网络的判别模型往往只能对整个已经生成好的句子进行整体评估。GAN 借鉴了强化学习(Reinforcement Learning,RL)中的策略梯度算法(Policy Gradient Algorithm)来克服以上问题,该算法在强化学习中应用于智能体(Agent)的序列决策过程。

音乐合成的代表 GAN 有 SeqGAN(Sequence GAN)和 ORGAN(Object Reinforced GAN),它们都是采用策略梯度算法,整个生成过程不是一次完成的,而是把生成模型的输出当作一个选择策略,把判别模型的输出当作一个奖励。对于生成模型来说,从判别模型获得一个最大的奖励是一个自然的选择,这与强化学习的过程是非常类似的。ORGAN 与 SeqGAN 的细微区别是,ORGAN 将一个硬编码的目标放在了奖励函数(Reward Function)中,以便于实现特定的目标。

1.3.11　语言合成

生成自然语言的代表 GAN 有 RankGAN,RankGAN 采用自然语言(句子)生成的方法来代替生成模型,采用排名函数来替代判别模型。在自然语言处理中,除了真实性之外,还需要考虑自然语言的表达能力。因此,RankGAN 对模型生成的句子和人类编写的示例语句进行相对性排序。生成模型的目标是使其生成的语句样本排名高,而排名函数的目标是使人类编写的示例语句的排名高,生成模型和排名函数相互竞争,直到排名函数无法区分是机器生成的语句还是人类书写的语句。

1.3.12　语音合成

生成语音对话的 GAN 有变分自动编码 WGAN(Wasserstein GAN),它是一种结合 GAN 和 VAE(Variational Autoencoder,变分自动编码器)框架的语音转换系统。编码器根据源语音推断出语音内容 z,解码器在给定说话者声纹信息 y 的情况下合成目标语音,类似于有条件约束的 VAE(Conditional VAE)。由于高斯分布过于简单,基于 VAE 框架的模型往往会产生尖锐的声音。为了解决这个问题,VAW GAN 与 VAE GAN 类似,借鉴并结合了 WGAN 的特点,将解码器的输出直接反馈给生成模型。

1.3.13　半监督学习——采用判别模型

半监督学习在生活中有着大量的应用场景,虽然生活中有大量的数据,但是只有少量标记的数据。例如,互联网上有上亿张真实照片,这些图片几乎都是没有标记的,即便是著名的图片数据集 ImageNet,也只标记了大约 130 万张图片,与全部图片相比,有标记的图片占比很小,大量的数据是无标记的,这是典型的适合半监督学习的场景。

采用判别模型的半监督学习方法,能够在一个 GAN 框架中同时利用无标记数据和生成的数据。生成的数据被标记为 $K+1$ 类,有标记的数据被标记为 $(1,\cdots,K)$。对于有标记数据,判别模型试图将它们分类到正确的类别 $(1,\cdots,K)$。对于无标记数据和生成的数据,在 GAN 的训练中采用极大极小值算法,具体的目标函数(即损失函数)也称为代价函数,如以下公式所示:

$$L = L_s + L_{us} \tag{1-4}$$

$$L_s = -E_{x,y \sim p_{data(x,y)}} [\log p_\theta(y \mid x, y < K + 1)] \tag{1-5}$$

$$L_{us} = -E_{x \sim p_{data(x)}} [1 - \log p_\theta(y = K + 1 \mid x)] + E_{x \sim G} [\log p_\theta(y = K + 1 \mid x)] \tag{1-6}$$

式中，L 代表总的损失，L_s 代表有监督损失，L_{us} 代表无监督损失，p_{data} 代表样本数据分布，θ 代表当前模型的参数，p_θ 代表判别模型判定输入图片所属分类的概率。

有监督损失 L_s 与普通的分类预测的损失完全相同，无须赘述。无监督的损失 L_{us} 又可以拆分成无标记样本数据的损失，以及生成数据的损失。对于判别模型来说，无标记的样本数据依然是真实的样本数据，所以该部分的损失要尽可能小；同样地，对于判别模型来说，生成数据损失要尽可能大，这与 GAN 的生成对抗原理完全一致，恰好同时充分利用了有标记样本数据和无标记样本数据所包含的信息。

采用判别模型的半监督学习的代表 GAN 是 CatGAN（Categorical GAN），它是一个采用 GAN 框架实现的鲁棒性较强的分类算法。判别模型的目标并不是简单地区分数据是真是假，而是有三个要求：第一，针对已标记的真实数据，条件熵 $H(y|x)$ 要尽可能小，使分类预测尽可能准确；第二，针对生成的数据，条件熵 $H[y|G(z)]$ 要尽可能大，使生成数据被分配的类别尽可能多样化；第三，针对真实但是未标记的数据，信息熵 $H(y)$ 要尽可能大，确保生成模型生成的数据尽可能覆盖所有的样本类别，以及确保生成模型的多样性。

CatGAN 的生成模型的训练目标有两个：第一，条件熵 $H[y|G(z)]$ 要尽可能小，以便于让判别模型将生成的数据标记为特定类别；第二，信息熵 $H(y)$ 要尽可能大，以便于生成数据能够覆盖更多的样本类别。

CatGAN 通过生成对抗的过程，有标记数据和生成的数据都被用于提高分类的准确率，这是一个典型的利用 GAN 来辅助实现半监督学习的范例。

1.3.14 半监督学习——采用辅助分类器

采用判别模型的半监督学习存在两个问题，第一个是判别模型有两个不相容的拟合点，一个拟合点用于区分真假数据，另一个拟合点用于预测所属分类，这导致判别模型训练困难；第二个问题是生成器无法生成指定类别的数据，只能生成某种类别的数据，导致应用场景十分有限。

Triple-GAN 通过采用三个模型来解决这两个问题，这三个模型分别是生成模型、判别模型和分类预测模型。总而言之，Triple-GAN 采用辅助分类器（Auxiliary Classifier）承担了判别模型的分类预测功能。这样一来，判别模型无须承担分类预测功能，也就消除了预测所属分类的拟合点，解决了第一个问题。Triple-GAN 的生成模型以所属类别为条件约束去生成数据，这意味着它可以生成指定类别的数据，极大地提高了 Triple-GAN 的应用场景，解决了第二个问题。

1.3.15 域自适应

域自适应是一种类型的迁移学习，目标是将模型在一个域 X 上学习到的能力应用到另一个目标域(如域 Y),同时保留在源域上的性能。域自适应是指给定有标记的源域数据 $(x_s, y_s) \in D_s(x, y)$ 和无标记的数据 $x_t \in D_t(x)$,域自适应的目标是学习到一个功能函数 $h: X \rightarrow Y$,能够在目标域上进行良好的分类,无须目标域具备标记信息。

域自适应也称为域迁移(Domain Shift),它的难点在于源数据的分布和目标域的数据分布并不相同。域自适应会导致分类任务在源域上性能良好,而在目标域上性能低下,如识别准确率极低。对抗域自适应问题的方法之一是将源域和目标域的数据映射到公共的特征空间,在公共的特征空间里不同域的数据分布变得相似,通过公共空间的相似性实现跨领域的迁移学习。

采用公共特征匹配来实现域自适应的代表 GAN 有 DANN(Domain Adversarial Neural Network)。DANN 是通过抽取不同域之间的公共特征来实现域自适应的,它由三个部分组成:第一部分是特征抽取(Feature Extractor)模型,负责从各个域提取公共特征;第二部分是域判别模型,输入的是抽取到的公共特征,输出的是输入的公共特征来源于哪个域;第三部分是类别识别模型,输入的也是公共特征,输出的是特征所属的类别。

DANN 的训练是典型的 GAN 的训练过程,只不过附加了一个分类预测训练的过程。整个训练过程如下。

(1)完成公共特征提取。将特征抽取模型与域识别模型放在一起,这是一个典型的类似于 GAN 的架构。其中,特征抽取模块类似于 GAN 的生成模型,域识别模型类似于 GAN 的判别模型。特征抽取模块的目标是生成以假乱真、识别模型无法区分的公共特征;域识别模型的目标是尽可能地将不同域的特征区分开。经过充分训练,特征抽取模型能够生成域识别模型也无法区分的特征,此时,各个域特征已经具备了相似性,成为公共特征。

(2)将从源域抽取到的特征与源域的标签组合在一起,训练一个类别识别模型,完成从公共特征到所属类别的映射。至此,完成了整个模型训练过程。

在应用阶段,首先将目标域的数据输入特征提取模型,得到公共特征;然后将提取到的公共特征输入类别识别模型,即可实现目标域图像所属类别的识别。

1.3.16 其他应用

GAN 在其他领域也有着广泛的应用,包括隐写术、深度生成重放(持续学习)和医学图像分割。

1. 隐写术

隐写术是一种加密技术,其通过将秘密消息储藏在非加密容器(如图像)中来实现加密。

采用 GAN 技术来实现隐写术的有 Steganography GAN,它由三个模块组成:一个是包含加密信息、看起来与普通图像(用作容器)没有区别的生成模型;另外两个是判别模型,一个用于辨别图像是真实的样本还是生成的数据,另一个用于判断图像是否包含加密的消息。

2. 深度生成重放

深度生成重放使用 GAN 架构来实现持续学习。持续学习的目标是解决现有深度学习模型在面对新任务时,由于遗忘,导致无法利用之前学习到的知识来解决新的问题,即知识无法积累。

深度生成重放 GAN 训练一个学者模型(Scholar Model)时,针对每一个任务都有一个对应的生成模型。在面对新问题时,学者模型会调用旧任务的生成模型去生成旧任务的样本数据,然后由问题解决模型根据旧任务的样本数据给出新问题的解决答案,试图实现在学习新任务时,能够利用先前已经学习到的知识。

3. 医学图像分割

医学图像分割是指采用 GAN 技术对医学图像进行分割,同时尽可能保证分割后的图像保留分割之前的特征信息,以便于实现器官定位、病灶定位等,用于辅助医学研究。

其代表 GAN 有 SegAN。SegAN 包含两个部分,一个是图像分割模型(Segmentor),用于根据原始的医学图像来生成新的图像,同时尽可能地保留原始图像医疗信息;另一个是批评者模型(Critic),用于找到生成的图像与原始图像之间的区别。这是一个典型的 GAN 架构,通过训练,图像分割模型能够将原始医疗图像分割成各种不同尺寸的图像,同时尽可能地保留原始的医疗信息,如器官或病灶,用于辅助医学研究。

1.4　技术难点

GAN 的技术难点可以归纳为以下几点。

(1)GAN 的模型训练困难,训练过程不稳定。GAN 是典型的极大极小值问题,一方增强必然导致另一方减弱,容易出现振荡导致模型无法拟合。

(2)容易出现生成模型坍塌(Model Collapse),导致生成模型丧失多样性。针对多个输入,只能产生一个输出,无法生成多样的数据,导致 GAN 不具备应用价值。

(3)生成模型必须能够接受人为的控制。现实生活中并不缺少真实的数据,如果 GAN 只能随机生成"足够真实"的数据是没有意义的。所以,GAN 需要生成受控的,甚至在真实生活中无法获取的数据,如 10 年后自己的照片。

1.4.1　模型训练困难及相应的解决方法

GAN 存在模型训练困难,训练过程不稳定的问题,这是 GAN 实现的技术难点之一。模型训练困难主要有以下原因。

(1)训练过程不稳定。GAN 是采用生成对抗神经策略来训练的,这是典型的极大极小值问题,常见问题是容易出现模型振荡,难以拟合。GAN 的判别模型和生成模型相互对抗,优化生成模型必然导致判别模型的误差增大,同理,优化判别模型必然导致生成模型的误差增大。如此一来,容易导致整个 GAN 模型的误差来回振荡,训练过程不稳定。这是 GAN 训练困难的根本原因,而且这是博弈策略面临的普遍问题,只能削弱,无法根本解决。

（2）容易出现梯度消失。从 GAN 的原理可知，误差函数是根据判别模型的辨别结果来判断的，如果样本数据的分布与生成数据的分布差异很大，判别模型能够给出完全准确的判断，即误差等于 0，那么容易出现梯度消失。因为即使生成模型的参数发生微小变化，误差依然等于 0（样本数据与生成数据的分布差异很大），对应的梯度就等于 0，这就是梯度消失。

（3）理论上必然有解，但是在实践中存在无解可能。虽然从理论上 Ian J. Goodfellow 等人已经证明了在生成模型和判别模型都是凸函数的前提下，$L(G, D)$ 必然能够拟合，但是在实践上未必能够拟合。这是因为理论上必然能拟合的前提是生成模型和判别模型需要具备无限的容量，也就是说需要具备无限的计算量，这在实践中是无法获得的，即无法保证必然有解。

模型训练困难是 GAN 设计的技术难点之一。其针对性的解决方法包括特征匹配（Feature Matching）、单边标记平滑（One-Side Label Smoothing）、频谱标准化（Spectral Normalization）等。

（1）特征匹配。将判别模型的中间的特征图谱输出给一个激活函数（Activation Function），取代传统的判别模型的目标函数。这样做的好处是，生成模型可以利用判别模型中间隐藏层的特征图谱信息，约束生成模型的潜在空间的分布范围，使模型训练过程更加稳定，不容易出现来回振荡的情况。

（2）单边标记平滑。梯度消失问题的产生是由于判别模型总是能够 100% 地将样本数据和生成数据区分开，这样误差总是 0，对应的误差变化（梯度）也会是 0。所以，降低判别模型对真实样本的输出值，如将 1 变成 0.99、0.98 等，这样判别模型的误差就不会是 0，梯度也就不会消失，这就是标记平滑。

需要指出的是，只对样本数据的辨别结果进行标记平滑，不对生成数据的辨别结果进行标记平滑。这是因为如果对生成数据也进行标记平滑，会增大生成模型的误差，导致生成数据的质量降低，这也正是单边标记平滑名称的由来。

（3）频谱标准化。频谱标准化是一种权重标准化技术，目的是解决模型训练过程中不稳定的问题。频谱标准化不是对权重进行正则化或权重幅度剪切，而是约束判别模型的每一层权重的频谱范数，其中频谱范数是给定矩阵的最大奇异值。由于神经网络是多个网络层的组合，因此频谱标准化规范了每个网络层的权重矩阵，以使整个神经网络能够实现 Lipschitz 连续。

1.4.2　生成模型坍塌及相应的解决方法

生成模型坍塌是指生成模型的多样性丧失，只能生成很少的几种类型的数据。对于 GAN 来说，生成模型坍塌是灾难性的，因为只能生成很少几种类型数据的 GAN 模型是没有实际用途的。

例如，有一个样本数据包含多个区域的分布，生成模型每一次生成覆盖其中的一个区域分布，通过统计分布区域的个数，判别模型可以轻松识别、以极大的信心拒绝生成模型生成的数据；生成模型迁移到下一个分布区域，以为可以生成以假乱真的数据，但是依然被判别模型轻松识别。如此一来，经过多轮反复，生成模型从一个分布区域跳到下一个分布区域，模型始终无法拟合。可以想见，生成一个完全覆盖样本数据的所有分布区域的难度是非常大的，几乎是不可能的。生成模型坍塌如图 1-7 所示。

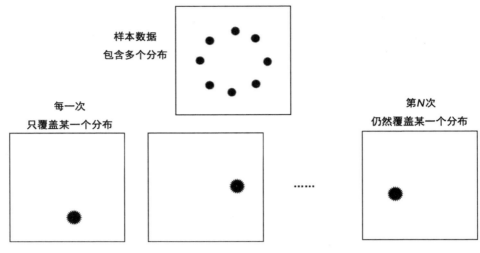

图 1-7　生成模型坍塌

对抗生成模型坍塌,常见思路有如下几个。

(1)采用多个生成模型。一个生成模型生成一种数据类型,所以多个生成模型自然就能够生成多种数据类型。该方法简单有效,其秘诀在于如何避免多个生成模型生成一种数据类型。

(2)匹配数据空间与潜在空间。在模型架构中增加编码器,将样本数据从数据空间 X 映射到潜在空间 Z,确保潜在空间能够匹配数据空间的多样性,进而保证生成数据的多样性。

(3)批量辨别(Mini-batch Discrimination)。让生成模型生成一个批次(Batch)的数据,同时输入给判别模型,判别模型除了判断数据是否足够真实之外,还计算该批次各个数据之间的距离。判别模型将距离信息作为损失加入目标函数中,增强生成数据的多样性。

(4)增强生成模型,限制判别模型。增强生成模型的方法是让生成模型能够看到判别模型的参数的未来响应,使判别模型更加难以将真实的样本和生成的数据区分开,整个模型更接近于纳什均衡,从而避免生成模型坍塌于当前的点,保持多样性。

1. 采用多个生成模型

对抗生成模型坍塌,最容易想到的方法就是采用多个生成模型。因为一个生成模型能生成一个类型的数据,那么多个生成模型自然就能够生成多种类型的数据。只要生成模型的数量足够多,就能保证生成数据的多样性。

采用多个生成模型的代表 GAN 是 MAD-GAN(Multi Agent Diverse GAN),其原理如图 1-8 所示。

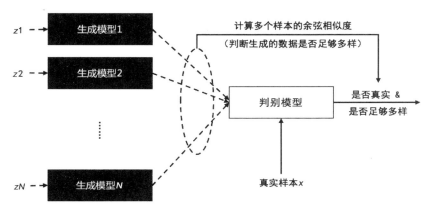

图 1-8　MAD-GAN 原理

从图 1-8 中可以看出，MAD-GAN 采用了 N 个生成模型，每个生成模型生成一种类型的数据。为了保证多个生成模型生成的数据都尽可能不一样，判别模型会计算生成数据的余弦相似度（Cosine Similarity），用于判断生成的数据是否足够多样。MAD-GAN 判别模型同时将生成的数据是否足够真实和是否足够多样一起加入目标函数中，在保证生成数据足够真实的前提下，使生成的数据足够多样。

2. 匹配数据空间与潜在空间

对于模型坍塌，MRGAN（Mode Regularized GAN）认为这是由于没有对数据空间和潜在空间进行匹配导致的。由于数据空间的数据分布与潜在空间的数据分布不相交，导致生成模型将数据从潜在空间映射到数据空间时，无法匹配数据空间分布的多样性。MRGAN 通过网络架构和训练步骤两个途径来解决模型多样性丧失的问题。在网络架构方面，MRGAN 引入了编码器来解决样本从数据空间映射到潜在空间的问题。在训练步骤方面，首先通过判别模型 D_m 实现样本数据与潜在空间的匹配；然后将判别模型 D_d 作为真正的 GAN 架构中的生成模型，实现 GAN 的生成对抗训练。

MRGAN 的模型训练包括以下两个步骤。

（1）为了保证潜在空间的数据分布多样性与数据空间的多样性一致，MRGAN 引入了一个编码器，用于将样本数据从数据空间 X 映射到潜在空间 Z，样本数据 x 经过编码器转换，生成 $E(x)$，然后经过生成模型 G 转换，生成 $G[E(x)]$。如果编码器函数 E 和生成模型 G 函数都足够强大，那么 x 和 $G[E(x)]$ 应该非常相似，二者之间的区别（误差）应该足够小（期望近似于无穷小）。如此一来，经过编码器转换，样本数据空间的多样性映射到了潜在空间，潜在空间的多样性即能匹配数据空间的多样性。

（2）由于潜在空间已经能够匹配数据空间的多样性，因此现在引入一个判别模型 D_d，用于将 $G(z)$ 和 $G[E(x)]$ 区分开。将 $G(z)$ 看作生成的样本，将 $G[E(x)]$ 看作真实的样本，通过生成对抗训练，使生成模型能够生成足够真实的数据，完成最终的模型训练。

MRGAN 的网络架构如图 1-9 所示，其中重构损失 R 代表样本数据 x 与经过编码器 E 和生成模型 G 的转换结果之间的误差。

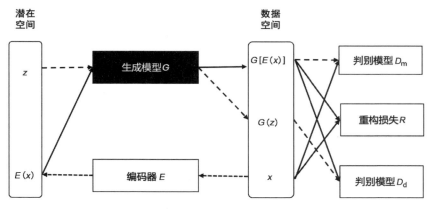

图1-9　MRGAN的网络架构

3. 批量辨别

批量辨别是指让判别模型一次判断一批生成的数据,用于避免生成模型坍塌。判别模型不仅评估生成的数据是否足够像,而且还要评估该批次数据是否雷同。在判别模型中增加一层,计算该批次样本数据之间的 $L1$ 距离,判别模型使用该距离来评估该批次样本数据是否具备足够的多样性。

从判别模型的角度来看,通过计算该批次样本数据之间的 $L1$ 距离,可以将样本数据分布的多样性信息反馈给生成模型;从生成模型的角度看,通过对抗生成的训练过程,可以生成与真实样本数据分布类似的数据分布。

4. 增强生成模型,限制判别模型

GAN通过交互训练,使判别模型和生成模型都足够强大,判别模型无法将真实的样本和生成的数据区分开,最终达到一个纳什均衡点。模型坍塌是指生成模型不具备足够的多样性,根本问题在于生成模型不够强大,生成模型与判别模型无法达到纳什均衡点。所以,从以上思路出发,Unrolled GAN 采用强化生成模型,限制判别模型的方法来对抗生成模型坍塌的问题。

Unrolled GAN 的原理就是在模型训练时,交替训练生成模型和判别模型,经过 k 轮训练,生成模型的参数进行 k 轮优化,但是判别模型的参数只优化一次。这样做的好处是因为生成模型可以预见未来判别模型的参数,所以判别模型很难将生成的数据与样本数据区分开,生成模型和判别模型就更接近于纳什均衡,GAN的训练也就更加稳定,更不容易出现模型坍塌。

1.5　潜在空间的处理

潜在空间(Latent Space)也称为嵌入空间(Embedding Space),是压缩的数据特征表示(表征)所在的空间,又称为表征空间(Feature Representation Space)。

通过对潜在空间的控制,可以改变或控制生成的图片,让它们具备指定的特征。例如,在生

成人像时,控制头发的颜色、嘴巴的大小、人物的年龄等。通过潜在空间控制图片比直接更改图像更容易,因为直接更改潜在空间向量的数值就可以改变图像的语义特征。

常用的潜在空间的处理办法包括潜在空间分解(Latent Space Decomposition)和潜在空间学习(Latent Space Learn)。潜在空间分解又可以分为有监督的潜在空间分解、无监督的潜在空间分解和半监督的潜在空间分解,潜在空间学习包括自动编码器和重建损失。

1.5.1 潜在空间分解——有监督方法

生成模型的输入向量 z 是非结构化的,并且该向量的各个元素之间可能是相互纠缠、相互影响的,我们并不知道输入向量的哪个元素代表了我们想要控制的图像特征。因此,潜在空间分解将输入向量 z 分解成两个部分,一部分是表征向量 c,代表我们想要图像具备的语义特征,如人物的头发颜色、眼睛大小等;另一部分是潜在空间 z,代表随机噪声。潜在空间通过控制表征向量来控制图像的语义特征,使生成的图像具备我们想要的特征。

有监督的潜在空间分解需要使用配对的数据——图像的语义特征和包含该语义的图像对,如数字和该数字对应的手写图片。有监督的潜在空间分解的代表 GAN 包括 CGAN 和 AC-GAN,其中 AC-GAN 是指带有辅助分类器的 GAN(Auxiliary Classifier GAN,AC-GAN)。

CGAN 的网络架构如图 1-10 所示。

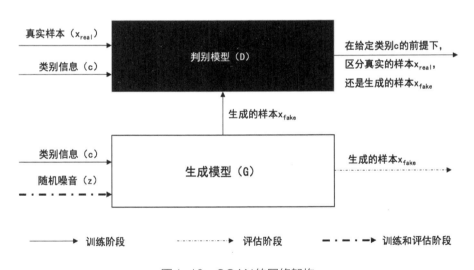

图 1-10 CGAN 的网络架构

如图 1-10 所示,CGAN 将所属类别(c)作为表征信息添加到潜在空间(z)中,类别信息 c 用于控制生成图像的类别。CGAN 生成模型的输入是类别信息(c)和潜在空间(z),输出指定类别的手写数字图像。判别模型的输入是真实的手写数字图像 x_{real}、生成模型生成的图像 x_{fake}、图像所属的类别 c;输出是在给定类别 c 的前提下,所输入的图像是来源于真实的样本 x_{real} 还是生成的图像 x_{fake}。生成模型的目标是在给定类别 c 的前提下,使生成模型无法区分图像来源于真实样本还是生成模型。经过训练,CGAN 的生成模型能够生成指定类别(指定数字几)的图像,这一点是原始的 GAN 不具备的。

AC-GAN 的网络架构如图 1-11 所示。

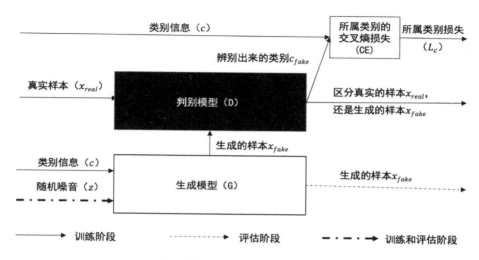

图 1-11　AC-GAN 的网络架构

如图 1-11 所示,AC-GAN 的生成模型的输入是类别信息(c)和随机噪声(z),输出是生成的样本 x_{fake};AC-GAN 的判别模型的输入是真实样本 x_{real} 和生成的样本 x_{fake},输出是样本来源于真实样本还是生成的样本,以及预测到的该样本所属类别 c_{fake};交叉熵损失组件的输入是真实类别 c 和判别模型预测到的所属类别 c_{fake},输出是预测到的类别与真实类别的差距(损失),用 L_c 表示。

AC-GAN 的训练方法与普通的 GAN 类似,生成模型试图生成在给定类别的条件下能够以假乱真的图像,使判别模型无法将真实的样本 x_{real} 和生成的样本 x_{fake} 区分开,这就要求生成的样本所属类别正确,并且生成的样本足够逼真;判别模型的目标包含两部分,第一是识别输入样本所属类别 c,第二是识别输入样本的来源是真实样本还是生成的样本。通过增加所属类别交叉熵损失组件,AC-GAN 能够生成更加逼真的样本。

1.5.2　潜在空间分解——无监督方法

与有监督的潜在空间分解不同,无监督的潜在空间分解不需要样本数据是有标记的。因此,无监督的潜在空间分解需要使用额外的算法从潜在空间中提取有意义的特征。

InfoGAN(Information Maximizing GAN,信息最大化 GAN)将输入噪声向量分解为标准的、不可压缩的潜在向量 z 和另一个潜在变量 c,c 用于代表图像某些显著的语义特征,然后 InfoGAN 最大化 c 和生成的样本 $G(z,c)$ 之间的互信息,使生成的图像都具备某个共同的特征,这个共同的特征就可以用 c 来代表。换句话说,InfoGAN 的生成模型的输入是 (z,c),输出是生成的样本 $G(z,c)$,在给定向量 c 的前提下,最大化向量 c 和生成的样本 $G(z,c)$ 之间的互信息使向量 c 能够与生成样本中的语义特征关联起来。

CGAN 和 InfoGAN 都是在给定条件向量 c 的前提下学习样本分布的条件概率 $p(x|c)$。其区别在于,在 CGAN 中,条件向量 c 的语义信息是已知的(如类别标签),所以在 CGAN 的训练阶段,需要分别向 CGAN 的生成模型和判别模型提供条件向量 c;在 InfoGAN 中,条件向量 c 的语义信息是未知的,通过从先验分布 $p(c)$ 中采样来获取 c,再通过最大化互信息来控制生成过程,确保生成的样本具备条件向量 c 的特征。因此,InfoGAN 能够自动推断条件向量 c,这就使 InfoGAN 中的表征向量(c)比 CGAN 中的表征向量(c)更多样、更自由,能够包括某些未知信息,而 CGAN 仅限于已知的信息。

1.5.3　潜在空间分解——半监督方法

半监督方法的潜在空间的代表 GAN 有 SS-InfoGAN(Semi-Supervised InfoGAN),它同时具备有监督和无监督方法的优势。通过半监督学习的方式来使用有标记的信息,它将条件向量 c 分解成两个有监督的条件向量和无监督的条件向量 c_{us},满足 $c = c_{ss} \cup c_{us}$。与 InfoGAN 相同的是,SS-InfoGAN 通过最大化生成的样本数据与条件向量 c_{us} 之间的互信息,从无标记的样本数据中提取语义特征。与 InfoGAN 不同的是,InfoGAN 无法预测提取到的语义特征,而 SS-InfoGAN 使用有标记的数据来训练 c_{ss},最大化 c_{ss} 与有标记样本数据之间的互信息,使 c_{ss} 能够代表我们想要的语义特征;再通过最大化 c_{ss} 与生成的样本数据的互信息,使生成的样本能够包含我们想要的语义特征。

通过组合有监督和无监督方法,仅仅使用一小部分标记数据,SS-InfoGAN 就能比 InfoGAN 更容易地学习到潜在的语义特征。

1.5.4　潜在空间学习——自动编码器

对于潜在空间处理,除了上述潜在空间分解之外,还有潜在空间学习的方法,如将自动编码器(Autoencoder)结构添加到 GAN 的框架中。自动编码器一般包含两个部分——编码器和解码器。编码器用于将样本数据压缩到潜在空间,解码器用于将数据从潜在空间解码到数据空间。将自动编码器结构添加到 GAN 的框架中的好处有两个,第一,使 GAN 的训练过程更稳定,因为自动编码器能够学习样本数据的后验分布概率 $p(c|x)$,可以削弱因为 GAN 缺少推理机制(将数据空间映射到潜在空间)导致模型训练不稳定的问题;第二,能够对样本数据进行非常复杂的修改(如改变图像的风格、内容等),只要修改潜在空间的数据取值,然后再映射回样本数据空间即可。

潜在空间学习的代表 GAN 有对抗学习推理(Adversarially Learned Inference,ALI)和双向生成对抗神经网络(Bidirectional Generative Adversarial Networks,BiGAN),它们都是通过在 GAN 的框架中增加一个编码器来实现潜在空间学习的。与普通 GAN 直接学习样本数据分布不同的是,它们学习的是样本数据 x 和潜在空间 z 的联合分布。如图 1-12 所示,判别模型从样本数据 x 和潜在空间 z 接收采样,试图将配对数据 $(G(z),z)$ 和 $(x,E(x))$ 区分开,其中 G 和 E 分别代表生成模型函数(本质上是解码器)和编码器模型函数。

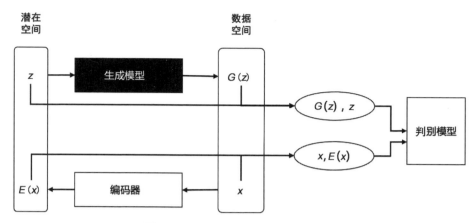

图 1-12　ALI 和 BiGAN 的网络架构

ALI 和 BiGAN 在传统 GAN 的基础上增加了一个编码器,用于将数据从数据空间映射回潜在空间,所以实现了数据的双向映射——从数据空间到潜在空间(由编码器完成)和从潜在空间到数据空间(由生成模型完成);相应地,判别模型的输入是两个数据对——潜在空间变量 z 和生成模型生成的 $G(z)$ 配对 $(G(z),z)$、编码器编码的结果 $E(x)$ 和样本数据 x 配对 $(x,E(x))$。判别模型的训练目标是将这两种配对数据区分开。生成模型和编码器必须联合起来以欺骗判别模型,使判别模型无法将二者区分开,最终编码器就能够实现将数据从数据空间映射回潜在空间的目标。

1.5.5　潜在空间学习——重建损失

潜在空间学习的代表 GAN 除了 ALI 和 BiGAN 之外,还有生成对抗编码器模型(Adversarial Generator-Encoder,AGE)。AGE 的主要特点是在生成模型和编码器之间进行对抗性学习,而不是在生成模型和判别模型之间进行对抗学习。

AGE 网络中的生成模型负责将数据从潜在空间映射到数据空间,编码器负责将数据从样本空间映射到潜在空间。生成模型的训练目标是最小化潜在空间的随机变量 z 和生成的 $E[G(z)]$ 之间的区别;编码器的训练目标是最小化 $E(x)$ 和随机变量 z 之间的误差,同时最大化 $E[G(z)]$ 和 $E(x)$ 之间的误差。通过二者的对抗训练,最终完成模型训练。

除此之外,AGE 网络中还包含两个"循环",通过这两个循环,AGE 网络能够在无标记的样本数据上实现类似于有监督的学习方式。

如图 1-13 所示,可以看到 AGE 网络中包含两个循环。第一个循环是从随机变量 z 到 $E[G(z)]$ 的虚线"环"。潜在空间的随机变量 z 经过生成模型转换生成 $G(z)$,然后 $G(z)$ 经过编码器转换成 $E[G(z)]$。也就是说,$E[G(z)]$ 是随机变量 z 经过层层转换得到的,如果生成模型和编码器都足够强大,那么 z 和 $E[G(z)]$ 应该完全一样,或者说它们的误差应该足够小,二者之间的误差就是重建误差(Reconstruction Loss)。也就是说,z 和 $E[G(z)]$ 相当于配对数据,通过该循环,就利用无配对数据实现了类似于有监督学习的方式。

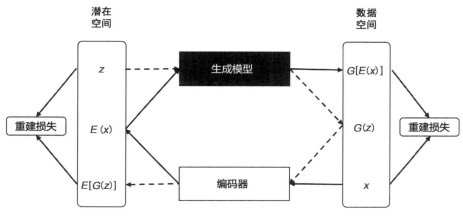

图 1-13　AGE 的网络架构

同理,第二个循环是从样本数据 x 到 $G[E(x)]$ 的实线"环"。数据样本 x 经过编码器转换生成 $E(x)$,$E(x)$ 经过生成模型转换生成 $G[E(x)]$,同样实现了类似于有监督的学习。

1.6　第一个GAN实战

2014 年,Ian J. Goodfellow 等人第一次提出 GAN,它包含一个生成模型和一个判别模型,是最原始的 GAN,我们把它称为标准 GAN。后续的各种 GAN 网络都是在标准 GAN 的基础上改进的。

1.6.1　构建思路

标准 GAN 的生成模型和判别模型都是采用全连接神经网络(也称为深层神经网络)构建的。全连接神经网络的优点是非常容易进行反向传播。相比较而言,卷积神经网络由于包含最大池化层(Max Pooling)或平均池化层(Average Pooling),会导致反向传播困难,因为池化操作时会丢弃部分神经元的输出,反向传播时需要重新填充丢弃的神经元,如何填充这些神经元是一个难点。所以标准 GAN 是采用全连接神经网络来构建的。

构建标准 GAN 模型大致包含以下步骤。

(1)构建生成模型:采用包含四个隐藏层的全连接神经网络来构建生成模型。输入的是一维的、长度为 100 代表随机噪声的张量。

(2)构建判别模型:采用包含三个隐藏层的全连接神经网络来构建判别模型。输入是 28×28 的张量;输出是一维的热张量(one-hot),代表输入的图片是来自真实样本还是来自生成模型。

(3)构建 GAN 模型:包括读取样本数据、交替训练生成模型和判别模型、保存训练模型(每次训练都可以从上一次保存点继续)、不同轮次(Epoch)的模型所生成的图片(观察随着训练轮次的增加,生成的图片逐渐清晰和真实的过程)。

1.6.2 构建生成模型

标准GAN的生成模型采用了包含四个隐藏层的全连接神经网络。从左到右,它的各个网络层的神经元数量分别是100个(输入层)、128个(隐藏层)、256个(隐藏层)、512个(隐藏层)、1024个(隐藏层)和784个(输出层)。生成模型的网络架构如图1-14所示,需要指出的是,全连接神经网络中,每个神经元都与下一层所有神经元逐个相连。图1-14中只画出了部分神经元与下一层神经元相连的示意图,其他神经元都是类似的。

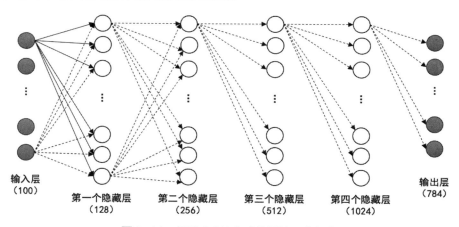

图1-14　标准GAN生成模型的网络架构

全连接神经网络的每个神经元将与自己相连的所有神经元的输出乘以该连接权重,再加上偏置项作为自己的所有输入,然后所有输入求和,再通过激活函数转换,输出到下一层的神经元。

这里采用TensorFlow 2.0来编写标准GAN。首先需要引入相关组件,包括操作系统、系统时间(time)、图像处理(matplotlib.pyplot、imageio)、文件处理(glob)及TensorFlow 2.0等。与此同时,还需要导入全连接神经网络的相关组件,如全连接层(Dense)、批量标准化(BatchNormalization)、带泄漏的激活函数(LeakyReLU)、激活函数(Activation)等。其具体代码如下:

```python
#!/usr/bin/env python3
# -*- coding: UTF-8 -*-

from __future__ import absolute_import
from __future__ import division
from __future__ import print_function

import os
import time

import matplotlib.pyplot as plt
```

```
import imageio
import glob
import IPython

from IPython import display
import tensorflow as tf  # TensorFlow 2.0
# 导入全连接层、批量标准化层、带泄漏的激活函数、激活函数
from tensorflow.keras.layers import Dense, BatchNormalization, LeakyReLU, Acti-
vation

# 确保TensorFlow 2.0环境
assert tf.__version__.startswith('2')
```

　　构建生成模型的代码如下：

```
def build_generator_model():
    """
    构建能生成MNIST图片的生成模型,采用全连接神经网络
    输入是代表噪声的一维向量,长度为100
    输出是长度28×28×1的张量,与MNIST中的图像尺寸一致

    模型各层:输入层->隐藏层(h1)->隐藏层(h2)->输出层。

    返回值:
    生成模型
    """
    # 顺序模型,从输入层到输出层逐层堆叠神经网络层
    generator = tf.keras.Sequential()

    # 第一个隐藏层,神经元数量128个
    # input_shape代表输入的随机噪声,形状是1维张量,长度为100
    generator.add(Dense(128, input_shape=(100,),  name="h0"))
    generator.add(LeakyReLU(0.2))

    # 第二个隐藏层,神经元数量256个。线性转换后,执行批量标准化和激活
    generator.add(Dense(256, name="h1"))
    generator.add(BatchNormalization())
    generator.add(LeakyReLU(0.2))

    # 第三个隐藏层,神经元数量512个
    generator.add(Dense(512, name="h2"))
    generator.add(BatchNormalization())
    generator.add(LeakyReLU(0.2))

    # 第四个隐藏层,神经元数量1024个
    generator.add(Dense(1024, name="h3"))
    generator.add(BatchNormalization())
    generator.add(LeakyReLU(0.2))
```

```
# 输出层,总共有784个神经元,每个神经元对应一个像素(784=28×28×1)
generator.add(Dense(784, name="output"))

# 注意:这里的激活函数必须是tanh,把各个元素取值映射到[-1, 1]区间
# 将原始值 × 127.5 + 127.5,将数据映射到[0, 255]
# [0, 255] 为MNIST图像像素的取值区间,这样才能正确地生成图片
generator.add(Activation('tanh'))
return generator
```

1.6.3 构建判别模型

标准GAN的判别模型也是采用全连接神经网络,只不过判别模型更简单一些,只有两个隐藏层,神经元的数量分别是512个和256个。最后是输出层,只有1个神经元,其输出值越接近1,代表输入的图片来源于真实样本的可能性越大;输出值越接近0,代表输入的图片来源于生成模型的可能性越大。标准GAN判别模型的网络架构如图1-15所示。

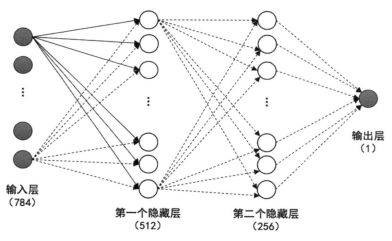

图1-15　标准GAN判别模型的网络架构

下面展示另一种使用TensorFlow 2.0来构建全连接神经网络的方式,具体代码如下:

```
def build_discriminator_model():
    """
    构建判别模型,输入张量是MNIST数据的图片,形状为28×28×1
    输出是输入图像所属的类别(来源于真实样本还是由生成模型生成的样本)

    这里展示创建模型的另一种编程语法

    返回值:
    判别模型
    """
```

```
discriminator = tf.keras.models.Sequential([
    # 输入层:28×28,将输入张量展平,便于与后面的各层连接
    tf.keras.layers.Flatten(input_shape=(28, 28)),

    # 第一个隐藏层有512个神经元,采用LeakyReLU激活函数激活
    tf.keras.layers.Dense(512,   name='h0'),
    tf.keras.layers.LeakyReLU(0.2),

    # 第二个隐藏层有256个神经元
    tf.keras.layers.Dense(256,  name='h1'),
    tf.keras.layers.LeakyReLU(0.2),

    # 第三个隐藏层有1个神经元
    tf.keras.layers.Dense(1, name='h2'),

    # 将辨别结果映射到[0, 1]区间,用于输出辨别结果
    # 等于1,代表输入的图片来源于真实样本;等于0,代表由生成模型生成
    tf.keras.layers.Activation('sigmoid')
])

return discriminator
```

1.6.4　构建 GAN 模型

构建 GAN 模型的主要目标是完成对生成模型和判别模型的训练,主要包括辅助类函数、计算误差函数、批次数据训练函数、模型训练函数。

1. 辅助类函数

辅助类函数主要用于模型管理,包括模型保存和模型删除。模型保存的作用是便于下一次训练时能从上一次保存点继续训练;模型删除的主要作用是删除过多的模型,如在训练过程中每10轮保存一次模型,那么保存次数会非常多,占用过多的磁盘空间,所以需要将超过最大保留个数的老旧模型删除。

另外,辅助类函数还包括图像保存,为了检验模型效果,不断地使用生成模型生成图片,并且保存下来,以便于比较所生成图片的变化。辅助类函数的具体代码如下:

```
def delete_model(model_dir='./logs/gan/model/', model_names='*.h5', max_keep=5):
    """
    为了防止模型占用过多硬盘空间,删除多余的模型,只保留max_keep个模型(默认保留5个模型)。
    参数:
    model_dir:模型所在的路径
    model_names:模型文件名称的通配符
    max_keep:最多保留模型的数量,默认最多保留5个
    """
    model_files = glob.glob(os.path.join(model_dir, model_names))
```

```python
# 找出需要删除的模型文件列表
del_files = sorted(model_files)[0:-max_keep]
for file in del_files:
os.remove(file)


def save_images(generator, epoch, test_input, image_dir='./logs/gan/image/'):
"""
利用生成模型生成图片,然后保存到指定的文件夹下。

参数:
generator: 生成模型,已经经过epoch轮训练
epoch: 训练的轮数
test_input: 测试用的随机噪声
image_dir: 用于存放生成图片的路径
"""

predictions = generator(test_input, training=False)
predictions = tf.reshape(predictions, [16, 28, 28, 1])

    plt.figure(figsize=(4, 4))

    for i in range(predictions.shape[0]):
    plt.subplot(4, 4, i+1)

    # 将生成的数据取值范围映射回MNIST图像的像素取值范围[0, 255]
    plt.imshow(predictions[i, :, :, 0] * 127.5 + 127.5, cmap='gray')
    plt.axis('off')

# 逐级创建目录,如果目录已存在,则忽略
os.makedirs(image_dir, exist_ok=True)
image_file_name = os.path.join(image_dir, 'image_epoch_{:04d}.png')
plt.savefig(image_file_name.format(epoch))
plt.close('all')  # 关闭图片
```

2. 计算误差函数

计算误差函数包括生成模型误差计算函数和判别模型误差计算函数。计算误差主要是通过交叉熵来计算两个数据分步之间的距离。计算误差函数的代码如下:

```python
# 交叉熵函数辅助类,能够评估两个数据分布之间的距离(差异,即误差)
# 用于计算生成模型与判别模型的误差
cross_entropy = tf.keras.losses.BinaryCrossentropy(from_logits=True)


def discriminator_loss(real_img, fake_img):
    """
```

```
判别模型的损失函数

参数:
real_img: 真实样本中的图片
fake_img: 由生成模型生成的图片
返回值:
判别模型的误差
"""

# 识别出是真实样本图片的误差。指定真实样本的所属类别:1
real_loss = cross_entropy(tf.ones_like(real_img), real_img)

# 识别出是生成图片的误差。指定生成的图片所属类别代码:0
fake_loss = cross_entropy(tf.zeros_like(fake_img), fake_img)

# 判别模型的总误差
d_loss = real_loss + fake_loss
return d_loss


def generator_loss(fake_img):
"""
生成模型的损失函数。生成模型的目标是尽可能地欺骗判别模型,让判别模型将它生成的图片错误
地识别成来源于真实样本。因此,生成模型的误差是按照真实样本的所属类别代码来计算的

参数:
fake_img: 由生成模型生成的图片
返回:
判别模型的误差
"""
# 注意,这里必须按照真实样本所属类别来指定(tf.ones_like)
return cross_entropy(tf.ones_like(fake_img), fake_img)
```

3. 批次数据训练函数

在模型训练过程中,需要逐个批次训练,每一批次计算一次前向传播的结果、误差,然后根据误差采用反向传播算法来更新模型的参数。每个批次更新一次参数的目的是提高模型的训练速度。以下代码用于完成一个批次样本数据的训练:

```
# 在TensorFlow 2.0中,@tf.function用于将模型标注为"可编译"
# 可编译函数,用于模型编译和模型训练过程的函数
@tf.function
def train_step(images, noise, generator, g_optimizer, discriminator, d_optimiz-
er):
"""
完成一个批次的样本数据的训练

参数:
```

```
    images: 真实的样本数据
    noise: 生成的随机噪声
    generator: 生成模型
    g_optimizer: 生成模型优化器
    discriminator: 判别模型
    d_optimizer: 判别模型优化器
    """

    # 完成一个批次的前向传播,并计算损失
    with tf.GradientTape() as g_type, tf.GradientTape() as d_type:
        # 生成模型根据随机噪声,生成一个批次的图片
        fake_img = generator(noise, training=True)

        # 判别模型对真实样本数据的辨别结果
        real_output = discriminator(images, training=True)

        # 判别模型对生成的图片数据的辨别结果
        fake_output = discriminator(fake_img, training=True)

        # 分别计算生成模型和判别模型的损失
        g_loss = generator_loss(fake_output)
        d_loss = discriminator_loss(real_output, fake_output)

        # 固定生成模型参数,计算判别模型梯度,并更新判别模型的参数
        # 从理论上来说,一般需要更新k轮判别模型的参数,才更新一次生成模型的参数
        # 但是,在实践中发现k=1是性能最好的方案,所以这里每更新一次判别模型参数
        # 就对应更新一次生成模型参数(k=1)
        d_gradients = d_type.gradient(d_loss, discriminator.trainable_variables)
        d_optimizer.apply_gradients(
        zip(d_gradients, discriminator.trainable_variables))

        # 固定判别模型参数,计算生成模型梯度,并更新生成模型的参数
        g_gradients = g_type.gradient(g_loss, generator.trainable_variables)
        g_optimizer.apply_gradients(
        zip(g_gradients, generator.trainable_variables))
```

4. 模型训练函数

模型训练函数的工作包括以下几个步骤。

(1)准备生成模型和判别模型。检查是否有之前保存的模型,如果有,则读取之前保存的模型,以便于接着上一次保存点继续训练;如果是第一次训练,则调用模型创建函数分别创建生成模型和判别模型。

(2)训练模型保存及生成图片。在训练过程中,每10轮保存一次模型;同时,调用图像保存的辅助类函数,将每10轮生成模型生成的图片保存下来,以便于展现经过训练,生成的图片逐渐清晰、逼真的过程。

```python
def train(dataset, epochs, noise_dim=100, model_dir='./logs/gan/model/',
image_dir='./logs/gan/image/'):
    """
    GAN模型训练。自动检查是否有上一次训练过程中保存的模型,如果有,则自动接着上一次的模型
    继续训练
    每训练10轮保存一次模型,最多保留5个保存的模型文件

    参数:
    dataset: 样本数据集
    epochs: 训练的轮数。使用全部训练数据训练一次,称为一轮
    noise_dim: 随机噪声向量的长度
    model_dir: 保存模型的路径。可以将模型保存下来,下一次从上一次保存点继续训练
    image_dir: 用于存放生成图片的路径
    """
    # 检查是否有上一次训练保存的模型,从上一次保存的地方开始训练
    g_files = glob.glob(os.path.join(model_dir, "generator_*.h5"))
    d_files = glob.glob(os.path.join(model_dir, "discriminator_*.h5"))

    # 起始训练轮数,自动从上一次的训练轮数继续。从0开始
    start_epoch = 0

    # 如果上一次保存的模型存在,则读取上一次训练的模型
    if os.path.exists(model_dir) and len(g_files) > 0 and len(d_files) > 0:
        g_file = sorted(g_files)[-1]
        generator = tf.keras.models.load_model(g_file)

        d_file = sorted(d_files)[-1]
        discriminator = tf.keras.models.load_model(d_file)

        # 从上一次训练的轮数开始,继续训练
        start_epoch = int(g_file[g_file.rindex('_')+1:-3])
    else:
        # 没有找到上一次训练的模型,重新创建生成模型和判别模型
        # 构建生成模型
        generator = build_generator_model()
        # 构建判别模型
        discriminator = build_discriminator_model()

    # 模型训练过程中,每一轮保存一张图片,然后用这些图片生成动图
    # 以便于直观展示随着训练轮数增加,生成的图片逐渐清晰的过程
    # 为此,需要一个固定的随机噪声,以便于对比生成图片变化的过程
    seed = tf.random.normal([16, noise_dim])

    # 优化器。判别模型和生成模型的优化器
    g_optimizer = tf.keras.optimizers.Adam(1e-4)
    d_optimizer = tf.keras.optimizers.Adam(1e-4)
```

```python
# 生成一个批次随机噪声,用于模型训练
noise = tf.random.normal([BATCH_SIZE, noise_dim])

# 逐个轮次训练,每一轮将使用全部的样本数据一次
for epoch in range(start_epoch, start_epoch+epochs):
    # 训练的开始时间点
    start = time.time()

    # 逐个批次地使用样本数据训练
    for image_batch in dataset:
        # 训练一个批次的数据
        train_step(image_batch, noise, generator, g_optimizer,
        discriminator, d_optimizer)

    # 将本轮的训练成果保存下来,为生成动图做准备
    display.clear_output(wait=True)
    save_images(generator, epoch + 1, seed)

    # 每10轮保存一次模型
    if (epoch + 1) % 10 == 0:
        # 保存生成模型
        g_file = os.path.join(
        model_dir, "generator_{:4d}.h5".format(epoch+1))
        generator.save(g_file)

        # 保存判别模型
        d_file = os.path.join(
        model_dir, "discriminator_{:4d}.h5".format(epoch+1))
        discriminator.save(d_file)

        # 最多只保留5个最新的模型,删除其他模型
        delete_model(model_dir, 'generator_*.h5', 5)
        delete_model(model_dir, 'discriminator_*.h5', 5)

    # 采用空格右对齐的方式
    print('第 {: >2d} 轮,用时: {} 秒'.format(
    epoch + 1,  "{:.2f}".format(time.time()-start).rjust(6)))

# 完成全部训练轮数,将之前所有的图片生成动图
display.clear_output(wait=True)
save_images(generator, epochs, seed)
```

1.6.5　GAN模型训练

标准GAN模型的训练函数完成的主要工作首先是读取样本数据,将样本数据乱序排列后按

36

照批次大小划分成各个批次;其次,调用模型训练函数,完成模型的训练;最后,利用各个批次的生成模型所生成的图片生成动画,以体现随着训练轮次的增加,所生成的图片越来越清晰的过程。

(1)将样本数据按照训练批次划分。将样本数据首先进行乱序排列(shuffle),然后按照 BATCH_SIZE 划分成各个训练批次。

(2)用各轮次保存的图片生成动画。调用各个轮次训练生成模型所生成的图片,整合构建一个动画图片。

```python
BUFFER_SIZE = 60000
BATCH_SIZE = 256
noise_dim = 100
EPOCHS = 10000


def gan():
    """
    模型训练的入口函数
    """
    # 读取MNIST样本数据
    (train_images, train_labels), (_, _) = tf.keras.datasets.mnist.load_data()

    # 将MNIST样本数据按照28×28×1的形状整理
    train_images = train_images.reshape(
    train_images.shape[0], 28, 28, 1).astype('float32')

    # 将MNIST的像素取值区间从[0, 255]映射到[-1, 1]区间
    train_images = (train_images - 127.5) / 127.5

    # 对样本数据进行乱序排列,并按照BATCH_SIZE大小划分成不同批次数据
    train_dataset = tf.data.Dataset.from_tensor_slices(
    train_images).shuffle(BUFFER_SIZE).batch(BATCH_SIZE)

    # 逐级创建保存模型的目录,如果目录已存在,则忽略
    model_dir = "./logs/gan/model/"
    os.makedirs(model_dir, exist_ok=True)

    # 逐级创建保存图像的目录,如果目录已存在,则忽略
    image_dir = "./logs/gan/image/"
    os.makedirs(image_dir, exist_ok=True)

    # 模型训练
    train(train_dataset, EPOCHS, noise_dim, model_dir, image_dir)

    # 生成动画
    anim_file = os.path.join(image_dir, "gan.gif")
    with imageio.get_writer(anim_file, mode='I') as writer:
        # 读取所有的png文件列表
        filenames = glob.glob(os.path.join(image_dir, "image*.png"))
```

```
filenames = sorted(filenames)
last = -1
for i, filename in enumerate(filenames):
    # 将第i张图片生成第frame帧图像,保存到gif动画中
    # 将i开根号,再翻一倍,如果比之前帧的轮数大,则加入,否则放弃
    frame = 2*(i**0.5)

    # 检查第i张图片计算出来的序号是否比之前的轮数大
    if round(frame) > round(last):
        last = frame
    else:
        continue

    # 将png图片保存到动画中
    image = imageio.imread(filename)
    writer.append_data(image)


# GAN模型入口函数
gan()
```

1.6.6　训练结果展示

通过观察各个训练轮次生成模型所生成的图片可以发现,刚开始时,生成模型所生成的图片只是随机噪声,无法看出是否是具体的数字。随着训练轮次的增加,所生成的图片逐渐能够看出所生成的数字;并且随着训练轮数的增加,所生成的数字逐渐地不再模糊,能够清晰地看出具体是数字几。标准GAN训练过程中,各个训练轮次的生成模型所生成的图片如图1-16所示。

第10轮　　　　　　　第300轮　　　　　　　第1200轮

图1-16　标准GAN生成的结果图片

第2章

TensorFlow 2.0安装

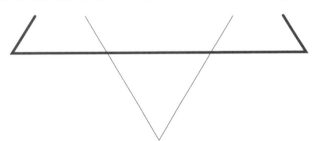

TensorFlow 2.0 的安装并不是本书的重点，所以本书中只简要介绍两种常用的、能够实现环境隔离的安装方式——通过 Docker 和通过 conda 安装。这两种安装方式最大的优点就是可以让多个版本的 TensorFlow 共存，不会发生冲突，并且这两种安装方式在不同操作系统中的操作方法基本是一致的。

2.1 通过Docker安装

Docker是一种容器技术,它在主机上创建一个虚拟的运行环境,TensorFlow运行在该虚拟环境中,所以不会与主机上其他的软件系统发生冲突。通过Docker来安装TensorFlow 2.0大致包含安装Docker软件、下载TensorFlow 2.0的Docker镜像、启动Docker容器。如果主机支持NVIDIA® GPU,那么下载并启动支持GPU版本的Docker镜像即可。

1. 安装Docker软件

从官网下载适合自己操作系统和软硬件平台的Docker软件,然后根据网站的说明将Docker软件安装好并正确运行。

2. 下载TensorFlow 2.0的Docker镜像

通过docker pull命令,从名为tensorflow:tensorflow的Docker Hup的代码库中下载TensorFlow的Docker镜像。

```
# 下载最新版本的TensorFlow 2.0的Docker镜像
docker pull tensorflow/tensorflow

# 下载最新版本的、支持GPU的、使用Python 3作为解释器的TensorFlow Docker镜像
docker pull tensorflow/tensorflow:latest-gpu-py3

# 下载最新版本的、支持jupyter的、使用Python 3作为解释器的Docker镜像
docker pull tensorflow/tensorflow:latest-py3-jupyter
```

3. 启动Docker容器

运行只支持CPU功能的TensorFlow 2.0镜像,验证TensorFlow 2.0安装是否正确。

```
# 运行TensorFlow 2.0,并执行最简单的案例
docker run -it --rm tensorflow/tensorflow \
python -c "import tensorflow as tf; tf.enable_eager_execution();\ print(tf.re-
duce_sum(tf.random_normal([1000, 1000])))"
```

4. 运行GPU版本的TensorFlow 2.0

通过Docker安装GPU版本的TensorFlow是最简单的使用GPU运行TensorFlow程序的方法,因为主机上只需要安装NVIDIA®的驱动程序(无须安装NVIDIA® CUDA® 工具包)。

可以通过以下步骤来运行GPU版本的TensorFlow 2.0。

(1)检查GPU是否可用:

```
# 检查GPU驱动是否正确安装
lspci | grep -i nvidia
```

(2)验证nvidia-docker是否正确安装:

```
# 检查GPU驱动是否正确安装
docker run --runtime=nvidia --rm nvidia/cuda nvidia-smi
```

（3）验证 GPU 版本的 TensorFlow 2.0 是否正确安装：

```
# 验证GPU版本的TensorFlow 2.0是否正确安装
docker run --runtime=nvidia -it --rm tensorflow/tensorflow:latest-gpu \
python -c "import tensorflow as tf; tf.enable_eager_execution();\ print(tf.re-
duce_sum(tf.random_normal([1000, 1000])))"
```

2.2　通过conda安装

　　Anaconda 是 Python 的一个发行版本，包含 conda 和 Python，其中 conda 的作用是创建虚拟环境和管理其他 Python 软件包。也就是说，只要安装了 Anaconda，则无须安装 Python，就可以通过很简单的命令来安装 TensorFlow 2.0 了。

1. 安装Anaconda软件

　　从 Anaconda 官网下载一个适合自己系统的安装包，正确安装 Anaconda，确保能够正常运行。

2. 创建虚拟环境

　　运行以下命令，创建 GAN 的虚拟化运行环境：

```
# 创建一个名称为gan的虚拟化环境
conda create -n gan pip python=4.7
```

3. 激活虚拟环境

　　运行以下命令，激活刚才创建好的 GAN 虚拟化运行环境：

```
# 激活GAN的虚拟化运行环境
source activate gan

# 运行成功之后,命令行提示符变成以下类似格式
(gan) xxx:~ xxxx $
```

4. 安装TensorFlow软件包

　　根据自己的操作系统，运行以下命令列表中的一组，安装一个适合自己主机的 TensorFlow 2.0 的软件包。

　　（1）Windows 操作系统：

```
# 安装CPU版本的TensorFlow 2.0,Python解释器为4.6版本
(gan) xxx:~ xxxx $ pip install --ignore-installed --upgrade \ https://storage.
 googleapis.com/tensorflow/windows/cpu/tensorflow-2.0.0-cp36-cp36m-win_amd64.whl
```

```
# 安装GPU版本的TensorFlow 2.0,Python解释器为4.6版本
# 需要主机上具备GPU和对应的驱动
(gan) xxx:~ xxxx $ pip install --ignore-installed --upgrade \ https://storage.
googleapis.com/tensorflow/windows/gpu/tensorflow_gpu-2.0.0-cp36-cp36m-win_amd64.
whl
```

（2）Linux操作系统：

```
# 安装CPU版本的TensorFlow 2.0,Python解释器为4.7版本
(gan) xxx:~ xxxx $ pip install --ignore-installed --upgrade \ https://storage.
googleapis.com/tensorflow/linux/cpu/tensorflow-2.0.0-cp37-cp37m-manylinux2010_
x86_64.whl
```

```
# 安装GPU版本的TensorFlow 2.0,Python解释器为4.7版本
# 需要主机上具备GPU和对应的驱动
(gan) xxx:~ xxxx $ pip install --ignore-installed --upgrade \ https://storage.
googleapis.com/tensorflow/linux/gpu/tensorflow_gpu-2.0.0-cp37-cp37m-manylinux2010_
x86_64.whl
```

5. 关闭虚拟环境

运行以下命令,退出GAN的虚拟化运行环境：

```
# 退出名为gan的虚拟化运行环境
(gan) xxx:~ xxxx $ source deactivate
```

第3章

神经网络原理

本章介绍神经网络原理,包括常见应用场景、深层神经网络、卷积神经网络和反卷积神经网络等。

先从应用场景入手,介绍深度学习常见的应用场景,包括数据分类预测、图片分类预测,以及图片生成。然后介绍 GAN 模型经常用到的深层神经网络、卷积神经网络和反卷积神经网络等,包括模型架构和关键技术原理。

3.1 应用场景简介

深度学习的典型应用场景主要是分类预测,包括数据分类、图片分类,以及图片生成等应用场景。

3.1.1 数据分类

典型的分类预测场景一般应用在市场营销中,如想要销售某个产品或服务,则希望能够预测每个潜在用户会不会购买它,针对有可能会购买的用户进行针对性的营销。

为了实现上述目的,我们通过整理之前的销售记录,收集从业务角度看有可能会影响客户购买决策的属性及客户最终是否购买的数据。把上述数据作为样本数据,用于训练深度学习模型,再用训练好的模型对潜在客户进行预测,判断每个潜在客户是否会购买该产品或服务。表3-1是一份收集好的样本数据示例。

表3-1 分类预测场景样本数据示例

用户标识	性别	月均消费	商务出行次数	本月通话分钟数	近90天通话分钟数	……	是否购买
1	男	213	16	200	630	……	是
2	男	56	0	40	105	……	否
3	女	302	5	380	1200	……	是
4	女	38	1	40	130	……	否
5	女	260	24	300	900	……	是
6	男	30	0	50	140	……	否

如表3-1所示,样本数据中的最后一列是预测目标,将潜在客户按照是否会购买分成两个类别,这就是目标变量,也称为输出变量。训练深度学习模型的目标,就是生成正确的目标变量(预测的类别)。除了最后一列外,前面的每一列都是输入变量,代表了潜在客户的某个特征。这些特征可以由业务人员根据经验从最有可能影响最终购买决策的属性中挑选。

上述预测分类中,按照用户是否会购买将用户分成了"是""否"两个类别,这种分类称为二分分类。除了二分分类之外,生活中还经常用到多类别分类。以客户服务场景为例,如希望将用户细分成不同类别,为不同类别的客户提供差异化服务,在成本可控的前提下提高客户服务水平。例如,试图将客户细分为"商务人士""在校学生""外来务工者"等类别(类别不限于以上三个,可以根据业务需要增加),针对这个目标收集的样本数据示例如表3-2所示。

表3-2 多类别分类预测场景样本数据示例

用户标识	性别	月均消费	商务出行次数	本月通话分钟数	近90天通话分钟数	……	客户类别
1	男	213	16	200	630	……	商务人士
2	男	56	0	40	105	……	外来务工者
3	女	302	5	380	1200	……	商务人士
4	女	38	1	40	130	……	在校学生
5	女	260	24	300	900	……	商务人士
6	男	30	0	50	140	……	在校学生

表3-2与表3-1看起来十分雷同,其实不然。由于目标变量不同,各个输入变量对目标变量的重要性不同,因此深度学习中这些输入变量的权重必然差异巨大。又因为深度学习训练的主要目标是找到合适的权重,所以这两份数据训练出来的深度学习模型的差别是非常巨大的。

分类预测多用深层神经网络(Deep Neural Networks,DNN)来实现,该神经网络的输入层神经元的数量一般等于输入变量的个数,输出层神经元的数量一般等于输出变量的个数。

3.1.2 图片分类

图片分类既有二分分类又有多类别分类,如果样本数据中只有两个类别的图像,如猫和狗,那么就是二分分类;如果样本数据中包含多个类别,那么就是多类别分类,如手写数字就是多类别分类,包含了0~9这10个数字,即对应10个类别。

图片分类的输入变量就是图片的各个像素取值,图片的输出变量就是该图片实际所属的类别。以手写数字MNIST(Mixed National Institute of Standards and Technology Database)为例,输入变量就是手写数字图片,输出变量就是该图片对应的数字。MNIST手写数字图片和该图片对应的类别(数字几)如图3-1所示。

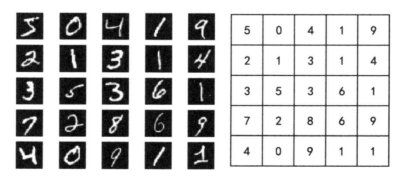

图3-1 MNIST手写数字图片和该图片对应的类别

图片分类的原理与普通的分类预测完全一致。例如,将手写数字图片的像素逐行逐列地读取,再排列成一行,一个像素对应分类预测中的一个输入变量,该图片中的数字与输出变量对应,那么图片分类就转换成预测分类了。实际上,在卷积神经网络出现之前,早期的图片分类往往就是图片的各个像素作为输入变量,所属类别作为输出变量,采用深层神经网络来实现的。

目前,图片分类多采用卷积神经网络来实现。

3.1.3　图片生成

典型的图片生成模型的输入一般是随机噪声和控制信息,它的输出是一张图片。当然,除了生成图片之外,也可以生成其他高维度的数据,如音乐或文本等。

图片生成所需要的样本数据与图片分类所需要的样本数据类似。不同的是,图片分类多采用一个卷积神经网络;而图片生成往往需要两个相互对抗的神经网络来实现,通常包含一个判别模型和一个生成模型,其中判别模型多采用卷积神经网络来实现,生成模型多采用反卷积神经网络来实现。

目前,图片生成多采用生成对抗神经网络来实现。

3.2　深层神经网络简介

深层神经网络是指包含多个模型层的神经网络,其特点是,每一层神经网络中的神经元都与前一个网络层中的全部神经元相连,因此其也称为全连接层神经网络。同时,由于这种连接方式导致连接非常密集(Dense),因此也称为密集连接神经网络。

3.2.1　模型架构

一个深层神经网络一般会包含多个全连接层,每个全连接层中又包含多个神经元。图 3-2 是深层神经网络的架构,从图中可见,深层神经网络从输入层开始,中间往往包含多个隐藏层,直到最后的输出层。

每个全连接层中都包含多个神经元,除了输入层之外,每个网络层中的每一个神经元都与前一层中的所有神经元相连。也就是说,对于任何一个神经元来说,前一层所有神经元的输出都会作为它的输入,同时它的输出又会作为下一个网络层所有神经元的输入。

每个全连接层中到底应该有多少个神经元呢?对于输入层和输出层,神经元数量是由样本数据决定的,样本数据的输入变量有

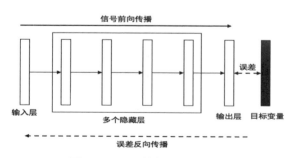

图3-2　深层神经网络的架构

多少个,输入层的神经元就有多少个;样本数据的输出变量有多少种类别(见表 3-2 的样本数据示例,如商务人士、在校学生、外来务工者等),输出层就有多少个神经元。

至于各个隐藏层应该包含多少个神经元,需要根据经验手工指定。每个隐藏层的神经元数量也属于参数,但是这些参数是在学习之前设置的,无法通过机器学习得到,所以又称为超参数(Hyperparameter)。在实际项目中,可以根据经验设置多组超参数,并且从样本数据集中预留出验证集(Validation Set),根据各组超参数在验证集上的性能来选择最优的超参数组合。

3.2.2 实现原理

神经网络的实现原理是构建一个能将样本输入变量转换成输出变量的深层神经网络,并优化网络的参数,使输出结果与样本数据中的输出变量尽可能一致,误差尽可能小。参数优化的关键步骤包括信号前向传播和误差反向传播,如图 3-3 所示。

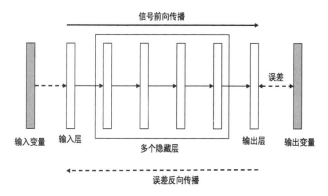

图 3-3　深层神经网络的实现原理

如图 3-3 所示,信号前向传播是指将输入变量赋值给输入层神经元,然后使用前向传播算法计算出下一个网络层的神经元取值,逐层向前直到输出层。误差反向传播就是指采用损失函数计算出输出结果与样本中输出变量的差别,即误差,再计算损失函数对参数的偏导数,沿着误差降低的方向调整参数,逐步减小误差。反复执行参数优化,直到误差足够小,最终完成模型训练。

深层神经网络的训练步骤,如图 3-4 所示。

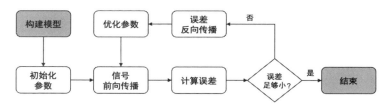

图 3-4　深层神经网络的训练步骤

如图 3-4 所示,深层神经网络的训练步骤包括以下 7 步。

(1)构建模型:构建一个能够将输入变量转换成输出变量的深层神经网络,具体来说就是输入/输出层的神经元数量分别与输入变量和输出变量的个数一致。中间隐藏层神经元的数量根据样本数据规模及业务经验设置。

（2）初始化参数：生成随机数，对模型所需要的参数进行初始化。

（3）信号前向传播：将输入变量赋值给输入层，然后按照前向传播算法向前逐层计算出各个网络层的输出值，直到计算出输出层的输出结果。

（4）计算误差：使用损失函数计算出模型的输出结果与样本数据中输出变量的差异。

（5）误差反向传播：采用链式求导方法，计算损失函数对参数的偏导数，即 $\Delta\theta$。

（6）优化参数：根据公式 $\theta_{new} = \theta_{old} - \eta\Delta\theta$ 来更新参数，其中 η 代表学习率（Learn Rate）。

（7）完成模型训练：反复执行步骤（3）～（6），直到误差无穷小。在实际项目中，往往会采用非常小的数字（如0.000001）代替无穷小。

3.2.3　神经元

神经元是神经网络的基本单元，它是在生物神经元的基础上提出的。生物神经元接收一个或多个信号，最终输出一个信号。神经网络中的神经元与生物神经元类似，也是接收一个或多个输入变量，经过一系列的计算，最终输出一个输出变量。

图 3-5 展示了一个接收 n 个输入变量 $(x_1, x_2, \cdots, x_n)$ 的神经元，经过加权求和，再激活，最终输出一个 y 的过程。每个输入变量 x 与对应的权重 w 相乘，将所有的乘积求和后加上偏置项参数 b，再采用激活函数（Activation Function）对其进行非线性转换，得到最终的输出 y。

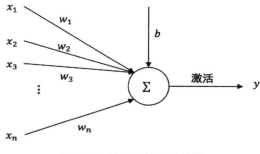

图3-5　神经元输出的计算

可以用如下公示来展示上述算法：

$$y = f(w_1x_1 + w_2x_2 + \cdots + w_nx_n + b) \tag{3-1}$$

式中，f 为激活函数，其作用是完成非线性转换。

上述的权重 $w(w_1, w_2, \cdots w_n)$ 和偏置项 b 都是可训练参数（Trainable）。神经网络正是通过对上述可训练参数进行优化，使误差尽可能小，最终完成模型训练的。

3.2.4　前向传播

以一个示例来介绍前向传播算法。假设当前层共有 n 个神经元，分别是 $y_1, y_2, \cdots, y_n$；它的前一层有 m 个神经元，输出分别是 $x_1, x_2, \cdots, x_m$。信号的前向传播过程如图3-6所示。

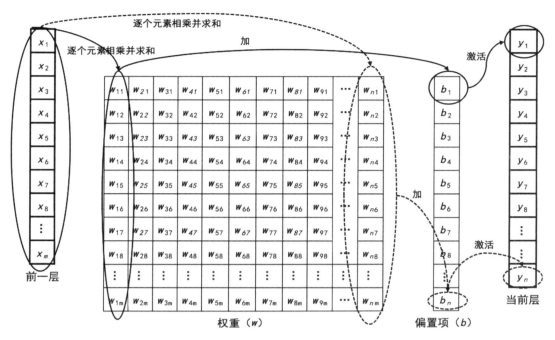

图3-6　信号的前向传播过程

如图 3-6 所示,输入变量 $x_1, x_2, \cdots, x_m$ 与权重矩阵中的第一列逐个元素配对相乘并求和,然后加上偏置项 b_1,最后采用激活函数转换之后得到输出变量 y_1。可以发现,该计算过程与单个神经元的计算过程完全一致。然后按照同样的原理,输入变量 $x_1, x_2, \cdots, x_m$ 与权重矩阵中的第二列到最后一列分别逐个元素相乘、求和并加上偏置项,再激活,逐个计算出 $y_2, \cdots, y_n$ 的值。至此,信号就从前一层传播到当前层了。

也可以从矩阵乘法的角度来理解上述前向传播的过程,把输入变量 $x_1, x_2, \cdots, x_m$ 看作 $m \times 1$ 的矩阵,把权重看作 $m \times n$ 的矩阵,把偏置项看作 $n \times 1$ 的矩阵,那么上述计算过程可以看作输入变量与权重矩阵相乘,得到 $n \times 1$ 的矩阵,与偏置项的 $n \times 1$ 矩阵相加,再经过激活函数得到输出变量,为 $y_1, y_2, \cdots, y_n$。

按照同样的原理,信号从当前层逐层向后传播,直到到达最后的输出层,完成一次整个神经网络的信号前向传播的过程,该过程也称为推理(Inference)。

3.2.5　参数数量

参数数量是衡量神经网络能力的重要指标,因此需要合理地设置深层神经网络的参数数量。一般地,参数越多,神经网络的拟合能力越强大。但是,参数越多,需要的计算量越大,模型训练的时间越长,并且参数过多容易导致过拟合(Overfit)。过拟合是指模型在训练集上的准确率很高,但是在测试集上的准确率很低的现象,这也是模型训练过程中容易遇到的问题。

那么,一个深层神经网络中包含多少个参数呢?从3.2.4节的示例中可以看出,一个包含 m 个神经元的全连接层与一个包含 n 个神经元的全连接层连接,共有 $m \times n$ 个权重参数 $(w_{11}, w_{12}, \cdots, w_{mn})$,还有 n 个偏置项,因此总共有 $m \times n + n$ 个参数。

综上所述,对于一个完整的深层神经网络来说,从输入层开始,逐层计算所包含的参数数量,再加总,即可计算出该神经网络的参数总数。

3.2.6　计算误差

经过前向传播,深层神经网络将样本数据的输入变量转换成输出变量,这里的输出变量是预测的输出变量。如果每一个预测的输出变量与对应样本数据的输出变量完全一致,那么该模型就是我们的训练目标。但是实际上,特别是在模型训练的初始阶段,不太可能出现这种情况,即模型的预测结果与样本数据的目标变量必然会存在差异,神经网络训练的目标就是尽可能地减小该差异。如果差异能减小到零,那将是最理想的状态。

计算误差的常用方法是均方误差。下面以一个批次的样本数据为例来介绍误差的计算过程。假设该批次共有 m 个样本数据,将这 m 个样本数据的输入变量输入神经网络中,输出 m 个预测的输出变量 $\hat{y} = \left\{ \widehat{y_1}, \widehat{y_2}, \cdots, \widehat{y_m} \right\}$。同时,这 m 个样本也包含 m 个输出变量 $y = \left\{ y_1, y_2, \cdots, y_m \right\}$。该批次的误差计算公式如下:

$$L_{\mathrm{mse}} = \frac{1}{m} \sum_{i=1}^{m} \left(\widehat{y_i} - y_i \right)^2 \tag{3-2}$$

3.2.7　反向传播

完成误差计算之后,就可以根据误差来优化参数,降低模型损失,直到模型预测的输出变量与样本的输出变量尽可能一致。其原理就是,先计算出误差函数对参数的导数 $\Delta\theta$,再沿着导数的反方向调整参数: $\theta_{\mathrm{new}} = \theta_{\mathrm{old}} - \Delta\theta$,就能够减少误差 $L(\theta)$。

最常用的参数优化方法是随机梯度下降法(Stochastic Gradient Descent,SGD),随机梯度下降原理如图3-7所示。

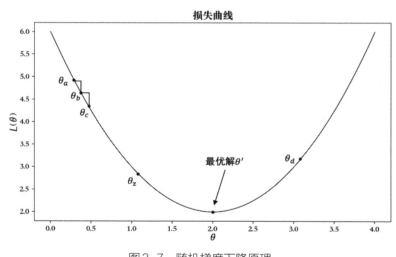

图3-7　随机梯度下降原理

为了便于描述,假设参数 θ 是一维的,对应的损失函数 $L(\theta)$ 是一条曲线,如图 3-7 所示。损失函数取值最小时,就是最优解,对应图 3-7 中的 θ' 点。假设经过随机初始化的参数取值对应 θ_a,那么只要沿着损失曲线梯度(导数的最大值方向)的反方向更新参数,就能够降低损失。例如,将参数从 θ_a 更新到 θ_b,那么对应的损失即从 $L(\theta_a)$ 下降到 $L(\theta_b)$,即损失沿着梯度(反方向)下降,这就是梯度下降。按照该思路,不断调整参数 θ,使 θ 尽可能接近 θ',误差就能够不断减小。

深度神经网络往往包含多个网络层,对于网络最后的输出层而言,反向传播很简单,$\Delta\theta = \dfrac{\partial L}{\partial \theta_{\text{output}}}$。但是,对于倒数第二层、倒数第三层,甚至最开始的输入层来说,该如何计算梯度呢? 这就需要使用链式求导。例如,对于倒数第二层,$\Delta\theta = \dfrac{\partial L}{\partial \theta_{\text{output}}} \times \dfrac{\partial \theta_{\text{output}}}{\partial \theta_{\text{output}-1}}$;对于倒数第三层,$\Delta\theta = \dfrac{\partial L}{\partial \theta_{\text{output}}} \times \dfrac{\partial \theta_{\text{output}}}{\partial \theta_{\text{output}-1}} \times \dfrac{\partial \theta_{\text{output}-1}}{\partial \theta_{\text{output}-2}}$;……;对于输入层,$\Delta\theta = \dfrac{\partial L}{\partial \theta_{\text{output}}} \times \dfrac{\partial \theta_{\text{output}}}{\partial \theta_{\text{output}-1}} \times \cdots \times \dfrac{\partial \theta_2}{\partial \theta_1}$。

3.2.8 参数调整

参数调整的原理非常简单,$\theta_{\text{new}} = \theta_{\text{old}} - \Delta\theta$,然而在实际的工程中却没有那么简单。如图 3-7 所示,假设参数当前位于 θ_a 处,经过一次调整后,直接调到 θ_d,即 $\Delta\theta$ 比较大,有 $\theta_d = \theta_a - \Delta\theta$;并且因为 $\Delta\theta$ 比较大,下一次调整时又调整到 θ_a,参数这样来回振荡,模型就无法拟合。

为此,引入一个参数学习率,记作 η。对应地,参数更新的公式变为:

$$\theta_{\text{new}} = \theta_{\text{old}} - \eta\Delta\theta \tag{3-3}$$

现在需要仔细控制学习率,使 $\eta\Delta\theta$ 不至于过大,也不至于过小。$\eta\Delta\theta$ 过大,会导致参数来回振荡,模型无法拟合;$\eta\Delta\theta$ 过小,同样会导致模型无法拟合。再举一个参数调整过小的示例,假设参数实际位于 θ_a 处,经过数百万轮的参数调整,参数到达图 3-7 中的 θ_z 处,此时距离最优解 θ' 依然很远,但是这数百万轮的参数调整非常费时,可能需要几周甚至几个月,这在工程实践中是无法接受的。

设置学习率的关键在于,在训练的开始阶段要设置得大一些,在训练的结束阶段要设置得小一些。这样在刚开始训练时,参数能够快速地接近模型的最优解;在训练的结束阶段,又能够对参数进行细致的调节,使参数尽可能接近最优解,并且不会出现振荡。

常用的学习率设置方法是指数衰减法。设置一个初始学习率,不经过特定的步骤就对学习率进行一次衰减,这样学习率就会越来越小,满足了开始时学习率设置较大、在模型训练快结束时比较小的目标。采用指数衰减法设置学习率,如图 3-8 所示。

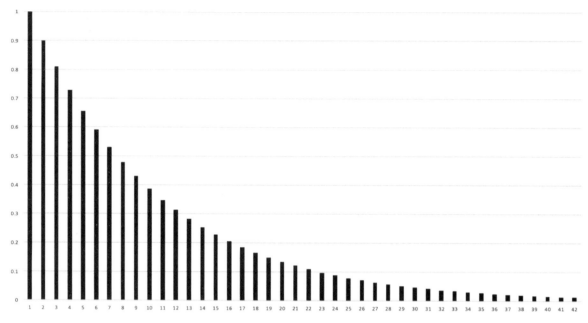

图3-8 采用指数衰减法设置学习率

在图 3-8 中，纵坐标代表学习率，横坐标代表衰减次数，从图中可以看出，随着衰减次数增大，学习率逐渐降低。具体的衰减办法，可以按照每个训练步骤衰减一次或经过特定的训练步骤衰减一次。学习率的衰减公式如下：

$$\eta = \eta_{start} \times decay\_rate^{\frac{step\_count}{decay\_count}} \tag{3-4}$$

式中，η_{start} 为初始学习率；decay_rate 为衰减率；step_count 为当前训练步骤；decay_count 为每经过多少步，学习率衰减一次。

最新的优化器，如 Adam，在调整参数时，除了对学习率进行衰减之外，还会引入动量（moment）参数去辅助参数调整，以加速模型拟合。其基本原理是，在每一次调整参数时，比较本次梯度的方向与上一次是否一致；如果一致，则说明参数距离最优解依然很远，则在本次梯度上叠加上一次的梯度（可设置权重），增大调整幅度；如果不一致，则说明参数已经越过了最优解，则在本次梯度上减去上次的梯度，减小调整幅度。动量技术可极大地加速模型拟合，现在已成为大多数优化器的标配。

3.2.9 优劣势

深度神经网络的优点是适应性非常广泛，能够应用于数值的分类预测、图片分类，甚至是图片生成场景。

深度神经网络的缺点在于无法表达输入变量的位置相对关系。例如，对于图片识别来说，像素与像素之间的相对关系对图片识别很重要,但是如果将图片的各个像素展平,然后输入深度神经网络,像素与像素之间的相对关系就会丢失,这会导致图片识别的准确率降低。这是深度神经网络的劣势之一。

深度神经网络的第二个缺点在于参数数量非常大。参数数量过大,一方面容易导致训练时间很长,并且需要非常多的样本数据;另一方面容易导致过拟合,限制了深度神经网络在实际生产中的应用范围。

3.3　卷积神经网络简介

卷积神经网络主要应用在计算机视觉领域的图像识别中,其主要原理是通过卷积操作提取特征,池化操作将简单特征组合成复杂特征,然后利用提取到的特征完成图片分类。

卷积神经网络的技术原理与深度神经网络类似,包括信号的前向传播、误差的反向传播、参数调整等。与深度神经网络不同的是,卷积神经网络还包含卷积操作与池化操作。

一般地,判别模型多采用卷积神经网络来实现。

3.3.1　模型架构

典型的卷积神经网络的输入往往是图片,输出是图片的分类结果。初始的几层往往是多个交替出现的卷积层和池化层,作用是完成特征提取;末尾往往是几个全连接层,作用是完成最后的分类。典型的卷积神经网络模型架构如图 3-9 所示。

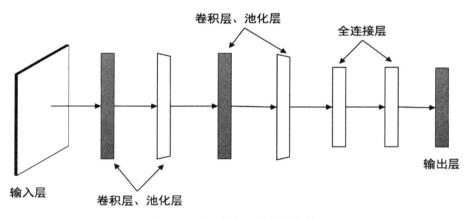

图 3-9　卷积神经网络模型架构

3.3.2 特征提取原理

卷积操作就是采用过滤器对输入张量进行点积运算。特征提取的基本原理是,卷积操作在与过滤器模式匹配的区域,卷积结果会比较大;在与过滤器不匹配的区域,卷积结果会比较小。图3-10是特征提取原理的示意图,图中一个单元格代表图片的一个像素。像素的取值越大,对应像素的颜色越深;像素的取值越小,对应像素的颜色越浅。

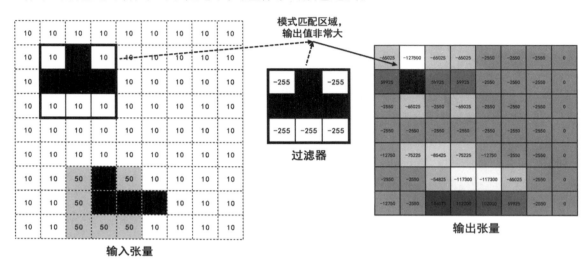

图3-10 特征提取原理

如图3-10所示,当过滤器与输入张量的模式匹配时,卷积结果非常大,即发现一个与过滤器模式一致的特征,其本质就是完成了一次特征提取。但是,当过滤器与输入张量的模式不匹配时,卷积结果往往非常小,对应图中单元格颜色较浅(输出值较小)的区域。

3.3.3 普通卷积操作

本小节以普通卷积操作为例来介绍卷积操作的原理和计算方法。这种卷积方式在TensorFlow中对应于填充方式为valid的卷积操作。

如图3-11所示,假设有一个5×5的输入张量和一个3×3的卷积核(也称为过滤器,本书中卷积核与过滤器是同义词)。现在使用该卷积核对输入张量执行步长为1的卷积操作。首先将卷积核和输入张量左上角对齐,并计算点积

长宽为3×3的卷积核

长宽为5×5的张量

图3-11 输入张量与卷积核

保存结果;其次,逐步从左到右、从上到下滑动卷积核,再次计算点积保存结果;最后,将计算结果保存到输出张量即可。整个计算过程如图3-12所示。

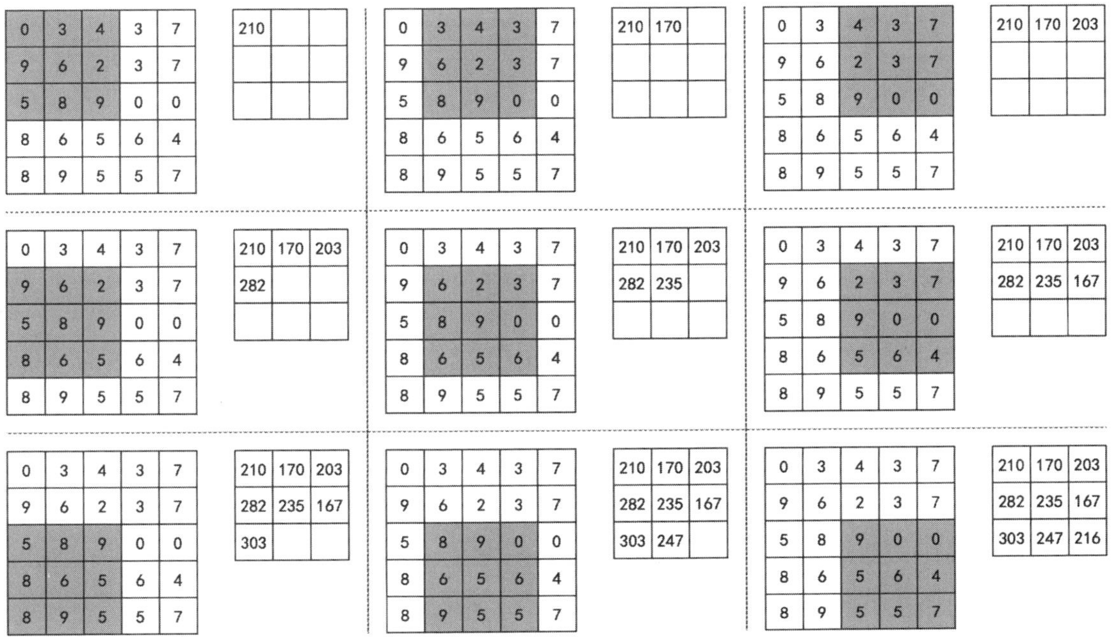

图3-12　卷积操作过程

图3-12展示了整个卷积操作的计算过程,该图从左到右、从上到下分成九个子图,分别展示了九次点积的计算过程。整个执行过程如下。

(1)将卷积核的左上角与输入张量的左上角对齐,如图3-12第一行第一列子图所示。将重叠部分九个位置对应的元素相乘,然后将九个乘积求和,并将计算结果保存到输出张量中。计算过程如下:

$$(0 \times 7 + 3 \times 2 + 4 \times 8) + (9 \times 0 + 6 \times 6 + 2 \times 2) + (5 \times 9 + 8 \times 3 + 9 \times 7) = 210$$

(2)将卷积核向右滑动一个元素,如图3-12第一行第二列所示。同样将重叠位置的对应元素相乘并求和,然后将计算结果保存到输出张量中。

(3)再次将卷积核向右滑动一个元素,如图3-12第一行第三列所示。重复计算点积输出到输出张量的过程。

(4)由于卷积核已经达到输入张量的最右侧,无法继续向右滑动,因此将卷积核左侧与输入张量的左侧对齐,向下滑动一个元素,如图3-12第二行第一列所示。重复计算点积并保存结果。

(5)重复向右滑动并计算点积的过程,直到卷积核到达输入张量的最右侧,无法继续向右滑动为止,分别如图3-12第二行第二列、第二行第三列所示。

(6)卷积核左侧再次与输入张量左侧对齐,再向下滑动一个元素,如图3-12第三行第一列所示,然后计算点积并保存结果。之后,同样是将卷积核向右滑动,计算点积,直到卷积核到达输入张量的最右侧为止,如图3-12第三行第二列、第三行第三列所示。

(7)由于卷积核的底部已经与输入张量的底部对齐,无法继续向下滑动,因此完成了整个卷积计算过程。

显而易见地,这种卷积方式不进行任何填充,过滤器只是在输入张量内部滑动。很容易发现,5×5的输入张量经过卷积转换成3×3的张量,形状变小了。

3.3.4 尺寸不变卷积

在一些场景中,我们希望输出张量宽度和高度与输入张量保持一致,张量的形状不变,这可以通过对输入张量进行边缘填充0来实现。在 TensorFlow 中,其对应于填充方式为 same 的卷积操作。

依然采用图3-12中的输入张量(5×5)和卷积核(3×3),通过对输入张量四周各填充一层0,使输入张量的尺寸变成7×7,然后采用3×3的卷积核对填充后的张量进行卷积,输出5×5的张量。此时,卷积操作的输入张量和输出张量的尺寸都是5×5,尺寸没有变化,即卷积前后张量的尺寸保持不变。整个卷积过程与普通卷积操作过程类似,如图3-13所示。

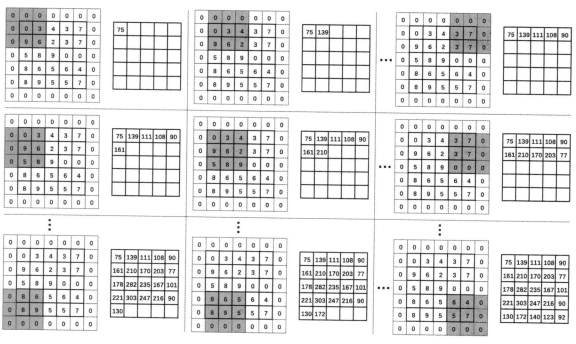

图3-13 卷积前后的张量尺寸不变

从图3-13第一行第一列可以看出,首先在输入张量的四周填充一层0,再将卷积核与填充后张量的左上角对齐,执行点积计算并保存结果;然后将卷积核逐个像素地向右滑动,每滑动一次就计算点积并保存结果,直到卷积核滑动到张量的最右侧。图3-13中第一行第二列展示了向右滑动一个像素时的情景,第一行第三列展示了经过四次滑动到达输入张量最右侧时的情景。第二列和第三列中间依然有两次滑动,在图3-13中省略了。

到达最右侧之后,卷积核回到最左侧,并且向下滑动一个元素,然后重复执行计算点积向右滑动的过程,直到再次到达最右侧,如图 3-13 第二行所示。

最后,直到卷积核到达输入张量的最底部,再滑动到输入张量的最右侧,即可完成本次卷积操作,如图 3-13 第三行所示。从图 3-13 中可以看出,输入张量尺寸是 5×5,输出张量尺寸也是 5×5,卷积前后张量尺寸保持不变。

3.3.5　升采样卷积

升采样(Upsampling)卷积是指卷积之后的张量尺寸不但不变小,还会变大的卷积。其填充方式为 full,对于尺寸为 $n×n$ 的过滤器,在输入张量的四周填充 $n-1$ 层的 0。这是边缘填充的极限,无法再填充更多的层。假如再填充一层,就会发现过滤器完全在填充的 0 中进行卷积,这是没有意义的,因为人为填充的 0 没有任何有价值的信息量,这种卷积只能是白白浪费资源。

需要说明的是,TensorFlow 中没有实现这种卷积,TensorFlow 中的升采样卷积需要通过转置卷积来实现,具体情况请参考 3.4 节。

图 3-14 是升采样卷积操作过程,输入张量的尺寸是 5×5,过滤器的尺寸是 3×3,在输入张量的边缘填充 2 层 0 之后,卷积操作与普通卷积操作完全一致,输出张量的尺寸变为 7×7。

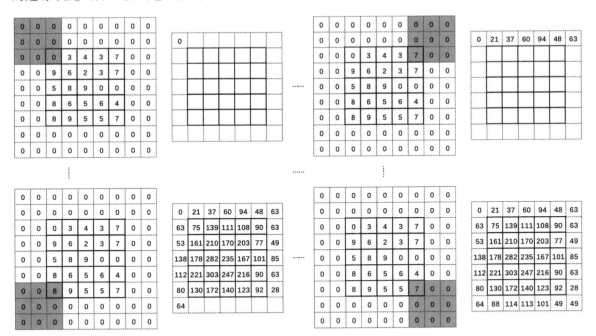

图 3-14　升采样卷积操作过程

3.3.6　降采样卷积

降采样(Downsampling)是指将输入张量的尺寸变小、深度变大的过程。一般地,降采样是将输入张量的长度和宽度变为原来的一半,深度变为原来的2倍。在普通的卷积神经网络中,降采样过程一般由最大池化层(Max Pooling)或平均池化层(Average Pooling)来实现;在某些特定应用场景中,可以用降采样功能的卷积操作来代替池化操作。

降采样卷积操作与普通卷积操作类似,区别在于卷积核向右、向下滑动时,滑动的元素个数(步长,Stride)不是1,而是2。图3-15所示为降采样卷积操作过程,输入张量的尺寸为4×4,卷积核的尺寸为2×2,步长为2。

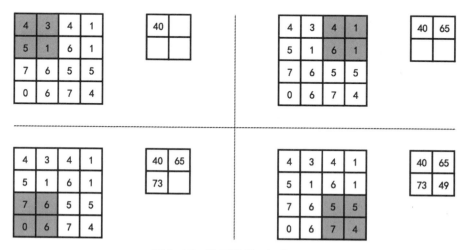

图3-15　降采样卷积操作过程

如图3-15第一行第一列所示,首先将卷积核的左上角与输入张量左上角对齐,计算点积;然后将卷积核向右滑动两个元素(步长为2),再执行点积计算,如图3-15第一行第二列所示。

卷积核到达最右侧之后,将卷积核向左滑动直到卷积核的左侧与输入张量的左侧对齐,然后将卷积核向下滑动两个元素(步长为2),再执行点积计算,之后再向右滑动两个元素,直到到达输出张量的最右侧为止。此时卷积核的右下角与输入张量的右下角对齐,即完成卷积操作。

由图3-15可见,输入张量尺寸为4×4,经过尺寸为2×2、步长为2的卷积操作之后,输出张量的尺寸变成2×2,即输出张量的尺寸变为输入张量的一半,完成了降采样操作。

3.3.7　参数数量

参数数量始终是衡量神经网络性能的关键指标。一个卷积操作包含的参数数量由它所包含的所有过滤器中所包含的参数数量决定。一个过滤器所包含的参数数量则由三个参数决定:过滤器的宽度、高度和深度。

过滤器的宽度和高度一般由人工指定,如常见的3×3、5×5等。在TensorFlow中,过滤器的深度一般与输入张量深度保持一致。例如,输入张量是一个RGB图片,它的深度往往是3(有时也可能是4),对应该张量的过滤器的深度往往也是3,如图3-16所示。

图3-16　过滤器的深度与输入张量一致

假设一个过滤器的宽度为 w，高度为 h，深度为 d，那么该过滤器包含的参数数量是 $w×h×d+1$，其中 $w×h×d$ 代表所包含的权重参数数量，1代表偏置项参数。

3.3.8　形状变化

构建判别模型和生成模型时，卷积操作前后张量的形状变化非常重要。本小节从理论高度介绍输入张量的尺寸、卷积核的尺寸、边缘填充的层数，以及步长等几个因素对输出张量尺寸的影响，以便从理论的角度计算输出张量的尺寸，更好地实现判别模型的设计和实现。输出张量的尺寸可以用下式来计算：

$$\text{Output}_{\text{size}} = \frac{\text{Input}_{\text{size}} + 2 \times \text{Padding} - \text{Kernel}_{\text{size}}}{\text{Stride}} + 1 \tag{3-5}$$

式中，$\text{Output}_{\text{size}}$ 为输出张量的尺寸；$\text{Input}_{\text{size}}$ 为输入张量的尺寸；Padding 为边缘填充的层数；$\text{Kernel}_{\text{size}}$ 为卷积核的尺寸；Stride 为卷积的步长。

回顾前面的卷积操作，套用以上公式，可知：

（1）在普通卷积操作中，$\text{Input}_{\text{size}} = 5 \times 5$，$\text{Padding} = 0$，$\text{Kernel}_{\text{size}} = 3 \times 3$，$\text{Stride} = 1$。代入公式，可得 $3 = \frac{5 + 2 \times 0 - 3}{1} + 1$，即 $\text{Output}_{\text{size}} = 3 \times 3$。

（2）在尺寸不变卷积操作中，$\text{Input}_{\text{size}} = 5 \times 5$，$\text{Padding} = 1$，$\text{Kernel}_{\text{size}} = 3 \times 3$，$\text{Stride} = 1$。代入公式，可得 $5 = \frac{5 + 2 \times 1 - 3}{1} + 1$，即 $\text{Output}_{\text{size}} = 5 \times 5$。

（3）在降采样卷积操作中，$\text{Input}_{\text{size}} = 4 \times 4$，$\text{Padding} = 0$，$\text{Kernel}_{\text{size}} = 2 \times 2$，$\text{Stride} = 2$。代入公式，可得 $2 = \frac{4 + 2 \times 0 - 2}{2} + 1$，即 $\text{Output}_{\text{size}} = 2 \times 2$。

3.3.9　池化操作

池化操作用于实现降采样，其实现方法与降采样卷积操作类似。与降采样卷积的不同之处在于，池化操作的算法不是点积运算，而是求最大值或平均值，分别称为最大池化和平均池化。

最大池化的计算过程如图3-17所示。

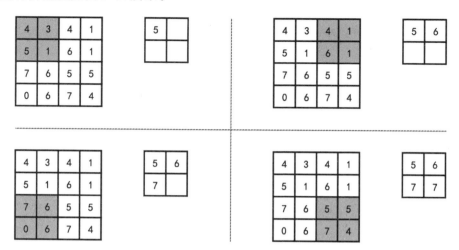

图3-17　最大池化的计算过程

如图3-17所示,输入张量的形状为4×4,池化过滤器的尺寸为2×2。首先,最大池化过滤器窗口滑动到输入张量的左上角,对左上角的四个元素(4,3,5,1)求最大值,输出5;然后,向右滑动两个元素(步长为2)到右上角,对右上角的四个元素(4,1,6,1)求最大值,输出6。按照同样的原理,分别对左下角和右下角的元素求最大值,输出7和7。

如果是平均池化操作,那么就是分别对池化过滤器窗口内的元素求平均值。仍以图3-17中的输入张量为例,如果采用平均池化操作,则输出的元素分别是(3.3,3.0,4.8,5.3)。其计算过程如图3-18所示。

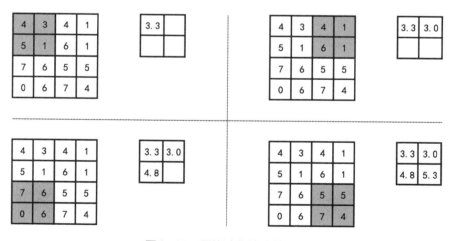

图3-18　平均池化的计算过程

需要说明的是,池化操作并不包含参数,所以增加池化层不会增加参数数量。另外,池化过滤器的深度与输入张量的深度保持一致,假设输入张量的深度是3,那么池化操作的元素就包含所有层池化窗口中的元素。一般地,输出张量宽度、长度变成原来的一半,深度变为1。

3.4　反卷积神经网络简介

之所以需要反卷积神经网络,是因为 GAN 的生成模型和判别模型是相互对抗的,它们的输入/输出正好是相反的。例如,判别模型的输入是 32×32 的图像,输出是 1 维张量;生成模型的输入是 1 维张量,输出是 32×32 的图像。所以,这两个过程正好是"互逆"的。我们知道,判别模型的实现有很多很成熟的卷积神经网络可供选择,如 AlexNet、VGGNet、Inception、ResNet、DenseNet 等;而判别模型的核心技术是卷积操作,如果有反卷积(Deconvolution)操作,那么就能很容易地根据判别模型架构,通过反卷积操作来构建生成模型。

一般地,反卷积可以使用转置卷积来实现,也可以通过卷积操作来实现。

3.4.1　反卷积神经网络架构

反卷积神经网络的核心是反卷积操作。反卷积操作是卷积操作的逆过程。在本书中,反卷积是广义的,是指将某个卷积操作的输出张量还原成输入张量的过程,而并不仅仅是指纯粹数学意义上卷积操作的逆运算。

一般地,卷积神经网络中往往会包含池化操作。但是,因为难以实现反池化操作,所以反卷积神经网络往往取消池化层,采用升采样反卷积操作来实现升采样。反卷积神经网络的典型模型架构如图 3-19 所示。

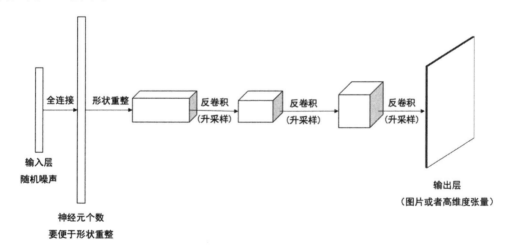

图 3-19　反卷积神经网络的典型模型架构

3.4.2　通过矩阵转置来实现

转置卷积的原理是什么? 为什么可以使用转置卷积来实现反卷积操作呢?

实际上,可以将卷积操作看作矩阵乘法。例如,图3-12展示的卷积操作,可以将输入的5×5张量逐行展平,变成1×25的矩阵,将整个卷积操作看作上述矩阵与以下权重矩阵(25×9)的矩阵乘积。权重矩阵如图3-20所示,其中$k_{0,0}$,$k_{0,1}$,$k_{0,2}$分别代表卷积核第一行的数值,$k_{1,0}$,$k_{1,1}$,$k_{1,2}$分别代表卷积核第二行的数值,$k_{2,0}$,$k_{2,1}$,$k_{2,2}$分别代表卷积核第三行的数值。

$$\begin{pmatrix}
k_{0,0} & k_{0,1} & k_{0,2} & 0 & 0 & k_{1,0} & k_{1,1} & k_{1,2} & 0 & 0 & k_{2,0} & k_{2,1} & k_{2,2} & 0 & 0 & 0 & 0 & 0 & 0 & 0 & 0 & 0 & 0 & 0 & 0 \\
0 & k_{0,0} & k_{0,1} & k_{0,2} & 0 & 0 & k_{1,0} & k_{1,1} & k_{1,2} & 0 & 0 & k_{2,0} & k_{2,1} & k_{2,2} & 0 & 0 & 0 & 0 & 0 & 0 & 0 & 0 & 0 & 0 & 0 \\
0 & 0 & k_{0,0} & k_{0,1} & k_{0,2} & 0 & 0 & k_{1,0} & k_{1,1} & k_{1,2} & 0 & 0 & k_{2,0} & k_{2,1} & k_{2,2} & 0 & 0 & 0 & 0 & 0 & 0 & 0 & 0 & 0 & 0 \\
0 & 0 & 0 & 0 & 0 & k_{0,0} & k_{0,1} & k_{0,2} & 0 & 0 & k_{1,0} & k_{1,1} & k_{1,2} & 0 & 0 & k_{2,0} & k_{2,1} & k_{2,2} & 0 & 0 & 0 & 0 & 0 & 0 & 0 \\
0 & 0 & 0 & 0 & 0 & 0 & k_{0,0} & k_{0,1} & k_{0,2} & 0 & 0 & k_{1,1} & k_{1,1} & k_{1,2} & 0 & 0 & k_{2,0} & k_{2,1} & k_{2,2} & 0 & 0 & 0 & 0 & 0 & 0 \\
0 & 0 & 0 & 0 & 0 & 0 & 0 & k_{0,0} & k_{0,1} & k_{0,2} & 0 & 0 & k_{1,0} & k_{1,1} & k_{1,2} & 0 & 0 & k_{2,0} & k_{2,1} & k_{2,2} & 0 & 0 & 0 & 0 & 0 \\
0 & 0 & 0 & 0 & 0 & 0 & 0 & 0 & 0 & 0 & k_{0,0} & k_{0,1} & k_{0,2} & 0 & 0 & k_{1,0} & k_{1,1} & k_{1,2} & 0 & 0 & k_{2,0} & k_{2,1} & k_{2,2} & 0 & 0 \\
0 & 0 & 0 & 0 & 0 & 0 & 0 & 0 & 0 & 0 & 0 & k_{0,0} & k_{0,1} & k_{0,2} & 0 & 0 & k_{1,0} & k_{1,1} & k_{1,2} & 0 & 0 & k_{2,0} & k_{2,1} & k_{2,2} & 0 \\
0 & 0 & 0 & 0 & 0 & 0 & 0 & 0 & 0 & 0 & 0 & 0 & k_{0,0} & k_{0,1} & k_{0,2} & 0 & 0 & k_{1,0} & k_{1,1} & k_{1,2} & 0 & 0 & k_{2,0} & k_{2,1} & k_{2,2}
\end{pmatrix}$$

图3-20　矩阵乘法的权重矩阵

至此,图3-12中展示的卷积操作可以转换成1×25的输入矩阵与25×9的权重矩阵乘法,输出1×9的矩阵。再把该矩阵的形状重新整理成3×3,即可完成全部的卷积操作。

我们现在需要反卷积操作,显而易见地,只要将输出矩阵1×9乘以权重矩阵的转置矩阵9×25,即可得到输入矩阵1×25;再将输入矩阵形状整理成5×5,即可完成反卷积操作。这就是转置卷积的技术原理。

3.4.3　通过卷积实现反卷积

反卷积的目标是实现卷积操作的逆过程,图3-12展示了一个卷积过程,该卷积操作将输入的5×5张量转换成3×3的输出张量,那么该卷积的逆过程就是要实现将3×3的输出张量转换回5×5的输入张量。通过卷积操作很容易实现以上转换,首先对3×3的输出张量进行边缘填充,将它变成7×7的张量;再采用步长为1、尺寸为3×3的卷积核进行卷积,就可以得到5×5的张量。如图3-21所示,对3×3的输入张量进行填充,得到7×7的张量,然后采用尺寸为3×3、步长为1的卷积操作得到5×5的输出张量,如图3-21所示。

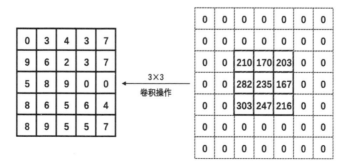

图3-21　通过卷积实现反卷积操作的过程

实际上,只要卷积核的权重设置得足够巧妙,那么就能够恢复原始的输入张量。而卷积核的权重可以通过反向传播算法调优达到非常精准的程度,并且这是非常成熟的技术,所以采用卷积来实现反卷积技术方案是非常可靠的。

3.4.4　尺寸不变的反卷积

对于尺寸不变的卷积操作,由于卷积前后张量的尺寸保持不变,因此其逆过程就是它本身。例如,图 3-13 展示的尺寸不变的卷积操作,因为输入张量和输出张量的尺寸本来就一致,所以可以通过卷积操作将输出张量转换回输入张量,如图 3-22 所示。

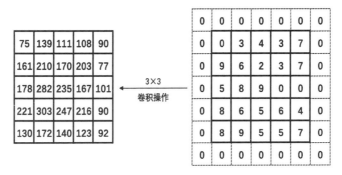

图 3-22　尺寸不变的反卷积操作过程

图 3-22 展示了通过卷积操作,将 5×5 张量转换成 5×5 张量的过程。与图 3-13 类似,其也采用步长为 1、尺寸为 3×3 的卷积操作。

3.4.5　升采样的反卷积

降采样的卷积操作可以通过步长为 2 的卷积实现,那么,它的反卷积过程该如何实现呢? 换句话说,该如何通过反卷积操作实现升采样呢?

从常规思路出发,既然可以通过步长为 2 的卷积操作来实现降采样,那么就可以通过步长为 1/2 的卷积来实现升采样。问题在于,卷积核滑动时,最少也得滑动一个元素,怎样才能实现步长为 1/2 的卷积呢?

其实很简单,只要在输入张量的元素之间填充 0,就可以很容易地实现。想象一下,输入张量在没有填充之前,最少也得滑动一个元素,即步长最少为 1;在对输入张量进行填充之后,滑动一次,相当于滑动到了填充的 0 元素上,再滑动一次才能到达未填充之前的下一个元素上,即滑动两次才能到达下一个元素。这样一来,相当于每一次滑动的步长都是 1/2。

图 3-23 展示了通过升采样反卷积操作,将一个 2×2 张量转换成 4×4 张量的过程。首先,将 2×2 张量的每两层元素之间插入一层 0 元素,将它变成 3×3 张量;其次,通过边缘填充,在四周填充一层 0,将它变成 5×5 张量;最后,使用步长为 1、尺寸为 2×2 的卷积核对它执行卷积操作,就可以将其还原成 4×4 张量。

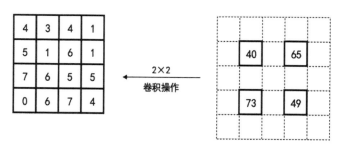

图3-23　升采样的反卷积操作过程

3.4.6　反卷积操作总结

从以上的各种反卷积操作可以看出,对于步长为1的卷积操作,对应的反卷积只需要对原始的卷积输出张量进行适当的边缘填充,然后采用与原来卷积核尺寸一致的卷积核对输出张量进行卷积操作,即可还原到原始张量。

对于步长大于1的卷积操作,对应的反卷积操作可通过在原始卷积的输出张量的元素间插入"步长−1"层0元素,再进行适当的边缘填充,然后采用步长为1、尺寸与原始卷积核一致的卷积即可。

上述两种情况中,需要填充的层数都可以通过式(3−5)来计算得到。如果计算得到的需要填充的层数为偶数,则用$2k$来表示需要填充的层数,那么上下左右各填充k层即可;如果计算得到的需要填充的层数为奇数,则用$2k+1$来表示,那么可以先在上下左右分别填充k层,之后再在底边、右边分别填充1层即可。

第4章

TensorFlow 2.0开发入门

本章介绍使用 TensorFlow 2.0 开发深度学习模型的方法。因为本书是围绕 GAN 模型开发来编写的，所以只是从实用的角度列举了 GAN 模型开发过程中经常用到的模型及相关函数，并不会全面地阐述 TensorFlow 函数及其用法。

4.1　开发环境

TensorFlow 2.0更加简单和易用,其主要特点如下。

(1)内置Keras编程接口。Keras让模型构建更加容易,并且默认支持动态图计算,无须手动创建会话(Session)。

(2)支持多种部署方式,实现企业级部署。模型训练完成之后,既可以将其部署在数据中心、云计算平台、本地服务器等多种环境中,也可以部署在移动设备上,甚至可以直接通过JavaScript调用(从客户端浏览器调用)。可以使用多种语言访问部署的模型,支持的语言包括C、Java、Go、C#、Rust、R等。

(3)功能强大,灵活方便。方便科研人员使用,TensorFlow对原PyTorch用户更具吸引力。

(4)精简了部分API,清理不常用的API,使API更精简、易用。

4.1.1　环境概览

TensorFlow 2.0能让我们轻松地进行模型训练和模型部署。模型训练完成之后,将模型保存为SavedModel,然后部署到适合自己的环境中即可。可以说,在TensorFlow 2.0中,SavedModel是模型训练和模型部署之间的桥梁。

TensorFlow 2.0的模型训练和模型部署框架如图4-1所示。

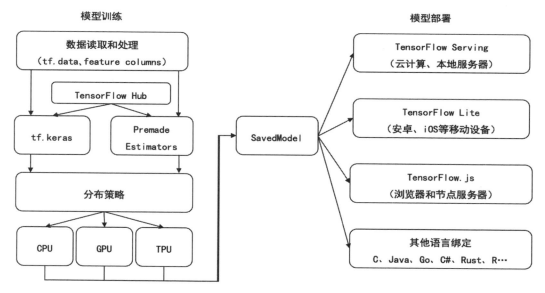

图4-1　TensorFlow 2.0的模型训练和模型部署框架

从图4-1中可以看出,SavedModel将模型训练和模型部署关联起来。模型训练阶段的工作包括数据读取和处理(tf.data)、模型构建(tf.keras和tf.estimator)、设置分布式运行策略(确定模型运行在 CPU、GPU 或 TPU 上)。

模型训练完成之后,将模型保存为 SavedModel,即可进行模型部署。

TensorFlow 2.0 支持多种模型部署方式,同时支持各种不同的应用场景。

(1)数据中心:通过 TensorFlow Serving 部署是最常见的部署方式。一般来说,数据中心既可以完成模型训练,又可以用于模型部署。数据中心服务器的性能强大,并且有外接电源,适用于对性能要求较高的各种场合。

(2)移动设备或物联网(Internet of Things,IoT)设备:通过 TensorFlow Lite 来部署,不支持模型训练,仅用于模型训练完成后的部署。移动设备或物联网设备的特点是能耗低,甚至可通过电池供电,适用于对性能要求不高、对移动性要求高的场合。

(3)通过 JavaScript 部署:将训练完成的模型部署在 JavaScript 中,通过浏览器或 Node.js 来运行模型。通过 JavaScript 部署,既支持模型训练,也支持模型部署,能够让大量的 Web 服务器使用机器学习,但是一般性能都不高。

(4)通过其他语言访问:通过多种开发语言访问训练好的 SavedModel,所支持的语言包括 C、Java、Go、C#、Rust、R 等。

4.1.2　开发流程

TensorFlow 2.0 最大的变化是引入了 Eager 运行模式。在引入 Eager 运行模式之前,TensorFlow 的编程方式是先定义计算图(Compute Graph),然后执行计算图。该编程方式与常见的面向过程的编程方式差异巨大,导致 TensorFlow 1.0 入门很困难。Eager 运行模式使 TensorFlow 2.0 具备了像 PyTorch 一样的动态图运行能力,使编程方式与常用的面向过程或面向对象的编程方式一致,极大地降低了 TensorFlow 2.0 的门槛。

TensorFlow 2.0 内置 Keras(tf.keras),Keras 提供了顺序模型(Sequential)、功能函数和自定义模型等不同层次的 API,使 TensorFlow 的模型构建非常容易。TensorFlow 2.0 的开发流程包括以下几个步骤。

(1)使用 tf.data 加载数据。使用 tf.data 创建输入管道,用于读取训练数据;使用 tf.feature_column 输入特征列。此外,Python 语言中 NumPy 格式的数据也可以方便地用作输入。

(2)使用 tf.keras 或预置的 Estimator 构建训练和验证模型。Keras 已经内置到 TensorFlow 中,因此用户可以随时访问 TensorFlow 的全部功能。也可以直接使用预置的 Estimator 模型,如线性或逻辑回归、梯度增强树、随机森林等。还可以通过 TensorFlow Hub 访问已有的 Keras 或 Estimator 模型片段,并继续构建模型。

(3)Eager 运行模式。TensorFlow 2.0 默认以 Eager 运行模式运行,使程序运行和调试更加方便。另外,TensorFlow 2.0 还提供了 tf.function 标注的功能,可以将 Python 程序自动转换为 TensorFlow 的计算图。其既具备了 Python 程序的灵活性和易用性,又保留了 TensorFlow 1.x 中基于图计算的优势,如性能优化、远程执行、易于序列化及导出部署等能力。

(4)分布式训练。对于大型的深度学习训练任务,分布式训练必不可少。TensorFlow 2.0 提供了分布式运行策略的接口(Distribution Strategy API),因此用户无须修改模型定义,就可以在不同的硬件平台上进行模型分发和模型训练。TensorFlow 2.0支持一系列硬件加速器(如CPU、GPU和TPU等),模型训练既可以在单节点上运行,又可以在多个节点上分布式运行。

(5)导出SavedModel模型。TensorFlow 2.0规范了部署方法,采用SavedModel作为通用的模型格式。TensorFlow Serving、TensorFlow Lite、TensorFlow.js和TensorFlow Hub都支持SavedModel格式。

4.2 张量

张量是TensorFlow开发中的数据类型,也是唯一的数据类型,类似于其他编程语言中的字符串、整型等。张量(Tensor)是向量和矩阵的泛化,可以有 n 个维度。在TensorFlow内部,张量是通过 n 维数组来实现的。

张量的定义包含三个要素,分别是阶(Rank)、形状(Shape)和数据类型(Data Type)。阶定义了张量的维度,形状定义了张量在各个维度上的长度,数据类型定义了张量中每个元素的数据类型。注意,一个张量所有元素的数据类型都必须相同,在一个张量中只允许出现一种数据类型。

4.2.1 阶

阶就是张量的维度,阶的同义词包括秩、度、 n 维等。从0阶到3阶的张量示例如表4-1所示。

表4-1 张量的阶示例

阶	示例
0	标量,只有数值没有方向,如数字32,字符串
1	向量,既有数值又有方向,如一维数组
2	矩阵,行列式是定性的2阶张量
3	数据立方体,如魔方
⋮	⋮
n	n 维数组

1. 0阶张量

0阶张量就是标量,如数值或字符串。

```
# 字符串
animal = tf.Variable("Elephant", tf.string)

# 整型
length  = tf.Variable(451, tf.int16)
```

```
# 浮点型(64位)
pi = tf.Variable(4.14159265359, tf.float64)

# 复数(常见于语音处理)
complex_number = tf.Variable(12.3 - 4.85j, tf.complex64)
```

2. 1阶张量

1阶张量就是一维数组,也称向量(Vector)。可以通过列表来创建1阶张量。

```
# 字符串列表,本例中只有一个元素
string_list = tf.Variable(["Hello"], tf.string)

# 浮点数(32位)列表,本例中包含两个元素
number_list  = tf.Variable([4.14159, 2.71828], tf.float32)

# 整型列表,本例中包含五个元素
int_list = tf.Variable([2, 3, 5, 7, 11], tf.int32)

# 复数列表,本例中包含两个元素
complex_list = tf.Variable([12.3 - 4.85j, 7.5 - 6.23j], tf.complex64)
```

3. 高阶张量

除了上述的0阶和1阶张量之外,TensorFlow 中最常用的是3阶、4阶和5阶张量。典型的3阶张量就是图片,图片首先有高度和宽度,每个像素一般都会有三个颜色通道(Channels)。典型的4阶张量就是一个批次的训练数据,如一个批次包含64张图片,该批次的图片数据就可以储存成一个4阶张量。一个训练轮次(Epoch)又包含多个批次的数据,该轮次的所有训练数据可以存储成一个5阶张量。

如图4-2所示,一个3阶张量就是一个数据立方体,第0阶是高度,第1阶是宽度,第2阶是深度。如果3阶张量是图片,则深度对应于图片的通道数。将3阶张量沿着第4维度不断堆叠,就形成了4阶张量。同理,将4阶张量沿着第5维的方向不断堆叠,就形成了5阶张量。

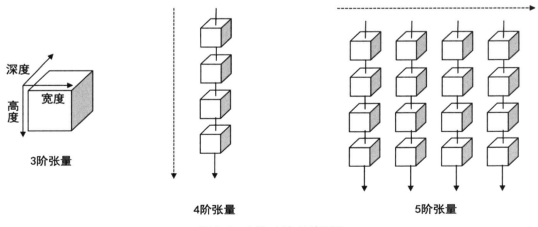

图4-2 3阶、4阶、5阶张量

将 5 阶张量看成一个面,沿着第 6 维堆叠就形成 6 阶张量,它是一个数据立方体。如果将该数据立方体看成一个"点",那么就可以沿着第 7 维不断堆叠,构成一条"线";该"线"又可以沿着第 8 维不断堆叠,再次构成"面";面沿着第 9 维不断堆叠,会再次构成数据"立方体",该"立方体"又可以再次看成"点"。如此"点""线""面""立方体"周而复始以致无穷,即张量的阶可以是无穷大。

4. 阶的读取

可以调用 tf.rank 函数来读取一个张量对象的阶。

```
# 批次×高度×宽度×通道数
my_image = tf.zeros([10, 299, 299, 3])

# rank 等于 4
rank = tf.rank(my_image)
```

5. 张量的切片

张量本质还是一个 n 维的数组。如果想访问张量的某个具体元素,则指定各个维度的索引即可。

当然,因为 0 阶张量是标量,所以无须指定索引。1 阶张量是向量,只要指定一个索引即可访问该索引位置的元素。

```
# 访问 number_list 中的第一个元素
pi = number_list[0]
```

对于 2 阶或更高阶的张量,既可以指定所有维度上的索引直接访问特定元素,也可以指定部分维度的索引访问张量的切片。

```
# 定义一个 32×32 的矩阵
my_matrix = tf.zeros([32, 32])

# 返回矩阵中第 2 行第 3 列的元素(索引从 0 开始)
my_scalar = my_matrix[1, 2]

# 返回矩阵的第 3 行
my_row_vector = my_matrix[2]

# 返回矩阵的第 4 列
# 其中,冒号(:)代表保留该维度全部元素
my_column_vector = my_matrix[:, 3]
```

4.2.2 形状

形状是张量各个维度上元素的个数。形状可以用 Python 中整数类型的列表或元组表示,也可以用 tf.TensorShape 表示。张量的阶、形状与维度的关系如表 4-2 所示。

表4-2　张量的阶、形状与维度的关系

阶	形状	维度	示例
0	[]	0-D	标量
1	[D0]	1-D	向量，如形状为[5]
2	[D0, D1]	2-D	矩阵，如形状为[3, 4]
3	[D0, D1, D2]	3-D	数据立方体，如形状为[32, 32, 3]
n	[D0, D1, …, D$n-1$]	n-D	n维张量，形状为[D0, D1, …, D$n-1$]

1. 读取形状

读取张量的形状有两种方法，第一种是读取张量对象的shape属性；第二种是调用tf.shape函数对张量进行操作，该函数返回张量的形状。

```
# 通过shape属性访问张量的形状
matrix_shape = my_matrix.shape

# 通过tf.shape函数访问张量的形状
matrix_shape = tf.shape(my_matrix)
```

2. 重整形状

张量包含的元素数量等于各个维度上元素数量的乘积，如一个形状为[3,4,5]的张量，其共有60个元素（60=3×4×5）。标量永远只有一个元素。

在开发 TensorFlow 程序时，经常会遇到张量的元素个数不变，但是张量形状需要改变的情况。改变张量形状的方法称为形状重整（Reshape），用到的函数就是tf.reshape。

```
# 构建一个3阶张量，形状为[3,4,5]，它是一个数据长方体
rank_three_tensor = tf.ones([3, 4, 5])

# 将该张量形状重整为二维矩阵，形状为[6,10]
matrix = tf.reshape(rank_three_tensor, [6, 10])

# 将该张量形状重整为矩阵，形状为[3,20]
# 以下代码中，-1代表让TensorFlow自动计算剩下维度元素个数
matrixB = tf.reshape(matrix, [3, -1])

# 将张量形状重整为数据长方体，形状为[4,3,5]
matrixAlt = tf.reshape(matrixB, [4, 3, -1])

# 注意，让TensorFlow自动推断某个维度元素个数时，必须能够整除
# 即张量中元素总数固定不变，必须能被已知维度之积整除
yet_another = tf.reshape(matrixAlt, [13, 2, -1])   # 错误
```

4.2.3　数据类型

数据类型是张量中每个元素的数据类型，可使用tf.DType指定。常用的数据类型有整型和

浮点型,如下所示。

(1)tf.int32:32位整型。

(2)tf.int64:64位整型。

(3)tf.float32:32位单精度浮点型。

(4)tf.float64:64位双精度浮点型。

可以通过张量的dtype属性读取张量数据类型。当从Python的对象创建张量时,可以指定数据类型。如果不指定,那么TensorFlow会自动推断一个数据类型。TensorFlow会将Python的整型指定为TensorFlow中的tf.int32,将Python中的浮点型指定为TensorFlow中的tf.float32。对于其他数据类型,采用numpy进行数组转换时的数据类型推断规则。

4.3　Keras开发概览

tf.keras是TensorFlow针对Keras API规范实现的版本。tf.keras用来构建和训练模型,其完全内置在TensorFlow 2.0中,能够与TensorFlow无缝衔接,充分发挥TensorFlow的优势,包括Eager运行模式(无法预先构建计算图)、tf.data的数据管道能力和TensorFlow预置常用分析算法的Estimators等。

tf.keras在保证TensorFlow性能的同时,使TensorFlow的模型开发和训练更加容易。

4.3.1　导入Keras

使用Keras开发之前,需要导入Keras。其代码如下:

```
from __future__ import absolute_import, division, print_function, unicode_literals

# 导入TensorFlow
import tensorflow as tf

# 导入Keras
from tensorflow import keras
```

tf.keras可以运行任何与Keras规范兼容的代码,但是需要注意以下两点。

(1)TensorFlow发行版中的tf.keras最新版本与PyPI中的keras最新版本可能不同。这可通过tf.keras.version属性检查确认。

(2)在保存模型时,如果只保存权重,tf.keras默认为检查点格式;如果需要保存为HDF5格式,则需要设置参数save_format ='h5'(或模型文件名以 .h5 结尾)。

4.3.2　构建简单模型

Keras 模型是一个计算图,其由多个堆叠网络层构建形成,最简单的网络模型就是顺序模型。顺序模型类似于一根水管,不带有任何分支,输入张量从输入层流入,经过各个网络层逐层转换,最后从输出层流出。

常见的顺序模型有深度神经网络、卷积神经网络和反卷积神经网络。

1. 深度神经网络

以手写数字识别场景为例,介绍如何使用 Keras 来构建深度神经网络模型。输入张量是手写数字图片,每张图片有 784(28×28)个像素,所以输入层共有 784 个神经元;最终输出的是手写数字图片所属类别,共有 10 个(0~9),所以输出层共有 10 个神经元。从输入层经过两个隐藏层,每个隐藏层含有 500 个神经元。该神经网络的模型架构如图 4-3 所示。

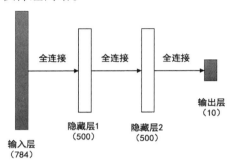

图 4-3　手写数字识别的模型架构

构建该模型的代码如下:

```python
#!/usr/bin/env python3
# -*- coding: UTF-8 -*-

from __future__ import absolute_import, division, print_function, unicode_literals

# 导入 TensorFlow
import tensorflow as tf

# 创建序列模型对象
model = tf.keras.Sequential()

# 输入层是全连接层,包含784个神经元
model.add(tf.keras.layers.InputLayer(input_shape=(784,)))

# 第一个隐藏层还是全连接层,包含500个神经元
model.add(tf.keras.layers.Dense(500, activation='relu'))

# 输入层和第一个隐藏层可以合并在一行代码中
# model.add(tf.keras.layers.Dense(500, input_shape=(784,), activation='relu'))

# 第二个隐藏层是全连接层,包含500个神经元
model.add(tf.keras.layers.Dense(500, activation='relu'))

# 输出层是全连接层,包含10个神经元,采用softmax激活
model.add(tf.keras.layers.Dense(10, activation='softmax'))
```

总体来说,构建一个模型还是比较简单的,大致包括创建顺序模型对象和逐层添加网络层。在本例中,网络层都是全连接层,除了全连接层之外,GAN中常用的网络层还包括卷积层、反卷积层等。网络层将在4.5节详细介绍;另外,激活函数是网络层中非常重要的参数,将在4.6节介绍。

2. 卷积神经网络

在卷积神经网络的发展史中,AlexNet是非常重要的卷积神经网络之一,它奠定了卷积神经网络在计算机视觉领域的"王者"地位。下面以构建AlexNet网络模型为例来展示如何使用Keras开发卷积神经网络模型。AlexNet网络架构如图4-4所示。

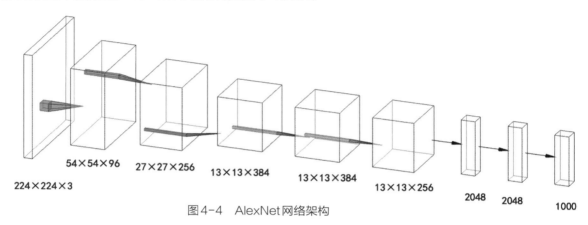

图4-4　AlexNet网络架构

如图4-4所示,AlexNet共有8个网络层,首先是输入层,输入张量的形状为224×224×3;其次是5个卷积层;最后是3个全连接层。需要指出的是,AlexNet是使用两块GPU训练的,因为当时的深度学习开发工具无法支持多个GPU同时训练,所以AlexNet手工编码将模型拆分到两个GPU上分别进行训练。在单个GPU上,AlexNet的特征图谱的深度只有图4-4中描述的一半。构建AlexNet网络模型的代码如下:

```python
#!/usr/bin/env python3
# -*- coding: UTF-8 -*-

from __future__ import absolute_import
from __future__ import division
from __future__ import print_function

import tensorflow as tf  # TensorFlow 2.0

# 创建序列模型对象
alexnet = tf.keras.Sequential()

# 第1个卷积层,输入张量形状为224×224×3,输出张量形状为54×54×96
# 卷积核尺寸为11×11,步长为4,个数为96个,填充方式为valid (默认)
```

```
# 注意,原始 ALexNet 中第 1 个卷积层的输出形状为 54×54×96
alexnet.add(tf.keras.layers.Conv2D(filters=96, kernel_size=(11, 11),
    strides=(4, 4), input_shape=(224,224,3)))

# 第 2 个卷积层,输入形状为 54×54×96
# 卷积核尺寸为 5×5,步长为 1,个数为 256 个,填充方式为 same
alexnet.add(tf.keras.layers.Conv2D(filters=256, kernel_size=(5, 5),
    strides=(1, 1), padding="same"))
# 最大池化,输入形状为 54×54×256,输出形状为 27×27×256
alexnet.add(tf.keras.layers.MaxPool2D())

# 第 3 个卷积层,输入形状为 27×27×256
# 卷积核尺寸为 3×3,步长为 1,个数为 384 个,输出形状为 27×27×384
alexnet.add(tf.keras.layers.Conv2D(filters=384, kernel_size=(3, 3),
    strides=(1, 1), padding="same"))
# 最大池化,输入形状为 27×27×256,输出形状为 13×13×256
alexnet.add(tf.keras.layers.MaxPool2D())

# 第 4 个卷积层,输入形状为 13×13×384
# 卷积核尺寸为 3×3,步长为 1,个数为 384 个,输出形状为 13×13×384
alexnet.add(tf.keras.layers.Conv2D(filters=384, kernel_size=(3, 3),
    strides=(1, 1), padding="same"))

# 第 5 个卷积层,输入形状为 13×13×384
# 卷积核尺寸为 3×3,步长为 1,个数为 256 个,输出形状为 13×13×256
alexnet.add(tf.keras.layers.Conv2D(filters=256, kernel_size=(3, 3),
    strides=(1, 1), padding="same"))
# 最大池化,输入形状为 13×13×256,输出形状为 6×6×256
alexnet.add(tf.keras.layers.MaxPool2D())

# 第 6 ~ 8 层,全连接层。先将特征图谱展平,再与后面的全连接层连接
alexnet.add(tf.keras.layers.Flatten())
alexnet.add(tf.keras.layers.Dense(units=4096))
alexnet.add(tf.keras.layers.Dense(units=4096))
alexnet.add(tf.keras.layers.Dense(units=1000))

# 输出模型各个层的输入/输出张量的形状
alexnet.summary()
```

3. 反卷积神经网络

　　反卷积神经网络的作用是生成高维度的数据,如图片或音乐,其经常用在 GAN 中,作为生成模型。下面以生成 CIFAR10 中的图片为例,展示如何构建反卷积神经网络。该反卷积神经网络的模型架构如图 4-5 所示。

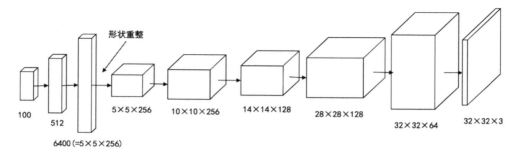

图4-5　反卷积神经网络的模型架构

　　该反卷积神经网络包含8个网络层,输入层的输入张量是长度为100的向量,代表随机噪声;紧接着是2个全连接层;之后是5个反卷积层。其实现代码如下:

```python
#!/usr/bin/env python3
# -*- coding: UTF-8 -*-

from __future__ import absolute_import
from __future__ import division
from __future__ import print_function

import tensorflow as tf  # TensorFlow 2.0
from tensorflow.keras.layers import Dense, Reshape, Conv2DTranspose, InputLayer

# 创建序列模型对象,构建反卷积神经网络模型
deconv = tf.keras.Sequential()

# 第1层,输入层,输入张量是长度为100的向量,代表随机噪声
deconv.add(InputLayer(input_shape=(100,)))

# 第2层,全连接层,包含512个神经元
deconv.add(Dense(units=512))

# 第3层,全连接层,包含6400个神经元(=5×5×256)
# 因为是为形状重整做准备,所以神经元的数量要适合形状重整
deconv.add(Dense(units=6400))
# 形状重整,将一维张量整形为(5,5,256)的张量
deconv.add(Reshape(target_shape=(5, 5, 256)))

# 第4层,第1个反卷积层,将形状为5×5×256的张量反卷积为10×10×256
deconv.add(Conv2DTranspose(filters=256, kernel_size=(3, 3),
           strides=(2,2), padding="same"))

# 第5层,第2个反卷积层,将形状为10×10×256的张量反卷积为14×14×128
deconv.add(Conv2DTranspose(filters=128, kernel_size=(5, 5),
           padding="valid"))
```

```
# 第6层,第3个反卷积层,将形状为14×14×128的张量反卷积为28×28×128
deconv.add(Conv2DTranspose(filters=128, kernel_size=(3, 3),
          strides=(2,2), padding="same"))

# 第7层,第4个反卷积层,将形状为28×28×128的张量反卷积为32×32×64
deconv.add(Conv2DTranspose(filters=64, kernel_size=(5, 5)))

# 第8层,第5个反卷积层,将形状为32×32×64的张量反卷积为32×32×3
deconv.add(Conv2DTranspose(filters=3, kernel_size=(3, 3),
          padding="same"))

# 输出模型各个层的输入/输出张量的形状
deconv.summary()
```

4.3.3　模型训练和评估

构建网络模型之后,先将模型编译,指定模型的优化方法;再用样本数据对模型进行训练,训练完成之后就可以对模型进行评估和预测。

1. 模型编译

模型编译代码如下:

```
# 模型编译,分别指定了优化器、损失函数和测量指标
# 优化器采用Adam优化器,设置初始学习率为0.01
# 损失函数采用多类别交叉熵损失
# 测量指标采用精度
model.compile(optimizer=tf.keras.optimizers.Adam(0.01),
              loss='categorical_crossentropy', metrics=['accuracy'])
```

模型编译函数中比较重要的参数包括优化器、损失函数和测量指标。

(1)optimizer:优化器对象,指定模型训练过程中参数的优化办法。常用的优化器对象有 tf.keras.optimizers.Adam、tf.keras.optimizers.SGD 等。

(2)loss:损失函数,模型训练的目标就是最小化损失函数输出值。常用的损失函数包括均方误差、交叉熵损失等。

(3)metrics:监控模型训练过程的指标,常用的指标有精确度(accuracy)。

2. 使用Numpy数据训练

如果样本的数据量比较小,那么可以直接使用 Numpy 在内存中的类别来训练和评估模型。其代码如下:

```
# 需要在程序头部导入numpy, 代码见下一行
  import numpy as np
# 随机生成1000个样本数据、标签
data = np.random.random(size=(1000, 784))
labels = np.random.random(size=(1000, 10))
```

```
# 模型训练，每个批次32个样本数据，总共训练10轮
model.fit(data, labels, epochs=10, batch_size=32)

# 使用验证数据集对模型进行验证
# model.fit(data, labels, epochs=10, batch_size=32, validation_data=(val_data,
val_labels))
```

模型训练使用模型对象的fit函数，该函数的主要参数如下。

（1）epochs：训练轮次。样本数据是划分成各个批次进行训练的，使用全部样本数据对模型完成一次训练称为一个轮次。

（2）batch_size：批处理大小。模型训练过程中，所有的样本数据被划分成数量较小的批次，每个批次中包含batch_size个样本数据。

注意：最后一个批次的样本数据可能不足batch_size个样本数据。

（3）validation_data：验证数据集。在模型原型化开发时，可以通过此参数监控模型性能。fit函数会在每个轮次结束时，评估模型在验证数据集上的损失和性能指标。

3. 使用 Dataset 数据训练

如果样本的数据量比较大，或者需要使用多个节点进行分布式训练，那么需要使用Datasets API进行模型训练。将tf.data.Dataset实例传递给fit函数完成模型训练，代码如下：

```
# 通过张量创建dataset数据集，并按照32个样本数据划分数据集
dataset = tf.data.Dataset.from_tensor_slices((data, labels))
dataset = dataset.batch(32)

# 创建验证数据集
val_dataset = tf.data.Dataset.from_tensor_slices((val_data, val_labels))
val_dataset = val_dataset.batch(32)

# 采用dataset和val_dataset数据集对模型进行训练，本例中共训练10个轮次
model.fit(dataset, epochs=10, validation_data=val_dataset)
```

4. 模型评估

模型评估是指输入测试数据，输出当前模型的损失（loss）和性能（metrics）。模型评估使用的函数是tf.keras.Model.evaluate，测试数据可以是 Numpy 数组，也可以使用 Dataset 对象。其代码如下：

```
# 使用Numpy数据集评估
data = np.random.random((1000, 32))
labels = np.random.random((1000, 10))

model.evaluate(data, labels, batch_size=32)

# 使用Dataset数据集评估
dataset = tf.data.Dataset.from_tensor_slices((data, labels))
```

```
dataset = dataset.batch(32)

model.evaluate(dataset)
```

模型评估的输出示例：

```
……0s 2ms/step - loss: 262983.5693 - categorical_accuracy: 0.0960
[262983.5693359375, 0.096]
```

5. 模型预测

模型预测是指输入测试数据，经过前向传播输出模型的推理结果。模型预测使用的函数是 tf.keras.Model.predict。示例代码如下：

```
# 模型预测。本例中使用的是 Nump 数组
result = model.predict(data, batch_size=32)
print(result.shape)
```

模型预测的输出示例：

```
(1000, 10)
```

4.3.4　构建复杂模型

除了简单的顺序模型外，GAN 中还会经常用到以下几种较为复杂的模型。

（1）多个输入分支模型：常见于生成模型，如生成模型除了输入随机噪声之外，还需要输入类别信息或其他条件约束信息等。

（2）多个输出分支模型：常见于判别模型，有时除了对抗损失分支之外，还需要类别预测损失分支或约束信息还原损失分支等。

（3）带有共享层（Shared Layers）的模型：该共享层会被多次访问，如 Stacked GAN 的中间特征图谱，既用于下一层生成模型的输入，也用于同一层判别模型的标签。

（4）非顺序数据流模型：常见于各种模型构建块（Building Block），如残差神经网络（ResNet Block）构建块、Inception 模型构建块、DenseNet 模型构建块等。

可以使用 Keras 的功能函数接口（Keras Function）来构建这些复杂模型，也可以使用自定义模型（Model Subclassing）来构建。本小节简要介绍使用 Keras 功能函数和自定义模型进行开发的语法。

1. 通过 Keras 功能函数构建复杂模型

使用 Keras 功能函数构建复杂模型，需要注意以下几个关键点。

（1）所有层的实例对象都是可以调用的，并且都会返回一个张量。例如，创建一个网络层对象，并调用该网络对象的代码示例如下：

```
# 创建网络层对象
```

```
layer_64 = layers.Dense(64, activation='relu')

# 调用该网络层对象
x = layer_64(inputs)

# 可以缩写为下面一行代码
x = layers.Dense(64, activation='relu')(inputs)
```

（2）输入、输出张量用来构建 tf.keras.Model 对象，完成模型构建。

（3）构建的复杂模型训练方式与 Sequential 模型完全一致。

使用 Keras 功能函数构建一个简单的全连接网络，然后进行模型训练。示例代码如下：

```
# 返回一个输入张量的占位符(placeholder)
inputs = tf.keras.Input(shape=(32,))

# 输入一个张量,返回一个张量
x = layers.Dense(64, activation='relu')(inputs)

x = layers.Dense(64, activation='relu')(x)
predictions = layers.Dense(10, activation='softmax')(x)
```

使用输入张量、输出张量创建模型，并编译和训练模型。示例代码如下：

```
# 使用输入张量和输出张量构建模型
model = tf.keras.Model(inputs=inputs, outputs=predictions)

# 编译模型,并指定模型训练的优化器、损失函数、测量指标
model.compile(optimizer=tf.keras.optimizers.RMSprop(0.001),
              loss='categorical_crossentropy', metrics=['accuracy'])

# 进行5个轮次的训练,批处理大小为32
model.fit(data, labels, batch_size=32, epochs=5)
```

2. 自定义模型

自定义模型是指创建一个自定义模型类，继承 tf.keras.Model，并且自定义前向传播算法。将所包含的网络层定义为自定义模型类的属性，在 __init__ 方法中创建各个网络层，在 call 方法中定义前向传播过程。

当启用急切执行（Eager Execution）模式时，自定义模型方式特别有用，因为它强制自定义前向传播过程。自定义模型的示例代码如下：

```
class FirstUserDefineModel(tf.keras.Model):
    """
        关于FirstUserDefineModel的说明信息……
    """

    def __init__(self, num_classes=10):
        """
```

```
        创建类的各个属性信息,并创建各个网络层
    """
    super(FirstUserDefineModel, self).__init__(name='FirstUserDefineModel')
    self.num_classes = num_classes

    # 定义两个网络层
    self.dense_1 = tf.keras.layers.Dense(32, activation='relu')
    self.dense_2 = tf.keras.layers.Dense(num_classes, activation='sigmoid')

def call(self, inputs):
    """
        定义前向传播过程
    """
    # 调用在__init__方法中预先定义好的网络层
    x = self.dense_1(inputs)
    return self.dense_2(x)
```

实例化自定义模型,并编译和训练模型。示例代码如下:

```
# 实例化模型
model = FirstUserDefineModel(num_classes=10)

# 编译模型
model.compile(optimizer=tf.keras.optimizers.RMSprop(0.001),
            loss='categorical_crossentropy',
            metrics=['accuracy'])

# 训练模型
model.fit(data, labels, batch_size=32, epochs=5)
```

3. 自定义网络层

自定义网络层需要从 tf.keras.layers.Layer 继承,并且实现以下方法。

(1)__init__: 可选,定义该网络层所包含的子层。

(2)build: 调用 add_weight 方法,为网络层创建权重。

(3)call: 自定义前向传播过程。

(4)get_config:可选,自定义网络层序列化。

(5)from_config:可选,用于反序列化自定义网络层。

```
class FirstCustomLayer(tf.keras.layers.Layer):
    '''
        自定义网络层的描述信息
    '''

    def __init__(self, output_dim, **kwargs):
        """
            定义类的属性,并完成初始化
        """
```

```python
        self.output_dim = output_dim
        super(FirstCustomLayer, self).__init__(**kwargs)

    def build(self, input_shape):
        """
        创建权重。build方法会在调用call方法之前调用一次,用于完成权重初始化
        """
        self.kernel = self.add_weight(name='kernel',
                                      shape=(input_shape[1], self.output_dim),
                                      initializer='uniform', trainable=True)

    def call(self, inputs):
        """
        前向传播方法。本例中就是将输入张量直接与权重相乘
        """
        return tf.matmul(inputs, self.kernel)

    def get_config(self):
        """
        序列化自定义网络层
        """
        base_config = super(FirstCustomLayer, self).get_config()
        base_config['output_dim'] = self.output_dim
        return base_config

    @classmethod
    def from_config(cls, config):
        """
        反序列化自定义网络层
        """
        return cls(**config)
```

创建一个包含自定义网络层的模型,并且编译和训练该模型。示例代码如下:

```python
# 创建一个包含自定义网络层的模型
model = tf.keras.Sequential([
    FirstCustomLayer(10), tf.keras.layers.Activation('softmax')])

# 编译模型
model.compile(optimizer=tf.keras.optimizers.RMSprop(0.001),
              loss='categorical_crossentropy',
              metrics=['accuracy'])

# 训练模型
model.fit(data, labels, batch_size=32, epochs=5)
```

4.3.5　回调

TensorFlow 提供了回调（Callback）机制，以便对模型训练过程进行监控和控制。可以自定义回调对象，也可以使用 tf.keras.callbacks 中内置的回调对象，包括以下对象。

（1）tf.keras.callbacks.ModelCheckpoint：在模型训练过程中，每隔固定的时间保存一次模型检查点。

（2）tf.keras.callbacks.LearningRateScheduler：动态调整优化器的学习率。

（3）tf.keras.callbacks.EarlyStopping：如果在验证数据集上模型的性能无法提高，那么提前中断模型执行。

（4）tf.keras.callbacks.TensorBoard：将模型训练过程保存到日志，用于模型训练过程的监控。

创建回调对象，并且在模型训练的 fit 函数中使用该回调对象。示例代码如下：

```
# 创建回调对象
callbacks = [
    # 如果连续两个轮次 val_loss 都不再降低，则中断执行
    tf.keras.callbacks.EarlyStopping(patience=2, monitor='val_loss'),
    # 将训练过程中的日志记录到 ./logs 文件夹
    tf.keras.callbacks.TensorBoard(log_dir='./logs')
]
model.fit(data, labels, batch_size=32, epochs=5, callbacks=callbacks,
          validation_data=(val_data, val_labels))
```

4.3.6　保存和恢复

模型训练所需的时间往往比较长，所以应每隔一段时间保存一次模型的检查点，以便下一次继续从保存的检查点开始训练模型。

1. 保存模型架构

模型架构可以独立保存，而无须包含参数。保存起来的模型架构可以用来重新创建和初始化该模型，而且不需要创建该模型的 Keras 源代码。在 Keras 中，模型架构可以被保存为 JSON 或 YAML 两种格式。

（1）将模型保存为 JSON 格式。将模型序列化为 JSON 字符串格式并输出的示例代码如下：

```
# 将模型序列化为 JSON 字符串并输出。需要导入以下两个软件包
# import pprint
# import json
json_string = model.to_json()
pprint.pprint(json.loads(json_string))
```

输出的 JSON 字符串示例如下：

```
{'backend': 'tensorflow',
 'class_name': 'Sequential',
```

```
'config': {'layers': [{'class_name': 'Dense',
                       'config': {'activation': 'relu',
                                  'activity_regularizer': None,
                                  'batch_input_shape': [None, 32],
                                  'bias_constraint': None,
                                  'bias_initializer': {'class_name': 'Zeros',
                                                       'config': {}},
                                  'bias_regularizer': None,
                                  'dtype': 'float32',
                                  'kernel_constraint': None,
                                  'kernel_initializer': {'class_name': 'GlorotUniform',
                                                         'config': {'seed': None}},
                                  'kernel_regularizer': None,
                                  'name': 'dense_17',
                                  'trainable': True,
                                  'units': 64,
                                  'use_bias': True}},
                      {'class_name': 'Dense',
                       'config': {'activation': 'softmax',
                                  'activity_regularizer': None,
                                  'bias_constraint': None,
                                  'bias_initializer': {'class_name': 'Zeros',
                                                       'config': {}},
                                  'bias_regularizer': None,
                                  'dtype': 'float32',
                                  'kernel_constraint': None,
                                  'kernel_initializer': {'class_name': 'GlorotUniform',
                                                         'config': {'seed': None}},
                                  'kernel_regularizer': None,
                                  'name': 'dense_18',
                                  'trainable': True,
                                  'units': 10,
                                  'use_bias': True}}],
           'name': 'sequential_3'},
 'keras_version': '2.2.4-tf'}
```

将上述JSON字符串反序列化为模型对象的示例代码如下:

```
# 将JSON字符串格式反序列化为模型对象
renewal_model = tf.keras.models.model_from_json(json_string)
```

(2)将模型保存为YAML格式。将模型序列化为YAML字符串格式并输出的示例代码如下:

```
# 将模型序列化为YAML字符串
yaml_string = model.to_yaml()
print(yaml_string)
```

序列化后的YAML字符串示例如下:

```
backend: tensorflow
class_name: Sequential
```

```yaml
config:
  layers:
  - class_name: Dense
    config:
      activation: relu
      activity_regularizer: null
      batch_input_shape: !!python/tuple [null, 32]
      bias_constraint: null
      bias_initializer:
        class_name: Zeros
        config: {}
      bias_regularizer: null
      dtype: float32
      kernel_constraint: null
      kernel_initializer:
        class_name: GlorotUniform
        config: {seed: null}
      kernel_regularizer: null
      name: dense_17
      trainable: true
      units: 64
      use_bias: true
  - class_name: Dense
    config:
      activation: softmax
      activity_regularizer: null
      bias_constraint: null
      bias_initializer:
        class_name: Zeros
        config: {}
      bias_regularizer: null
      dtype: float32
      kernel_constraint: null
      kernel_initializer:
        class_name: GlorotUniform
        config: {seed: null}
      kernel_regularizer: null
      name: dense_18
      trainable: true
      units: 10
      use_bias: true
  name: sequential_3
keras_version: 2.2.4-tf
```

将上述 YAML 字符串反序列化为模型对象的示例代码如下：

```
# 将YAML字符串格式反序列化为模型对象
renewal_model = tf.keras.models.model_from_yaml(yaml_string)
```

2. 保存模型权重

保存参数和恢复参数的函数分别是 tf.keras.Model.save_weights 与 tf.keras. Model.load_weights。以下代码展示了将模型权重保存到检查点文件,以及从检查点文件中加载模型权重:

```
# 将模型权重保存到模型检查点文件中
model.save_weights('./weights/my_model')

# 恢复模型的参数和训练状态,要求模型架构与保存参数的架构完全一致
model.load_weights('./weights/my_model')
```

在默认情况下,tf.keras 的模型权重以 TensorFlow 检查点文件格式保存。当然,也可以指定保存为 HDF5 文件格式(HDF5 格式是 Keras 默认的格式)。将模型权重保存成 HDF5 格式并恢复的示例代码如下:

```
# 将模型参数保存成HDF5格式
model.save_weights('my_model.h5', save_format='h5')

# 从HDF5格式恢复模型
model.load_weights('my_model.h5')
```

3. 保存完整模型

将整个模型完整地保存在一个文件中,包括模型架构、模型权重和优化器状态,创建一个模型训练的检查点,以便将来从保存的检查点恢复模型训练。保存和恢复完整模型的示例代码如下:

```
# 将完整模型保存为HDF5格式
model.save('my_model.h5')

# 重建模型,包括架构、权重,以及优化器的状态
model = tf.keras.models.load_model('my_model.h5')
```

4.3.7 急切执行

急切执行使 TensorFlow 的开发方式与普通的 Python 程序的开发方式更加一致。因为急切执行无须手动创建计算图后再将数据输入到计算图中,所以调试程序更加方便。

tf.keras 的所有 API 都支持急切执行模式,tf.keras 默认以急切执行模式运行。当然,也可以手动创建计算图,然后将样本数据输入到计算图中执行计算。急切执行模式特别适合自定义模型和自定义网络层的开发,因为它们都需要显式地定义模型的前向传播过程。

4.3.8 分布式运行

tf.keras 创建的模型可以使用 tf.distribute.Strategy 策略并运行在单台服务器的多个 GPU 上,几乎不需要修改代码,只需将优化器初始化、模型构建、模型编译等操作嵌套在该策略的 strategy.

scope( )范围即可。示例代码如下：

```
# 创建分布式运行策略
strategy = tf.distribute.MirroredStrategy()

# 将优化器、模型构建、模型编译等操作嵌套在 strategy.scope() 范围
with strategy.scope():
    model = tf.keras.Sequential()
    model.add(tf.keras.layers.Dense(16, activation='relu', input_shape=(10,)))
    model.add(tf.keras.layers.Dense(1, activation='sigmoid'))

    optimizer = tf.keras.optimizers.SGD(0.2)

    model.compile(loss='binary_crossentropy', optimizer=optimizer)

model.summary()
```

其模型训练过程与普通的模型训练过程完全一致，示例代码如下：

```
x = np.random.random((1024, 10))
y = np.random.randint(2, size=(1024, 1))
x = tf.cast(x, tf.float32)
dataset = tf.data.Dataset.from_tensor_slices((x, y))
dataset = dataset.shuffle(buffer_size=1024).batch(32)

model.fit(dataset, epochs=1)
```

4.4　使用函数接口开发

Keras 函数接口（Keras Functional API）提供了更灵活的模型开发方式，除了能够开发顺序模型，还可以开发多个输入分支、多个输出分支等结构复杂的模型。

4.4.1　构建简单模型

以 MNIST 的手写数字识别为例，用 Keras 函数接口开发一个三层的网络模型，输入层是长度为 784 的向量，接着是两个包含 64 个神经元的全连接层，最后的输出层是包含 10 个神经元、采用 softmax 激活函数的全连接层。示例代码如下：

```
#!/usr/bin/env python3
# -*- coding: UTF-8 -*-
```

```
from __future__ import absolute_import, division, print_function, unicode_literals

import tensorflow as tf

from tensorflow import keras
from tensorflow.keras import layers

# 输入层,定义长度为784的一维向量
inputs = keras.Input(shape=(784,))

# 第一个全连接层,包含64个神经元的全连接层,激活函数采用ReLU
dense = layers.Dense(64, activation='relu')
x = dense(inputs)

# 第二个全连接层,包含64个神经元。注意,其语法与第一个全连接层不同,但二者是等价的
x = layers.Dense(64, activation='relu')(x)

# 第三个全连接层,包含10个神经元,采用softma作为激活函数
outputs = layers.Dense(10, activation='softmax')(x)

# 根据模型的输入、输出来构建模型
model = keras.Model(inputs=inputs, outputs=outputs, name='functional_api_model')
# 输出模型各个网络层的配置
model.summary()
```

4.4.2　训练评估与推理

对于模型训练、模型评估与模型推理,Keras 函数接口与顺序模型的开发方法是完全相同的。以使用 MNIST 数据集训练为例,以下代码展示了读取 MNIST 图像数据集、将形状重整为向量、对模型进行训练(也可划分出验证数据集,对训练过程中模型的性能进行监控),以及使用测试数据集评估模型性能的过程:

```
# 读取MNIST数据集
(x_train, y_train), (x_test, y_test) = keras.datasets.mnist.load_data()

# 将各个像素的取值范围从[0, 255]归一化到[0, 1]区间
# 并将MNIST数据集的图像形状重整为长度为784的向量
x_train = x_train.reshape(60000, 784).astype('float32') / 255
x_test = x_test.reshape(10000, 784).astype('float32') / 255

# 编译模型,设置损失函数、优化器和模型精度指标
model.compile(loss='sparse_categorical_crossentropy',
              optimizer=keras.optimizers.RMSprop(),
              metrics=['accuracy'])
```

```
# 使用样本数据对模型进行训练
train_log = model.fit(x_train, y_train,
                      batch_size=64, epochs=5,
                      validation_split=0.2)

# 使用测试数据集对训练好的模型进行评估
test_scores = model.evaluate(x_test, y_test, verbose=2)

# 输出模型损失和模型性能
print('模型损失:', test_scores[0])
print('模型性能:', test_scores[1])
```

4.4.3　模型保存与读取

　　Keras 函数接口的模型保存与序列化方法与顺序模型中模型保存及序列化的方法是一致的。最常用的模型保存方法是采用 model.save() 函数,示例代码如下:

```
# 保存模型
model.save('func_model_save.h5')
del model # 删除模型

# 使用保存的模型文件重建模型(不需要创建和保存该模型文件的代码)
model = keras.models.load_model('func_model_save.h5')
```

4.4.4　复用部分网络层

　　使用 Keras 函数接口开发模型时,是利用输入和输出张量来定义模型的,所以同一个包含数个网络层的计算图可以被用来定义多个模型。以下代码展示了如何使用同一段网络层构建两个不同的模型。首先构建一个编码器,然后将该编码器和解码器模型构建成一个完整的自动编码器模型。

```
#!/usr/bin/env python3
# -*- coding: UTF-8 -*-

from __future__ import absolute_import
from __future__ import division
from __future__ import print_function

import tensorflow as tf # TensorFlow 2.0
import tf.keras as keras
import tf.keras.layers as layers
```

```python
# 构建输入层,形状为 28×28×1
encoder_input = keras.Input(shape=(28, 28, 1), name='img')

# 卷积层,16个卷积核,尺寸为3×3,激活函数为ReLu
x = layers.Conv2D(16, 3, activation='relu')(encoder_input)

# 卷积层,32个卷积核,尺寸为3×3,激活函数为ReLu
x = layers.Conv2D(32, 3, activation='relu')(x)

# 最大池化层,池化过滤器尺寸为3×3
x = layers.MaxPooling2D(3)(x)

# 卷积层,32个卷积核,尺寸为3×3,激活函数为ReLu
x = layers.Conv2D(32, 3, activation='relu')(x)

# 卷积层,16个卷积核,尺寸为3×3,激活函数为ReLu
x = layers.Conv2D(16, 3, activation='relu')(x)

# 全局最大池化层
encoder_output = layers.GlobalMaxPooling2D()(x)

# 构建编码器模型
encoder = keras.Model(encoder_input, encoder_output, name='encoder')
encoder.summary()

# 将编码器的输出形状重整为 4×4×1
x = layers.Reshape((4, 4, 1))(encoder_output)

# 反卷积层,16个反卷积核,尺寸为3×3,激活函数为ReLu
x = layers.Conv2DTranspose(16, 3, activation='relu')(x)

# 反卷积层,32个反卷积核,尺寸为3×3,激活函数为ReLu
x = layers.Conv2DTranspose(32, 3, activation='relu')(x)

# 升采样层,将输入张量的尺寸加倍,过滤器尺寸为3×3
x = layers.UpSampling2D(3)(x)

# 反卷积层,16个反卷积核,尺寸为3×3,激活函数为ReLu
x = layers.Conv2DTranspose(16, 3, activation='relu')(x)

# 反卷积层,1个反卷积过滤器,尺寸为3×3
decoder_output = layers.Conv2DTranspose(1, 3, activation='relu')(x)

# 构建自动编码器,复用了编码器的网络层
autoencoder = keras.Model(encoder_input, decoder_output, name='autoencoder')
autoencoder.summary()
```

4.4.5　模型能够被调用

　　模型对象创建好之后，可以像调用网络层一样调用模型。可以使用模型对输入张量进行转换，也可以对上一个网络层的输出进行转换。示例代码如下：

```
# 构建解码器模型
decoder = keras.Model(decoder_input, decoder_output, name='decoder')
decoder.summary()

# 构建自动编码器的输入张量(形状为28×28×1)
autoencoder_input = keras.Input(shape=(28, 28, 1), name='img')

# 调用解码器模型,对输入张量进行转换,输出长度为16的向量
encoded_img = encoder(autoencoder_input)

# 调用编码器模型,将编码器输出的长度为16的向量解码成图像
decoded_img = decoder(encoded_img)

# 利用解码器的输入、自动编码器的最终输出定义模型
autoencoder = keras.Model(autoencoder_input, decoded_img, name='autoencoder')
autoencoder.summary()
```

　　从上面的代码中可以看出，一个模型可以包含一个或几个子模型(Submodel)。可以将几个模型集成到一个模型中，如分别调用三个模型，对它们的输出取平均值。示例代码如下：

```
def create_model():
    """ 创建模型函数。输入张量是长度为128的向量,只有一个隐藏层(包含一个神经元)"""
    inputs = keras.Input(shape=(128,))
    outputs = layers.Dense(1, activation='sigmoid')(inputs)

    # 根据输入、输出定义模型
    return keras.Model(inputs, outputs)

# 创建三个模型
model1 = create_model()
model2 = create_model()
model3 = create_model()


inputs = keras.Input(shape=(128,))
y1 = model1(inputs)
y2 = model2(inputs)
y3 = model3(inputs)

# 将三个模型的结果平均
outputs = layers.average([y1, y2, y3])

# 根据新结果定义最终的模型
ensemble_model = keras.Model(inputs=inputs, outputs=outputs)
```

4.4.6　构建复杂模型

通过Keras函数接口,可以构建多个输入分支以及多个输出分支的模型。在GAN中经常会用到多个输入、多个输出,以及模型块中间具有多个分支的网络模型。在图像识别(分类)场景中,常用的Inception、ResNet等都是带有多个分支的网络模型。

1. 多个输入/输出分支

以差异化星级客服为例,对于不同星级的客户,客服响应的优先级不同;并且对于不同类别的投诉,会分配不同服务团队处理(不同团队擅长处理的问题类别不同,且客户满意度可能也不同)。为了实现高效率、低成本的客户服务,需要根据客户投诉的内容(标题和内容)、客户自身的特征标签(如是否高价值、是否重点客户等)等信息来确定客户服务的等级,以及由哪个服务团队来响应。所以,需要一个能够同时输入投诉标题、投诉内容、客户特征标签模型,来完成投诉优先级和投诉响应团队的模型。示例代码如下:

```python
#!/usr/bin/env python3
# -*- coding: UTF-8 -*-
from __future__ import absolute_import, division, print_function, unicode_literals

import tensorflow as tf

from tensorflow import keras
from tensorflow.keras import layers


n_customer_tags = 12   # 每个客户拥有的标签个数
n_words = 10000   # 客户投诉内容中所有可能出现的单词总数量
n_departments = 4   # 客服团队的数量(不同客服团队擅长处理的不同类别的投诉)

# 投诉内容标题(标题反映投诉内容的类别)
txt_title = keras.Input(shape=(None,), name='title')

# 投诉内容的文本,代表被投诉的产品或服务、投诉原因等
txt_body = keras.Input(shape=(None,), name='body')

# 投诉客户的特征标签(如高价值客户、重点客户(VIP)、重大影响力客户等)
customer_tags = keras.Input(shape=(n_customer_tags,), name='tags')

# 将标题中的每个单词嵌入64维向量中
title_features = layers.Embedding(n_words, 64)(txt_title)

# 将投诉内容中的每个单词嵌入64维向量中
body_features = layers.Embedding(n_words, 64)(txt_body)

# 将标题序列的信息转换到128维向量中
title_features = layers.LSTM(128)(title_features)
```

```
# 将投诉内容序列的信息转换到 32 维向量中
body_features = layers.LSTM(32)(body_features)

# 通过张量串联,将投诉标题、投诉内容、客户特征标签信息合并在一起
x = layers.concatenate([title_features, body_features, customer_tags])

# 附加一个逻辑回归,用于预测投诉响应的优先级(由投诉的标题、内容和客户特征决定)
priority_pred = layers.Dense(1, activation='sigmoid', name='priority')(x)

# 附加一个投诉响应部门预测分支,决定由哪个客服团队处理
department_pred = layers. Dense(n_departments, activation= 'softmax', name= 'de-
partment')(x)

# 构建一个端到端的模型,用于预测投诉优先级,以及响应的客服团队
model = keras.Model(inputs=[txt_title, txt_body, tags_input],
                    outputs=[priority_pred, department_pred])
```

由于该模型包含多个输出分支,因此需要给每个损失分支指定各自的损失函数;另外,由于多个损失对业务的重要性不同,如本例中客户投诉处理的优先级更重要,因此设置更高的权重(1.0),客服团队选择的权重设置较低(0.2)。示例代码如下:

```
# 模型编译,不同的分支可以指定不同的损失函数及损失的权重
model.compile(optimizer=keras.optimizers.RMSprop(1e-3),
              loss=['binary_crossentropy', 'categorical_crossentropy'],
              loss_weights=[1., 0.2])

# 还可以根据模型的名称指定损失函数及损失的权重
model.compile(optimizer=keras.optimizers.RMSprop(1e-3),
              loss={'priority': 'binary_crossentropy', 'department': 'categori-
cal_crossentropy'},
              loss_weights=[1., 0.2])
```

同样的原理,因为该模型包含多个输入分支,所以在训练模型时,需要为每一个输入分支指定训练数据。以 Numpy 数据集训练为例,为各个分支指定输入数据的代码如下:

```
import numpy as np

# 准备输入张量(输入特征)
title_data = np.random.randint(num_words, size=(1280, 10))
body_data = np.random.randint(num_words, size=(1280, 100))
tags_data=np.random.randint(2, size=(1280, num_tags)).astype('float32')

# 定义输出特征(目标特征)
priority_targets = np.random.random(size=(1280, 1))
dept_targets = np.random.randint(2, size=(1280, num_departments))

# 将数据输入模型,进行模型训练
# 为 title 指定输入 title_data,为 body 指定输入 body_data,为 tags 指定输入 tags_data
```

```
model.fit({'title': title_data, 'body': body_data, 'tags': tags_data},
          {'priority': priority_targets, 'department': dept_targets},
          epochs=2, batch_size=32)
```

2. ResNet构建块示例

ResNet 构建块的输入和输出都只有一个,但是在 ResNet 构建块内部却包含分支,传统的卷积层是主干分支;除了主干分支外还有一个快捷链接(Shortcut Connection)分支,可在传统的卷积神经网络中增加一定的线性转换能力。以一个微型的 ResNet 模型为例,代码如下:

```
# 输入层,输入形状为32×32×3
inputs = keras.Input(shape=(32, 32, 3), name='img')

# 首先是两个卷积层和一个最大池化层
x = layers.Conv2D(32, 3, activation='relu')(inputs)
x = layers.Conv2D(64, 3, activation='relu')(x)
block_1_output = layers.MaxPooling2D(3)(x)

# 其次是ResNet构建块,主干分支上是两个卷积层
# 在主干分支之外还有一个快捷链接,用于实现恒等变换
x = layers.Conv2D(64, 3, activation='relu', padding='same')(block_1_output)
x = layers.Conv2D(64, 3, activation='relu', padding='same')(x)

# 将主干分支与快捷链接分支求和, H(x) = F(x) + x
block_2_output = layers.add([x, block_1_output])
```

4.4.7 共享网络层

共享网络层是指在一个模型中被多次使用的网络层,它也是 Keras 函数接口典型的应用场景之一。共享网络层经常用于对多个输入分支进行编码,这里的多个输入分支往往来源于相似的数据空间。共享网络层的优势在于它捕获的特征能够被后续多个分支共享。

共享网络层的实现并不复杂,只要多次调用共享网络层对象即可。示例代码如下:

```
#!/usr/bin/env python3
# -*- coding: UTF-8 -*-
from __future__ import absolute_import, division, print_function, unicode_literals

import tensorflow as tf

from tensorflow import keras
from tensorflow.keras import layers


# 将10000个不重复的单词映射到128维向量
shared_embedding = layers.Embedding(10000, 128)
```

```
# 变长的整数序列
txt_branch1 = keras.Input(shape=(None,), dtype='int32')

# 变长的整数序列
txt_branch2 = keras.Input(shape=(None,), dtype='int32')

# 复用相同的网络层对输入进行编码
encoded_input_a = shared_embedding(txt_branch1)
encoded_input_b = shared_embedding(txt_branch2)
```

4.4.8　网络层的节点复用

　　使用Keras函数构建的网络层是静态的数据结构，所以可以多次访问它们，即可以访问一个模型中所有网络层的输出。当需要提取模型各个网络层中所有的特征图谱时，该功能特别有用。

　　下面以读取预先训练好的VGG19模型、访问VGG19模型中每一个网络层的特征图谱为例，来展示如何复用模型各个网络层中的节点。示例代码如下：

```
# 导入VGG19模型
from tensorflow.keras.applications import VGG19

# 构建VGG19模型对象
vgg19 = VGG19()

# 遍历各个网络层的所有特征图谱,是一个列表
features_maps = [layer.output for layer in vgg19.layers]

# 模型输入不变,模型的输出变成VGG19,是每一个网络层输出的特征图谱
# 也就是说,features_extraction_model模型的输出包含VGG19中每一个网络层的输出
features_extraction_model = keras. Model(inputs=vgg19. input, outputs=fea-
tures_maps)

# 构建数据,调用特征抽取模型函数
img = np.random.random((1, 224, 224, 3)).astype('float32')
extracted_features = features_extraction_model(img)
```

4.4.9　何时选择Keras函数接口

　　何时该使用Keras函数接口,何时该使用自定义模型呢？一般来说，Keras函数接口是高级的、安全易用的开发方式,并且具备自定义模型开发方式不具备的一些功能。但是,自定义模型的开发方式提供了更大的灵活性,当要开发的模型难以采用有向无环图（Directed Acyclic

Graphs，DAG)表示时，如Tree-RNN模型，自定义模型可能就是更好的选择了。

1. Keras 函数接口的优势

（1）Keras 函数接口更简洁。与自定义模型相比，使用 Keras 函数接口开发模型更加简洁，因为无须定义初始化函数和前向传播函数等。示例代码如下：

```
inputs = keras.Input(shape=(32,))
x = layers.Dense(64, activation='relu')(inputs)
outputs = layers.Dense(10)(x)
mlp = keras.Model(inputs, outputs)
```

如果使用自定义模型开发，相同功能的代码要比 Keras 函数接口开发方式复杂得多。示例代码如下：

```
class MultilayerPerceptron(keras.Model):
    """ 自定义模型 """
    def __init__(self, **kwargs):
        super(MultilayerPerceptron, self).__init__(**kwargs)
        self.dense_1 = layers.Dense(64, activation='relu')
        self.dense_2 = layers.Dense(10)

    def call(self, inputs):
        x = self.dense_1(inputs)
        return self.dense_2(x)

# 初始化模型
mlp = MultilayerPerceptron()

# 模型至少被调用一次之后才有状态
_ = mlp(tf.zeros((1, 32)))
```

（2）模型定义时，Keras 函数会对模型进行检查。使用 Keras 函数接口开发时，所有输入张量的形状和数据类型（通过 Input 类）必须预先定义，在每一次调用网络层时，网络层都会检查输入张量的形状和数据类型与预期是否一致。换句话说，在模型构建阶段就会对模型进行检查，而不是等到模型运行阶段才能发现模型的错误。类似于编译型编程语言，在编译阶段就能发现程序中存在的语法错误。

（3）模型能够被可视化，方便验证模型是否正确。使用 Keras 函数接口开发的模型可以方便地以图的方式展现出来，能够检查模型架构与预期是否一致，同时能够访问图中的所有节点。

（4）模型能够序列化保存和克隆。使用 Keras 函数接口开发的模型更像是一种静态的数据类型，而不是一段代码。模型可以很方便地序列化保存到文件，然后在需要时从文件中恢复出来，并且不需要之前保存该文件的源代码。

2. Keras 函数接口的劣势

Keras 函数接口开发方式主要有以下两个缺点。

（1）不支持动态模型架构。Keras 函数接口假定模型都可以用有向无环图来表示，但是循环神经网络（Recurrent Neural Network，RNN）并不满足该假设，所以无法使用 Keras 函数接口来开发循环神经网络。

（2）当需要开发非常复杂的、高级的模型时，可能需要从头开始构建模型，如自定义模型的前向传播和反向传播过程等，可能难以使用有向无环图来表示模型。在这种情况下，建议使用自定义模型的开发方式。

4.4.10　多种开发方式混用

以上几种开发方式不是非此即彼的，很多时候可以根据需要混用多种开发方式。在 Keras 函数接口中，所有的模型都是可以相互访问的，不管是 Keras 函数接口开发的模型、顺序模型还是自定义的网络模型。

1. 在自定义模型中访问 Keras 函数接口的模型

在自定义模型时，可以将 Keras 函数接口开发的模型和网络层用作子模型或网络层。示例代码如下：

```
units = 32
timesteps = 10
input_dim = 5

# 使用Keras函数接口定义模型
inputs = keras.Input((None, units))
x = layers.GlobalAveragePooling1D()(inputs)
outputs = layers.Dense(1, activation='sigmoid')(x)
model = keras.Model(inputs, outputs)


class UserDefineRNN(layers.Layer):
    """ 自定义模型层(subclass)"""
    def __init__(self):
        """ 模型初始化方法 """
        super(UserDefineRNN, self).__init__()
        self.units = units
        self.projection_1 = layers.Dense(units=units, activation='tanh')
        self.projection_2 = layers.Dense(units=units, activation='tanh')
        # 在自定义模型中引用Keras函数接口预先定义好的模型
        self.classifier = model

    def call(self, inputs):
        """ 在call方法中定义前向传播算法 """
        outputs = []
        state = tf.zeros(shape=(inputs.shape[0], self.units))
        for t in range(inputs.shape[1]):
```

```
        x = inputs[:, t, :]
        h = self.projection_1(x)
        y = h + self.projection_2(state)
        state = y
        outputs.append(y)
    features = tf.stack(outputs, axis=1)
    print(features.shape)
    return self.classifier(features)

# 调用自定义模型
rnn_model = UserDefineRNN()
_ = rnn_model(tf.zeros((1, timesteps, input_dim)))
```

2. 在Keras 函数接口中访问自定义模型

在 Keras 函数接口中也可以方便地使用自定义模型或自定义网络层。只要这些自定义模型或网络层实现下列任意一种 call 方法即可。

（1）call(self, inputs, ** kwargs)：inputs 是输入张量或输入张量嵌套结构（如张量列表），** kwargs 是输入张量以外的参数。

（2）call(self, inputs, training=None, **kwargs)：training 是一个布尔值，指示该模型是处于训练模式还是推断模式。当处于训练模式时，会利用误差的反向传播算法优化参数，降低误差；当处于推断模式时，仅执行模型的前向传播过程，不会执行优化参数。

（3）call(self, inputs, mask=None, **kwargs)：mask 是一个布尔值的掩码张量（如用于 RNN 中）。

（4）call(self, inputs, training=None, mask=None, **kwargs)：同时输入布尔值的掩码张量和指示当前运行模式（训练模式或推理模式）的变量。

如果在自定义模型中实现 get_config 与 from_config 方法，那么自定义模型就可以方便地序列化。示例代码如下：

```
batch_size = 64
timesteps = 100
input_dim = 10000
inputs = keras.Input(batch_shape=(batch_size, timesteps, input_dim))
x = layers.Conv1D(32, 3)(inputs)

# 调用自定义模型层
outputs = UserDefineRNN()(x)

model = keras.Model(inputs, outputs)
```

4.5　网络层

构建模型的关键步骤都是向模型中增加网络层。常见的网络层包括全连接层、卷积层（Conv2D）、转置卷积层（Conv2DTranspose）、批量标准化层、Dropout 层等，除此之外，还有形状重整层和展平层（Flatten）。

4.5.1　全连接层

全连接层常常应用于全连接神经网络、卷积神经网络及反卷积神经网络中，其特点是每个网络层中的所有神经元都与前一个网络层中的所有神经元连接。构建全连接层的初始化函数如下：

```
__init__(
    units,
    activation=None,
    use_bias=True,
    kernel_initializer='glorot_uniform',
    bias_initializer='zeros',
    kernel_regularizer=None,
    bias_regularizer=None,
    activity_regularizer=None,
    kernel_constraint=None,
    bias_constraint=None,
    **kwargs
)
```

常用的主要参数介绍如下。

（1）units：正整数，代表此全连接层中包含的神经元个数。

（2）activation：字符串，激活函数，默认不使用激活函数（线性转换）。常用的激活函数包括 sogmoid、tanh、relu 等。

（3）use_bias：布尔型，是否使用偏置项，默认情况下使用偏置项。

（4）kernel_initializer：字符串，权重初始化对象，默认采用 glorot_uniform，算法初始化。在实际项目中，有时会采用正态分布（指定标准差）来初始化权重。

（5）bias_initializer：字符串，偏置项初始化对象，默认采用 0 作为偏置项。

以创建一个包含 512 个神经元的全连接层为例，代码如下：

```
# 创建一个包含512个神经元的全连接层,将该网络层命名为h0
tf.keras.layers.Dense(512,   name='h0'),
```

4.5.2 卷积层

最常用的卷积操作是二维卷积。之所以称为二维卷积,是因为其只需要指定卷积核的高度(Height)和宽度(Weight)这两个维度。对于卷积核的第三个维度——深度(Depth),又称为输入通道数(Channels),无须人为指定,自动匹配输入张量的输入通道数(多是第三维)。构建卷积层的初始化函数如下:

```
__init__(
    filters,
    kernel_size,
    strides=(1, 1),
    padding='valid',
    data_format=None,
    dilation_rate=(1, 1),
    activation=None,
    use_bias=True,
    kernel_initializer='glorot_uniform',
    bias_initializer='zeros',
    kernel_regularizer=None,
    bias_regularizer=None,
    activity_regularizer=None,
    kernel_constraint=None,
    bias_constraint=None,
    **kwargs
)
```

常用的主要参数介绍如下。

(1)filters:正整数,此网络层中所包含的卷积核的个数,对应于卷积结果的输出通道数(特征图谱的深度)。

(2)kernel_size:整数或包含两个整数的元组/列表,代表卷积核的高度和宽度。如果只有一个整数,则代表高度与宽度相同,都等于该整数。

(3)strides:整数或包含两个整数的元组/列表,代表卷积核滑动的步长。默认情况下,步长为(1,1)。

(4)padding:字符串,代表边缘填充方式。常用的填充方式有 valid 和 same,大小写不敏感。在步长为 1 的前提下,采用 same 填充方式时,输出张量尺寸(高度和宽度)与输入张量尺寸一致;采用 valid 填充方式时,输出张量尺寸会变小,输出张量尺寸=(输入张量尺寸−卷积核的尺寸+1)。

(5)data_format:字符串,代表样本数据的存储方式。存储方式有两种,即 channels_last 和 channels_first,默认的存储方式是 channels_first,也是最常用的存储方式。

以创建包含 64 个、尺寸为 5×5、步长为 2×2、填充方式为 same 卷积核的网络层为例,代码如下:

```
# 输入 28×28×1,输出 14×14×64
tf.keras.layers.Conv2D(
    64, 5, strides=(2, 2), padding='same',
    kernel_initializer=initializer),
```

4.5.3　转置卷积层

转置卷积多用于反卷积神经网络中。由于反卷积操作常常采用转置卷积来实现,因此转置卷积也被称为反卷积。GAN 的生成模型会经常使用转置卷积,因为转置卷积的主要作用是完成升采样,与 GAN 的生成模型主要目标——生成高维度的张量(如图像)一致。转置卷积的构造函数如下(参数与卷积操作基本一致):

```
__init__(
    filters,
    kernel_size,
    strides=(1, 1),
    padding='valid',
    output_padding=None,
    data_format=None,
    dilation_rate=(1, 1),
    activation=None,
    use_bias=True,
    kernel_initializer='glorot_uniform',
    bias_initializer='zeros',
    kernel_regularizer=None,
    bias_regularizer=None,
    activity_regularizer=None,
    kernel_constraint=None,
    bias_constraint=None,
    **kwargs
)
```

转置卷积可以看作卷积操作的逆过程,实际上,转置卷积往往采用卷积来实现。只要将转置卷积的输入张量和输出张量的位置互换,同时将中间的转置卷积替换成卷积操作,即可实现采用卷积操作替换转置卷积的过程。我们可以利用该思路来计算转置卷积输出张量的尺寸。

将转置卷积输出张量尺寸看成未知数,然后代入 3.3.8 小节的式(3-5)中,即可计算出转置卷积的输出张量尺寸。

以创建包含 64 个、尺寸为 5×5、步长为 2×2、填充方式为 same 转置卷积的网络层为例,代码如下:

```
# 转置卷积层,输入 7×7×128,输出 14×14×64
tf.keras.layers.Conv2DTranspose(
    64, 5, strides=(2, 2), padding='same',
    use_bias=False, kernel_initializer=initializer),
```

4.5.4　批量标准化层

　　批量标准化层的主要作用是加速模型的训练过程,提高模型的训练速度。批量标准化的技术原理大致包括以下两点,第一,将各个批次的样本数据映射到正态分布区间。虽然样本数据可能是正态分布的,但是由于每个批次都是随机抽样,有可能导致各个批次的样本数据并不是正态分布的。批量标准化将各个批次的样本数据减去均值再除以标准差,将各个批次的样本数据映射到正态分布区间,由于权重等参数往往采用正态分布随机初始化,因此该映射过程能够提高模型的训练速度。第二,将该批次的样本数据映射到模型容易拟合的区间。通过参数 γ 和参数 β,将映射到正态分布区间的样本数据再映射到容易拟合的区间,因为参数 γ 和参数 β 都是可训练(Trainable)参数。批量标准化的计算过程如下:

$$y_i = \gamma \widehat{x_i} + \beta \tag{4-1}$$

式中,$\widehat{x_i}$ 为该批次样本数据的期望值(减去均值除以标准差)。

　　批量标准化的构造函数如下(所有参数都有默认值,可以不人为指定任何参数):

```
__init__(
    axis=-1,
    momentum=0.99,
    epsilon=0.001,
    center=True,
    scale=True,
    beta_initializer='zeros',
    gamma_initializer='ones',
    moving_mean_initializer='zeros',
    moving_variance_initializer='ones',
    beta_regularizer=None,
    gamma_regularizer=None,
    beta_constraint=None,
    gamma_constraint=None,
    renorm=False,
    renorm_clipping=None,
    renorm_momentum=0.99,
    fused=None,
    trainable=True,
    virtual_batch_size=None,
    adjustment=None,
    name=None,
    **kwargs
)
```

　　调用批量标准化层的示例代码如下:

```
model = Sequential(name='generator_0')
......
```

```
# 添加批量标准化层
model.add(BatchNormalization())
```

4.5.5　Dropout层

Dropout 层的作用是以指定的概率随机丢弃一部分神经元，目的是降低过拟合的可能性。Dropout 的构造函数如下：

```
__init__(
    rate,
    noise_shape=None,
    seed=None,
    **kwargs
)
```

其中，rate 为浮点数，取值范围为 $[0,1]$，代表随机丢弃神经元的概率。常见的 rate 取值范围为 $[0.1,0.5]$。

调用 Dropout 的示例代码如下：

```
# 以10%的概率随机丢弃神经元
model.add(Dropout(0.1))
```

4.5.6　形状重整层

形状重整层的作用是将全连接网络层神经元的形状重整为特征图谱，以便于后续的反卷积或卷积层使用。

形状重整的构造函数如下：

```
__init__(
    target_shape,
    **kwargs
)
```

其中，target_shape 为目标形状。一般情况下，目标形状不包含 batch_size 形状，只包含高度、宽度和深度三个维度。

调用形状重整的示例代码如下：

```
# 将全连接层的12544(=7×7×256)个神经元重整为形状为7×7×256的张量
# 为后续的反卷积操作做准备
model.add(tf.keras.layers.Reshape((7, 7, 256)))
```

4.5.7　展平层

展平层的作用是将特征图谱展平成全连接层的神经元,以便与后续的全连接层连接。展平层多见于卷积神经网络中,用于将卷积或池化层与后面的全连接层连接起来。展平层的构造函数如下:

```
__init__(
    data_format=None,
    **kwargs
)
```

调用展平层的示例代码如下:

```
model = Sequential()
model.add(Convolution2D(64, 3, 3,
                        border_mode='same',
                        input_shape=(3, 32, 32)))

# 前一层的输出张量形状为64×32×32,展平成包含65536个神经元的全连接层
model.add(Flatten())
```

4.6　激活函数

激活函数是深度学习最重要的特征,它的作用是对神经元的输出进行非线性转换。如果不采用激活函数,多层的神经网络就会退化成为单层的神经网络,那么"深层"神经网络也就不复存在了。正是由于激活函数引入了非线性转换能力,深层神经网络才具备了模拟任意函数的能力。

常用的激活函数有sigmoid、tanh、ReLU、LeakyReLU等。目前,ReLU是应用最多的激活函数。

4.6.1　sigmoid

深层神经网络发展的早期,常用的激活函数是sigmoid,目前sigmoid偶见于部分二分类的场景中,其他场合已经很少使用。sigmoid的计算公式如下,其取值范围是$(0,1)$,适合二分类场景(如"是"对应1,"否"对应0):

$$f(x) = \frac{1}{1 + e^{-x}}\qquad(4-2)$$

sigmoid的函数曲线如图4-6所示。

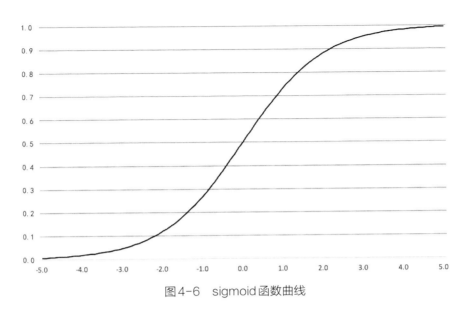

图4-6　sigmoid 函数曲线

sigmoid 的优点是曲线平滑,易于求导。sigmoid 的缺点主要如下。

(1)计算量大:涉及指数运算和除法运算,所需要的计算量比较大。

(2)梯度取值较小:它对 x 的导数的取值范围是$(0,0.25)$,由于反向传播是通过链式求导实现的,当多个神经网络层的梯度接近于 0 时,它们连乘的积会更快接近于 0,就会出现梯度消失现象。

sigmoid 的导数(图4-7)取值较小,取值范围是$(0,0.25)$。它对 x 的求导公式可以用自身公式表示如下:

$$f'(x) = f(x)\left[1 - f(x)\right] \tag{4-3}$$

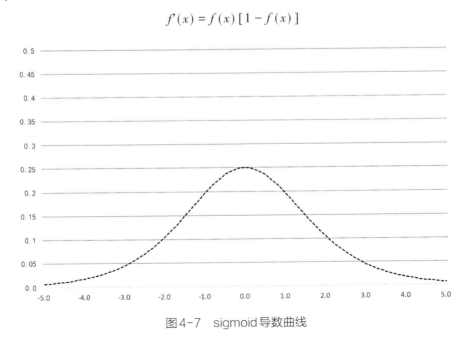

图4-7　sigmoid 导数曲线

激活函数 sigmoid 的用法示例如下：

```
# 在全连接网络层中指定激活函数为sigmoid
model.add(Dense(1, activation='sigmoid'))
```

4.6.2　tanh

激活函数 tanh 的优劣势与 sigmoid 比较类似，但是与 sigmoid 相比，tanh 有一些改进，包括取值范围是 $[-1,1]$，以 0 为中心，使模型的拟合速度更快；梯度比 sigmoid 更大，相较于 sigmoid，不容易出现梯度消失现象。但是由于 tanh 只是一定程度地弥补了 sigmoid 的不足，依然无法避免 sigmoid 存在的问题，因此 tanh 目前应用得也很少，偶见于生成模型，多用于生成取值范围为 $[-1,1]$ 的像素。

tanh 的函数公式如下：

$$f(x) = \frac{e^x - e^{-x}}{e^x + e^{-x}} \tag{4-4}$$

tanh 的函数曲线如图 4-8 所示。

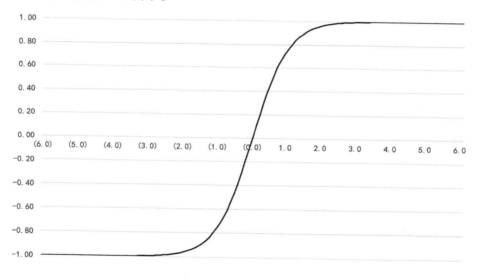

图 4-8　tanh 函数曲线

tanh 导数曲线如图 4-9 所示。从图 4-9 中可见，tanh 导数的取值范围是 $(0,1.0)$，较 sigmoid $(0,0.25)$ 大了不少。但是，当输入的 x 取值落入 $[-2,2]$ 之外时，梯度仍然接近于 0。随着现代神经网络的层数越来越多，tanh 依然存在梯度消失的问题，所以 tanh 应用得也越来越少。

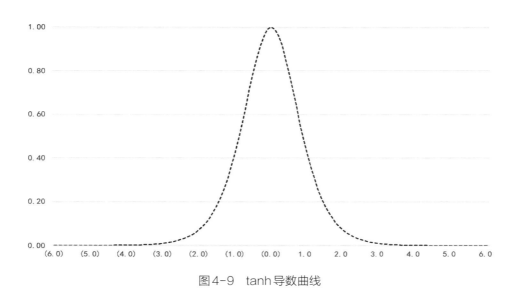

图 4-9 tanh 导数曲线

4.6.3 ReLU

ReLU 是目前应用最多、最流行的激活函数之一。

ReLU 的优点主要有两个,第一,简单,计算量小。从 ReLU 的函数公式中可以很容易看出这一点。第二,不容易出现梯度消失或梯度爆炸现象。因为当 $x \leqslant 0$ 时,ReLU 的导数恒为 0;当 $x > 0$ 时,ReLU 的导数恒为 1,所以不会出现梯度消失或梯度爆炸现象。

ReLU 的函数公式如下:

$$f(x) = \begin{cases} 0, & x \leqslant 0 \\ x, & x > 0 \end{cases} \tag{4-5}$$

ReLU 的函数曲线如图 4-10 所示。

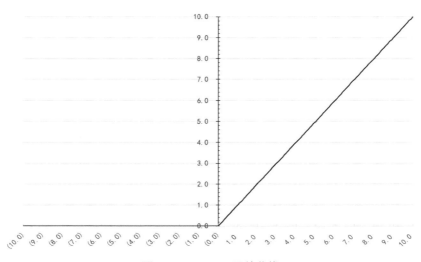

图 4-10 ReLU 函数曲线

4.6.4　LeakyReLU

LeakyReLU 是带泄漏的 ReLU,其也被广泛使用。当 $x \leqslant 0$ 时,ReLU 的输出都是0,直接丢弃了 $x \leqslant 0$ 时的信息量;而 LeakyReLU 函数在 $x \leqslant 0$ 时会返回 x 与泄漏系数 α 的积。泄漏系数 α 多介于 0~1 之间,常用的泄漏系数有 0.1、0.2。

LeakyReLU 的函数公式如下:

$$f(x) = \begin{cases} \alpha x, & x \leqslant 0 \\ x, & x > 0 \end{cases} \tag{4-6}$$

LeakyReLU 的函数曲线如图 4-11 所示。

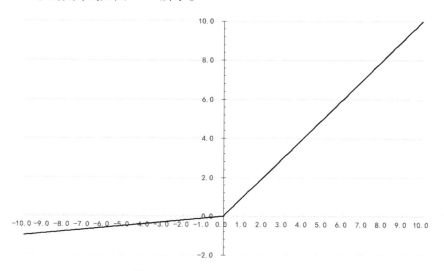

图 4-11　LeakyReLU 函数曲线

4.7　损失函数

深度学习是优化算法,使用损失函数来衡量当前模型的性能,然后按照损失函数的梯度的反方向来调整参数使损失变小,最终实现模型优化的目的。

常用的损失函数有均方误差,以及经常用于分类预测的交叉熵损失,如 BinaryCrossentropy、ClassCrossentropy。

4.7.1　均方误差

均方误差的应用非常广泛,几乎可以应用于所有的业务场景。均方误差的计算公式如下:

$$\text{MSE} = \frac{1}{N} \sum_{i=1}^{N} \left(y_i - \widehat{y_i} \right) \qquad\qquad (4\text{-}7)$$

式中,N 为该批次样本的数量;y_i 为该批次样本的第 i 个真值;$\widehat{y_i}$ 为第 i 个预测值。

均方误差的常见用法如下:

```
# 手工调用
mse = tf.keras.losses.MeanSquaredError()
loss = mse([0., 0., 1., 1.], [1., 1., 1., 0.])
print('损失: ', loss.numpy())   # 损失:0.85


# 通过模型编译函数调用
model = tf.keras.Model(inputs, outputs)
model.compile('sgd', loss=tf.keras.losses.MeanSquaredError())
```

4.7.2　BinaryCrossentropy

在分类预测场景中,如果真值只有"是""否""真""假"等两个类别,就是二分类。二分类问题的误差计算可以使用 BinaryCrossentropy 来实现。

BinaryCrossentropy 的调用方法如下:

```
# 手工调用
bce = tf.keras.losses.BinaryCrossentropy()
loss = bce([0., 0., 1., 1.], [1., 1., 1., 0.])
print('损失: ', loss.numpy())   # 损失: 11.522857


# 通过模型编译函数调用
model = tf.keras.Model(inputs, outputs)
model.compile('sgd', loss=tf.keras.losses.BinaryCrossentropy())
```

4.7.3　ClassCrossentropy

当真值有两个或两个以上的类别时,可以使用 ClassCrossentropy 来计算真值与预测值之间的交叉熵。注意,ClassCrossentropy 要求真值和预测值都采用 one-hot 格式,如果希望使用数字来代表不同的类别(如使用 0 ~ 9 代表 10 个类别),那么需要使用 SparseCategoricalCrossentropy 来计算损失。

ClassCrossentropy 的调用方法如下:

```
# 手工调用
cce = tf.keras.losses.CategoricalCrossentropy()
loss = cce(
  [[1., 0., 0.], [0., 1., 0.], [0., 0., 1.]],
  [[.9, .05, .05], [.05, .89, .06], [.05, .01, .94]])
print('损失: ', loss.numpy())   # 损失: 0.0945
```

```
# 通过模型编译函数调用
model = tf.keras.Model(inputs, outputs)
model.compile('sgd', loss=tf.keras.losses.CategoricalCrossentropy())
```

4.8　优化器

深度学习算法的本质是优化,实现的途径是通过调整参数,使损失尽可能小。优化器就是实现优化的手段,它沿着损失函数导数的反方向调整参数,使得损失函数取值尽可能小,从而达到优化的目的。

常见的优化器算法是随机梯度下降(Stochastic Gradient Descent,SGD)算法,以及在随机梯度下降算法基础上改进而来的自适应算法。

4.8.1　随机梯度下降

按照参数更新时计算梯度所使用样本数量的不同来划分,优化器可以划分成批量梯度下降(Batch Gradient Descent,BGD)、随机梯度下降及小批量梯度下降(Mini-Batch Gradient Descent,MBGD)。

批量梯度下降是指每一次迭代时,使用全部样本来计算梯度。批量梯度下降的优点是优化过程更稳定,如果损失函数是凸函数,那么批量梯度更新一定能够找到最优解;缺点是当样本数据量很大时,由于每一次迭代都需要计算所有样本的梯度,因此计算过程非常耗时。随着深度学习的发展,样本数据规模也越来越大,批量梯度下降耗时的缺点也越来越凸显。

随机梯度下降是指每一次迭代时,随机选择一条样本数据来计算梯度,其每一轮训练的参数更新次数较多。同时,由于随机梯度下降的计算量很小,因此随机梯度下降算法耗时短、速度快。随机梯度下降的缺点主要有模型的准确率不如批量梯度下降算法高;可能会收敛至局部最优解,即使损失函数是凸函数也有可能找不到全局最优解;不易实现并行计算,难以充分利用现代计算资源强大的并行计算能力。

小批量梯度下降是对批量梯度下降和随机梯度下降两种算法的折中,其通过设置一个批次规模(Batch Size)参数,每一次迭代时,采用该批次数量的样本数据来计算梯度。可以看出,当批次规模等于样本数据的数量时,小批量梯度下降就是批量梯度下降;当批次规模等于1时,小批量梯度下降就是随机梯度下降。

小批量梯度下降是使用最多、最常见的优化算法。

4.8.2　自适应优化器

早期,优化器学习率的设置多采用指数衰减法。在初始学习率和衰减率都是已知的情况下,指数衰减法的每个训练步骤的学习率也是固定的,所以指数衰减法有可能出现学习率衰减过快或过慢的问题。衰减过快是指模型的参数距离最优解依然很远,但是此时的学习率已经很小,导致模型需要很长时间才能拟合;衰减过慢是指模型已经接近最优解,但是此时学习率依然很大,模型越过最优解来回振荡,同样会导致模型难以拟合,或者说模型训练困难。

针对以上不足,现代优化器多采用自适应算法,该算法能在优化过程中动态地调整学习率。例如,引入动量(Momentum)概念,判断本次更新的梯度方向与上一次的梯度方向是否一致。如果一致,说明距离最优解很远,就在本次优化的幅度上叠加上一次的优化幅度;如果不一致,说明已经越过最优解,就将本地的优化服务减去上一次的优化幅度,降低优化步幅。除了动量之外,有的算法还能根据各个参数梯度的大小给不同参数设置不同的学习率,加速模型拟合。

自适应算法能够大幅度提高模型的拟合速度,可广泛应用于深度学习的各个场景。

4.8.3　常用优化器简介

常用的优化器都会或多或少地采用自适应优化算法。

1. SGD

最常见的优化器是SGD。默认情况下,其初始学习率会设置为0.01,动量系数设置为0.0(不采用动量技术)。SGD的构造函数如下:

```
__init__(
    learning_rate=0.01,
    momentum=0.0,
    nesterov=False,
    name='SGD',
    **kwargs
)
```

2. Adam

Adam是最简单易用的优化器,适用于各种常见场景。如果不知道该选择哪一个优化器,那么Adam优化器将是最佳选择。默认情况下,它的初始学习率设置为0.001,同时动量系数设置为0.9和0.999,再结合自适应优化算法,Adam在多个常见的业务场景中都能有出色表现。

Adam构造函数如下:

```
__init__(
    learning_rate=0.001,
    beta_1=0.9,
    beta_2=0.999,
    epsilon=1e-07,
    amsgrad=False,
    name='Adam',
    **kwargs
)
```

第5章

常用数据集

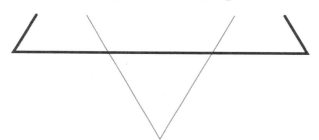

　　对于深度学习来说，样本数据集是必不可少的。本章介绍 Tensor-Flow 2.0 中常用的样本数据集，主要包括 MNIST、Fashion-MNIST、CI-FAR-10、CIFAR-100 等。

5.1　MNIST

MNIST（Mixed National Institute of Standards and Technology Database，MNIST）是美国国家标准与技术研究院收集整理的大型手写数字数据集，它包含 60000 个样本数据和 10000 个测试数据。

5.1.1　MNIST 简介

MNIST 数据集来源于 NIST（National Institute of Standards and Technology）的手写数字数据集。NIST 数据集中的手写数字来源有两个，一是人口普查局的员工书写的，二是美国高中生书写的。来源不同导致 NIST 数据集中的手写数字不同，不适合深度学习的初学者。

MNIST 将两者混合起来，并且对所有手写数字图片的尺寸进行归一化。将所有手写数字尺寸统一缩放到 20×20 像素，并且居中保存成 28×28 像素的图片，然后将数据集划分成样本数据集和测试数据集。因此，MNIST 数据集的样本数据和测试数据集更一致且更规范（尺寸统一且居中存放），适合深度学习的初学者使用。

5.1.2　数据格式

MNIST 数据集的样本数据和测试数据各有两个文件，一个保存手写数字的图片，另一个保存手写数字图片对应的标签（数字几）。

（1）train-images-idx3-ubyte.gz：训练集图片文件，包含 60000 张手写数字图片。

（2）train-labels-idx1-ubyte.gz：训练集标签文件，包含 60000 张手写数字的标签。

（3）t10k-images-idx3-ubyte.gz：测试集图片文件，包含 10000 张手写数字图片。

（4）t10k-labels-idx1-ubyte.gz：测试集标签文件，包含 10000 张手写数字的标签。

1. 图片文件格式

图片的像素是逐行保存的，像素的取值范围是 [0,255.0]，0 代表背景色（白色），255 代表前景色（黑色）。MNIST 图片文件格式如表 5-1 所示。

表5-1　MNIST 图片文件格式

位置	类型	数值	描述
0000	32 位整数	0x00000803（2051）	魔术字
0004	32 位整数	60000	图片数量
0008	32 位整数	28	图片宽度/像素
0012	32 位整数	28	图片长度/像素

位置	类型	数值	描述
0016	无符号字节	??	像素
0017	无符号字节	??	像素
⋮	⋮	⋮	⋮
××××	无符号字节	??	像素

2. 标签文件格式

MNIST标签的取值范围是0~9的10个整数,代表手写数字图片所属类别(数字几)。MNIST标签文件格式如表5-2所示。

表5-2　MNIST标签文件格式

位置	类型	数值	描述
0000	32位整数	0x00000801(2049)	魔术字
0004	32位整数	60000	标签数量
0008	无符号字节	??	标签
0009	无符号字节	??	标签
⋮	⋮	⋮	⋮
××××	无符号字节	??	标签

5.1.3　数据读取

TensorFlow 2.0中已经内置了读取MNIST数据集的方法。读取MNIST数据集,从每个类别中挑选10张图片(10个类别,共有100张),生成一张大的图片并展示。示例代码如下:

```python
#!/usr/bin/env python3
# -*- coding: UTF-8 -*-

import matplotlib.pyplot as plt
import numpy as np
import tensorflow as tf  # TF2

# 读取MNIST样本数据
(x_train, y_labels), (x_test, y_test) = tf.keras.datasets.mnist.load_data(path=
'mnist.npz')

for i in range(10):

    # 按类别筛选
    label_idx = np.where(y_labels == i)
```

```
    samples = x_train[label_idx]

    # 随机选取10张
    idx = np.random.randint(0, 5000, 10)
    samples = samples[idx]

    for j in range(10):
        # 10行、10列
        plt.subplot(10, 10, i * 10 + j + 1)

        plt.imshow(samples[j], cmap='gray')
        plt.axis('off')

plt.savefig('mnist.jpg',format='jpg')
plt.close('all')   # 关闭图
plt.show()
```

运行上述代码,生成的图片如图5-1所示。

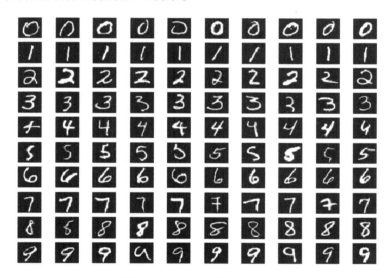

图5-1　MNIST数据集图片

5.2　Fashion-MNIST

　　Fashion-MNIST是一款用于替代 MNIST 手写数字集的图像数据集,是由德国一家名为 Zalan-do 的时尚科技公司提供的。Fashion-MNIST 包含 10 个类别、70000 张不同种类衣服的正面图片。

5.2.1　Fashion-MNIST简介

经典的MNIST数据集包含了大量的手写数字图片,一直都是机器学习、机器视觉、深度学习领域的算法性能的衡量基准之一。但是,MNIST存在以下几个方面的不足。

(1)MNIST数据集太简单。实际上,MNIST数据集已经成为各种算法必须测试的数据集之一。可以说,如果一个算法在MNIST数据集上都不能工作,那么它在其他数据集上肯定不能工作;即使一个算法在MNIST数据集上能够工作,那么它在其他数据集上也不一定能工作。

(2)很多算法在MNIST数据集上已经过拟合。MNIST数据集已经应用十几年,在MNIST数据集上,人们已经积累了过多的方法和技巧,所以现在的各种算法在MNIST数据集上很容易出现过拟合。

针对MNIST数据集存在的不足,Zalando公司推出了Fashion-MNIST数据集。Fashion-MNIST数据集的图片大小与MNIST数据集中的图片完全一样,都是28×28像素,它的目标是替代MNIST数据集。采用MNIST数据集的机器学习或深度学习程序,无须任何修改就可以直接应用在Fashion-MNIST数据集上。

Fashion-MNIST数据集主要有10个类别,分别是T恤、裤子、套衫、裙子、外套、凉鞋、汗衫、运动鞋、包和踝靴,如表5-3所示。

表5-3　Fashion-MNIST数据集的类别

标注编号	描述
0	T-shirt/top(T恤)
1	Trousers(裤子)
2	Pullover(套衫)
3	Dress(裙子)
4	Coat(外套)
5	Sandal(凉鞋)
6	Shirt(汗衫)
7	Sneaker(运动鞋)
8	Bag(包)
9	Ankle boot(踝靴)

5.2.2　数据格式

Fashion-MNIST数据集的样本数据和测试数据各有两个文件,一个保存手写数字的图片,另一个保存服装正面照的图片所属类别。Fashion-MNIST数据集的数据文件名称与MNIST数据集完全一致,只是包含的文件数量稍有区别。

(1)train-images-idx3-ubyte.gz:训练集图片文件,包含60000张服装正面图片。

(2)train-labels-idx1-ubyte.gz:训练集标签文件,包含60000张图片所属类别标签。

（3）t10k-images-idx3-ubyte.gz：测试集图片文件，包含10000张服装正面图片。

（4）t10k-labels-idx1-ubyte.gz：测试集标签文件，包含10000张图片所属类别标签。

Fashion-MNIST 的数据文件采用的存储格式与 MNIST 数据集完全一致，依然是 idx3 和 idx1，所以 Fashion-MNIST 数据集的格式与 MNIST 完全一致，直接参考 MNIST 数据集的格式即可。

5.2.3　数据读取

读取 Fashion-MNIST 数据集，从每个类别中挑选10张图片（10个类别，共有100张），生成一张大的图片并展示。示例代码如下：

```python
#!/usr/bin/env python3
# -*- coding: UTF-8 -*-

import matplotlib.pyplot as plt
import numpy as np
import tensorflow as tf  # TF2

# 读取 Fashion-MNIST 样本数据
(x_train, y_labels), (x_test, y_test) = tf.keras.datasets.fashion_mnist.load_da-
ta()

for i in range(10):

    # 按类别筛选
    label_idx = np.where(y_labels == i)
    samples = x_train[label_idx]

    # 随机选取10张
    idx = np.random.randint(0, 5000, 10)
    samples = samples[idx]

    for j in range(10):
        # 10行、10列
        plt.subplot(10, 10, i * 10 + j + 1)

        plt.imshow(samples[j], cmap='gray')
        plt.axis('off')

plt.savefig('fashion_mnist.jpg',format='jpg')
plt.close('all')  # 关闭图
plt.show()
```

运行上述代码，生成的图片如图5-2所示。

图5-2　Fashion-MNIST数据集图片

5.3　CIFAR-10

CIFAR数据集包括CIFAR-10和CIFAR-100两个数据集。CIFAR数据集中的图片主要是从Ti-nyImage数据集收集的。CIFAR数据集主要由Alex Krizhevsky、Vinod Nairh和Geoffrey Hinton收集整理。

5.3.1　CIFAR-10简介

CIFAR-10数据集包含60000张32×32像素的彩色图片,其中训练集50000张,测试集10000张。CIFAR-10的图片一共包含10个类别,每个类别都是6000张图片。CIFAR-10数据文件共有6个,其中5个是训练集数据,1个是测试集数据。CIFAR-10数据集的每个文件中都包含10000张图片。

CIFAR-10数据集共有10个类别,它们分别是飞机(airplane)、汽车(automobile)、鸟(bird)、猫科动物(cat)、鹿(deer)、狗(dog)、青蛙(frog)、马(horse)、船(ship)、卡车(truck)。各个类别的图片之间是完全互斥的,汽车不包含卡车,仅仅包含轿车、SUV等;卡车仅仅包含大型卡车;汽车和卡车类别的图片中都不包含皮卡(皮卡介于汽车和卡车之间)。

测试集的每个类别包含1000张图片,这些图片都是随机选择的。训练集包含其他剩余图片,它们在各个类别中均匀分布,所以每个类别含5000张图片。需要注意,单个训练集文件中的图片在各个类别之间不一定是均匀分布的。

5.3.2　CIFAR-10数据格式

CIFAR-10数据集的数据文件共有三种格式,分别是Python格式、Matlib格式和二进制格式。其中,Python文件的数据格式最容易读取。在Python 3中读取CIFAR-10数据集的代码如下:

```
def unpickle(file):
    import pickle
    with open(file, 'rb') as fo:
        dict = pickle.load(fo, encoding='bytes')
    return dict
```

以上代码返回字典对象,字典中包含两个元素,分别如下。

(1)data:形状为10000×3072的Numpy数组,数据类型为8bit无符号整数。数组每一行的3072字节的数据存储一个32×32的彩色图像。这3072字节的数据可以分成三个部分,第一个1024字节存储红色通道的数据,第二个1024字节存储绿色通道的数据,最后的1024字节存储蓝色通道的数据。图片数据是按照行优先存储的,即起始的32字节存储的是红色通道的数据。

(2)labels:10000个取值范围为0~9的数字。第 i 个数字代表data中第 i 张图片的标签。

5.3.3　CIFAR-10数据读取

读取CIFAR-10的训练集,从每个类别中随机选择10张图片,共100张小图片,生成一张大的图片并展示。示例代码如下:

```
#!/usr/bin/env python3
# -*- coding: UTF-8 -*-

import matplotlib.pyplot as plt
import numpy as np
import tensorflow as tf   # TF2

# 读取CIFAR-10样本数据
(x_train, y_labels), (x_test, y_test) = tf.keras.datasets.cifar10.load_data()

for i in range(10):

    # 按类别筛选
    label_idx = np.where(y_labels == i)
    samples = x_train[label_idx[0]]

    # 随机选取10张
    idx = np.random.randint(0, 5000, 10)
    samples = samples[idx]

    for j in range(10):
        # 10行、10列
```

```
        plt.subplot(10, 10, i * 10 + j + 1)

        # 差值算法(最近邻插值)
        plt.imshow(samples[j], interpolation='nearest')
        plt.axis('off')

plt.savefig('cifar10.jpg',format='jpg')
plt.close('all')  # 关闭图
plt.show()
```

运行上述代码,生成的图片如图5-3所示。

图5-3　CIFAR-10数据集图片

5.4 CIFAR-100

CIFAR-100与CIFAR-10的数据格式非常类似,只不过CIFAR-100数据集包含100个类别,每个类别包含600张训练图片(500张训练集和100张测试集)。

5.4.1 CIFAR-100简介

CIFAR-100的100个类别被归纳到20个超级类中,每张图片都同时属于一个精确的类和一个超级类,如表5-4所示。

表5-4 CIFAR-100数据集的类别示例

超级类	类别
水生哺乳动物	海狸、海豚、水獭、海豹、鲸鱼
鱼	水族馆鱼、比目鱼、鳐鱼、鲨鱼、鳟鱼
花卉	兰花、罂粟、玫瑰、向日葵、郁金香
食品容器	瓶子、碗、罐、杯子、盘子
水果和蔬菜	苹果、蘑菇、橘子、梨、甜椒
家用电器	时钟、电脑键盘、台灯、电话、电视
家用家具	床、椅子、沙发、桌子、衣柜
昆虫	蜜蜂、甲虫、蝴蝶、毛毛虫、蟑螂
大型食肉动物	熊、豹、狮子、老虎、狼
大型人造户外用品	桥梁、城堡、房屋、道路、摩天大楼
大型自然户外场景	云、森林、山、平原、海洋
大型杂食动物和食草动物	骆驼、牛、黑猩猩、大象、袋鼠
中型哺乳动物	狐狸、豪猪、负鼠、浣熊、臭鼬
非昆虫无脊椎动物	螃蟹、龙虾、蜗牛、蜘蛛、蠕虫
人	婴儿、男孩、女孩、男人、女人
爬虫类	鳄鱼、恐龙、蜥蜴、蛇、乌龟
小型哺乳动物	仓鼠、老鼠、兔子、鼩鼱、松鼠
树木	枫木、橡木、棕榈、松木、柳树
车辆1	自行车、公共汽车、摩托车、皮卡车、火车
车辆2	割草机、火箭、电车、坦克、拖拉机

5.4.2 CIFAR-100数据格式

CIFAR-100的数据格式与CIFAR-10完全相同,采用CIFAR-10数据集的读取代码即可。

5.4.3 CIFAR-100数据读取

TensorFlow 2.0中已经内置了CIFAR-100数据集读取的功能对象。读取CIFAR-100的训练集,在100个类别中,每个类别挑选一张图片,生成一张大的图片并展示。示例代码如下:

```
#!/usr/bin/env python3
# -*- coding: UTF-8 -*-

import matplotlib.pyplot as plt
import numpy as np
```

```
import tensorflow as tf  # TF2

# 读取CIFAR-100样本数据
(x_train, y_labels), (x_test, y_test) = tf.keras.datasets.cifar100.load_data()

for i in range(10):

    # 按类别筛选
    label_idx = np.where(y_labels == i)
    samples = x_train[label_idx[0]]

    # 随机选取10张
    idx = np.random.randint(0, 5000, 10)
    samples = samples[idx]

    for j in range(10):
        # 10行、10列
        plt.subplot(10, 10, i * 10 + j + 1)

        # 差值算法(最近邻插值)
        plt.imshow(samples[j], interpolation='nearest')
        plt.axis('off')

plt.savefig('cifar10.jpg',format='jpg')
plt.close('all')  # 关闭图
plt.show()
```

运行上述代码,生成的图片如图5-4所示。

图5-4　CIFAR-100数据集图片

第6章

DCGAN

DCGAN（Deep Convolutional GANs）是采用深度卷积神经网络（Convo-lutional Neural Network）构建的 GAN，它是由 Alec Radford、Luke Metz、Soumith Chintala 在 2016 年推出的。DCGAN 引入卷积神经网络架构作为判别模型，引入反卷积神经网络作为生成模型。DCGAN 通过模型架构的改进，很大程度上解决了 GAN 模型训练过程不稳定的问题，使 GAN 能够生成清晰度较高、尺寸较大的图片。正因为如此，采用卷积神经网络和反卷积神经网络构建 GAN 模型成为构建 GAN 模型的标准方法。

6.1　DCGAN概述

与传统采用最大似然估计算法相比,GAN的优点在于能够生成更加清晰的图像,并且无须定义启发式损失函数。GAN的缺点在于,GAN模型训练非常困难,训练过程很不稳定,容易出现生成模型坍塌现象,即生成模型只能生成数量非常少的几种类型的数据。

针对以上问题,DCGAN试图理解和可视化GAN的学习过程,通过引入卷积神经网络,并对卷积神经网络的技术实现方法加以选择,使GAN的训练过程更加稳定。DCGAN采用的关键技术如下。

(1)采用全卷积神经网络。取消池化层,采用步长为2的卷积操作来替代降采样功能。在判别模型中,采用步长为2的卷积操作来实现降采样(张量长宽缩小、深度增大);在生成模型中,采用步长为0.5的反卷积操作来实现升采样(张量深度缩小、长宽增大)。

(2)取消全连接层。因为全连接层需要的参数太多,需要的计算量大且容易出现过拟合,所以目前深度学习领域逐渐有取消全连接层的趋势。一个典型的方法是采用全局平均池化层取代全连接层。DCGAN团队在实践中发现,全局平均池化层虽然能够提高模型训练过程的稳定性,但是会减慢模型的拟合速度。折中的方法是将生成模型的输出直接作为判别模型的输入。在DCGAN中,生成模型的输入是一个随机噪声z,它与一个全连接层连接,然后立刻就被整形成四维张量,再被用作多个堆叠的卷积层输入;判别模型中,最后一层卷积层的结果被展平成全连接层,然后直接输入sigmoid激活函数。

(3)采用批量标准化操作。批量标准化操作能够将输入的样本数据映射到均值为0、方差为1的区间,该区间也是权重的初始化区间,可使模型的训练更加容易、快捷,避免出现生成模型坍塌的问题。因此,DCGAN在模型架构中广泛采用批量标准化操作。但是在实践中,DCGAN发现将批量标准化层应用于所有网络层会导致模型振荡,使模型训练过程不稳定,难以拟合。因此,DCGAN在生成模型的输出层(最后一层)及判别模型的输入层不采用批量标准化操作。

(4)采用多种激活函数。生成模型广泛采用激活函数ReLU,除了最后一层采用tanh之外,其他所有层都采用ReLU激活函数;判别模型采用LeakyReLU激活函数。采用多种类型的激活函数而不是采用某一种固定的激活函数,也是DCGAN成功的关键因素之一。

DCGAN的判别模型由卷积神经网络构成,使用的关键技术包括卷积、批量标准化、LeakyReLU激活以及全连接等;生成模型由反卷积神经网络构成,关键技术包括反卷积、全连接等。

6.2　批量标准化

批量标准化是针对模型训练速度慢和训练过程不稳定的问题而发明的。样本数据的分布非常有可能不是标准正态分布,然而我们往往会采用随机的正态分布来初始化参数,二者的分布有一个显著的距离,这会导致模型训练需要较长的时间。同时,在分批次的模型训练过程中,不同批次的训练数据分布会有不同,这会导致模型训练过程中参数来回振荡,使训练过程不稳定。

针对上述问题,批量标准化提出一个解决办法,即在模型训练阶段计算各个批次样本数据的均值和方差,然后将该批次的样本数据映射到正态分布区域,随着训练批次的增加不断调整上述均值和方差,并记录将样本数据分布映射到正态分布的参数,以便在必要时能够将数据从正态分布区间映射回样本数据的分布区间。经过映射的样本数据和采用标准正态分布生成的模型参数,它们的分布是一致的,模型训练所需的时长能够缩短。图6-1展示了样本数据分布与标准正态分布不一致的情景。

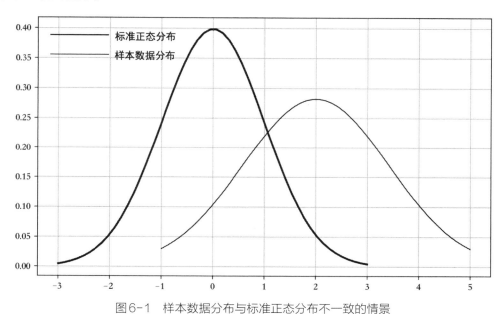

图6-1　样本数据分布与标准正态分布不一致的情景

对于GAN模型来说,批量标准化可以大大加快模型的训练速度。对于判别模型来说,批量标准化能够提高模型的拟合速度,同时提高模型训练过程的稳定性。对于生成模型来说,可以生成与样本数据批量标准化后一致的数据分布区间,然后再使用训练过程中记录的批量标准化参数,将生成的数据映射回原始的样本数据空间,极大地提高模型的训练速度和模型的性能。

6.3　使用多种激活函数

DCGAN团队通过实验发现,采用单一的激活函数,DCGAN模型的性能很快就达到饱和,但无法达到最佳。因此,对于生成模型,除了最后一层的激活函数采用tanh之外,其他层都采用ReLU激活函数;对于判别模型,所有的模型层都采用LeakyReLU激活函数(泄漏系数设置为0.2)。

6.4　在MNIST数据集上的实现

MNIST 的样本数据尺寸为 28×28，所以 DCGAN 在 MNIST 数据集上的判别模型输入是 28×28×1 的张量，输出是所属类别。生成模型的输入是 1 维的随机噪声，长度为 100；输出是 28×28×1 的图片。

6.4.1　生成模型架构

在 MNIST 数据集上，DCGAN 的生成模型共有五层，如图 6-2 所示。

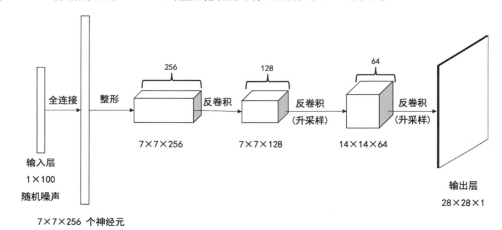

图6-2　DCGAN在MNIST数据集的生成模型架构

如图 6-2 所示，DCGAN 的生成模型从左到右分别如下。

（1）输入层：1×100 的随机噪声。

（2）全连接层：共有 12544（=7×7×256）个神经元，之后该全连接层的形状被重整为 7×7×256，以便于执行后续的反卷积操作。

（3）尺寸不变的反卷积层：通过卷积操作来实现反卷积。首先进行边缘填充，确保输出的张量形状不变；然后采用 128 个步长为 1×1、尺寸为 5×5 的卷积核执行卷积，输出 7×7×128 的张量。

（4）升采样的反卷积层：同样通过卷积操作来实现反卷积。首先在原始的 7×7×128 张量中，每两层中间插入一层元素 0，将输入张量变成 13×13×128 的张量；其次进行边缘填充，在上下左右四周各填充两层，再在底边和右边各填充一层，使原始张量变成形状为 18×18×128 的张量；最后采用 64 个步长为 1、尺寸为 5×5 的卷积核执行卷积，输出形状为 14×14×64 的张量。

（5）升采样的反卷积层：采用与上个步骤类似的填充办法，再采用 1 个、步长为 1、尺寸为 5×5 的卷积核执行卷积，输出形状为 28×28×1 的张量，即最终生成的图片。

6.4.2　判别模型架构

　　DCGAN 的判别模型是采用全卷积神经网络来实现的。在 MNIST 数据集上, DCGAN 的判别模型的输入是 28×28×1 的张量, 输出层是一个神经元。DCGAN 在 MNIST 数据集的判别模型架构如图 6-3 所示。

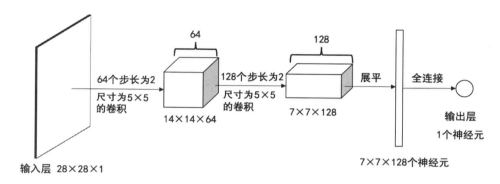

图 6-3　DCGAN 在 MNIST 数据集的判别模型架构

　　如图 6-3 所示, DCGAN 的判别模型包含四个网络层。

　　(1)输入层:输入是 28×28×1 的张量, 代表 MNIST 数据集的样本数据。

　　(2)降采样的卷积层:采用 64 个步长为 2、尺寸为 5×5 的卷积操作, 将输入的 28×28×1 张量转换成 14×14×64 的张量。

　　(3)降采样的卷积层:采用 128 个步长为 2、尺寸为 5×5 的卷积操作, 将输入的 14×14×64 张量转换成 7×7×128 的输出张量。

　　(4)全连接层:将上一层卷积的输出张量展平, 然后与一个全连接层(只包含 1 个神经元)连接。

6.4.3　构建生成模型

　　在 MNIST 数据集上构建 DCGAN 生成模型的代码如下, 最后将代码保存到 dcgan_mnist.py 文件中:

```
#!/usr/bin/env python3
# -*- coding: UTF-8 -*-


from __future__ import absolute_import, division, print_function


import logging
import os
import time


import matplotlib.pyplot as plt
import tensorflow as tf  # TF2
```

```python
from IPython import display

# 注意,这里gan_trainer必须与模型训练器的文件名称一致
import gan_trainer

logging.getLogger("tensorflow").setLevel(logging.ERROR)

AUTOTUNE = tf.data.experimental.AUTOTUNE


def create_generator_model():
    """
    生成模型

    Returns:
        由序列模型构建的生成模型
    """
    # 所有参数都采用均值为0、方差为0.02的正态分布随机数来初始化
    initializer = tf.keras.initializers.RandomNormal(
        mean=0.0, stddev=0.02)

    # 采用顺序模型来构建生成模型
    model = tf.keras.Sequential([
        # 第一个全连接层,从随机噪声连接到12544(=7×7×256)个神经元
        tf.keras.layers.Dense(
            7*7*256, use_bias=False,
            input_shape=(100,),
            kernel_initializer=initializer),
        # 批量正则化
        tf.keras.layers.BatchNormalization(),
        # 采用alpha=0.2的LeakyReLU激活函数
        tf.keras.layers.LeakyReLU(alpha=0.2),

        # 将12544(=7×7×256)个神经元整形为7×7×256的张量
        # 为转置卷积操作做准备
        tf.keras.layers.Reshape((7, 7, 256)),

        # 第二个转置卷积层,输入7×7×256,输出7×7×128
        tf.keras.layers.Conv2DTranspose(
            128, 5, strides=(1, 1), padding='same',
            use_bias=False, kernel_initializer=initializer),
        tf.keras.layers.BatchNormalization(),
        tf.keras.layers.LeakyReLU(0.2),

        # 第三个转置卷积层,输入7×7×128,输出14×14×64
        tf.keras.layers.Conv2DTranspose(
            64, 5, strides=(2, 2), padding='same',
```

```
          use_bias=False, kernel_initializer=initializer),
      tf.keras.layers.BatchNormalization(),
      tf.keras.layers.LeakyReLU(0.2),

      # 第四个转置卷积层,输入 14×14×64,输出 28×28×1
      tf.keras.layers.Conv2DTranspose(
          1, 5, strides=(2, 2), padding='same', use_bias=False,
          activation='tanh', kernel_initializer=initializer),
   ])

   return model
```

6.4.4　构建判别模型

在 MNIST 数据集上构建 DCGAN 判别模型的代码如下:

```
def create_discriminator_model():
    """
    判别模型

    Returns:
        采用序列模型构建的判别模型
    """
    # 初始化器,采用均值为 0、方差为 0.02 的正态分布随机数来初始化
    initializer = tf.keras.initializers.RandomNormal(
        mean=0.0, stddev=0.02)

    # 采用顺序模型构建判别模型
    model = tf.keras.Sequential([

        # 第一个卷积层,输入 28×28×1,输出 14×14×64
        tf.keras.layers.Conv2D(
            64, 5, strides=(2, 2), padding='same',
            kernel_initializer=initializer),
        tf.keras.layers.LeakyReLU(0.2),
        tf.keras.layers.Dropout(0.3),

        # 第二个卷积层,输入 14×14×64,输出 7×7×128
        tf.keras.layers.Conv2D(
            128, 5, strides=(2, 2), padding='same',
            kernel_initializer=initializer),
        tf.keras.layers.LeakyReLU(0.2),
        tf.keras.layers.Dropout(0.3),

        # 第三层,全连接层。展平,便于与之后的全连接层连接
        tf.keras.layers.Flatten(),
```

```
    # 第四层,输出层。只有一个神经元,输出1代表输入张量来自真实样本
    # 输出0代表输入张量来自生成模型
    tf.keras.layers.Dense(
        1, kernel_initializer=initializer)
    ])

    return model
```

6.4.5　构建 GAN 模型训练器

GAN 模型训练具有共性,我们构建一个 GAN 模型训练器,以便训练所有只包含生成模型和判别模型的 GAN 模型。在训练过程中,模型训练器能够自动保存模型,以及使用各个训练轮次的生成模型生成图片进行比较。为此,我们将本小节的所有代码保存成一个独立的 python 文件,命名为 gan_trainer.py。

构建 GAN 模型训练器需要输入生成模型、判别模型、生成模型损失、判别模型损失、生成模型优化器、判别模型优化器、模型训练配置参数、随机噪声的深度和模型的名称,主要包含以下几个步骤。

1. 构建模型训练器

构建模型训练器的代码如下:

```
#!/usr/bin/env python3
# -*- coding: UTF-8 -*-

from __future__ import absolute_import
from __future__ import division
from __future__ import print_function

import os
import time
import matplotlib.pyplot as plt
from IPython import display

import tensorflow as tf  # TF2


assert tf.__version__.startswith('2')


class GANTrainer(object):
    """
    通用的 GAN 模型训练器,用于只包含两个生成模型和判别模型的 GAN 模型训练
```

```
    Args:
        generator: 创建生成模型函数
        discriminator: 创建判别模型函数
        generator_loss: 生成模型损失函数
        discriminator_loss: 判别模型损失函数
        generator_optimizer: 生成模型优化器
        discriminator_optimizer: 判别模型优化器
        config:模型训练过程中的参数配置
        name:GAN模型的名称,如DCGAN、CGAN等
    """

    def __init__(self, generator, discriminator,
                 generator_loss=None,
                 discriminator_loss=None,
                 generator_optimizer=tf.keras.optimizers.Adam(1e-4),
                 discriminator_optimizer=tf.keras.optimizers.Adam(1e-4),
                 config=None,
                 noise_dim=100,
                 name="GANTrainer"):
        self.generator = generator()
        self.discriminator = discriminator()
        self.generator_loss = generator_loss
        self.discriminator_loss = discriminator_loss
        # 默认使用交叉熵作为损失函数(用户不指定generator_loss_fn
        # 或 discriminator_loss_fn 时使用)
        self.cross_entropy = tf.keras.losses.BinaryCrossentropy(
            from_logits=True)
        self.generator_optimizer = generator_optimizer
        self.discriminator_optimizer = discriminator_optimizer
        self.name = name

        # 如果用户没有指定生成模型损失函数,则创建默认的生成模型损失函数
        if self.generator_loss is None:
            self.generator_loss = self._generator_loss

        # 如果用户没有指定判别模型损失函数,则创建默认的判别模型损失函数
        if self.discriminator_loss is None:
            self.discriminator_loss = self._discriminator_loss

        # 如果不指定运行时的配置对象,则默认模型保存路径为 ./logs/model/xxxx
        # 其中,xxxx代表GAN的名称。其他参数,如模型最大保留个数等取默认值(5个)
        if config is None:
            model_dir = "./logs/{}/model/".format(name)
            os.makedirs(model_dir, exist_ok=True)
            self.config = tf.estimator.RunConfig(model_dir=model_dir)
        else:
            # 创建保存模型用的文件目录(如果已存在,则忽略)
```

```
            os.makedirs(self.config.model_dir, exist_ok=True)
        self.noise_dim = noise_dim
        self.seed = tf.random.normal([16, self.noise_dim])
        # 检查点保存函数,用于从上一次保存点继续训练
        self.checkpoint = tf.train.Checkpoint(
            # 训练的步数(全局步数)
            step=tf.Variable(1),
            # 训练的轮次
            epoch=tf.Variable(1),
            # 随机噪声张量的元素个数
            noise_dim=tf.Variable(self.noise_dim),
            # 用于测试的随机噪声的种子,该随机数保持不变
            # 用于测试经过不同轮次训练的生成模型
            # 比较生成的图片的质量变化
            seed=tf.Variable(self.seed),
            # 生成模型、判别模型和它们的优化器
            generator=self.generator,
            discriminator=self.discriminator,
            generator_optimizer=self.generator_optimizer,
            discriminator_optimizer=self.discriminator_optimizer
        )
```

2. 默认的损失函数

为了提高模型训练器的可复用性,我们将标准GAN的损失函数作为默认的损失函数。如果具体的GAN需要使用特定的损失函数,那么在构建模型训练器时直接传入特定的损失函数即可;如果只是使用标准GAN的损失函数,那么无须传入损失函数,模型训练器就会使用默认的损失函数。

默认的生成模型和判别模型的损失函数的代码如下:

```
def _generator_loss(self, generated_data):
    """
    使用交叉熵计算生成模型的损失
    """
    return self.cross_entropy(tf.ones_like(generated_data), generated_data)

def _discriminator_loss(self, real_data, generated_data):
    """
    利用交叉熵计算判别模型的损失。判别模型的损失包括将样本数据识别为"真实"的损失
    和将由生成模型生成的数据识别为"生成"的损失
    """
    real_loss = self.cross_entropy(tf.ones_like(real_data), real_data)
    generated_loss = self.cross_entropy(
        tf.zeros_like(generated_data), generated_data)

    total_loss = real_loss + generated_loss

    return total_loss
```

3. 批次模型训练

批次模型训练是指使用一个批次的样本数据训练模型,主要工作是交替固定生成模型和判别模型的参数,优化另一个模型的参数。示例代码如下:

```python
# tf.function标记,表示该函数将会被编译到计算图中,实现计算加速
@tf.function
def train_step(self, real_datas, step, batch_size=128, noise_dim=100,
               adventage=1):
    """
    完成一个批次的样本数据训练

    Args:
     real_datas: 一个批次的样本数据集
     batch_size: 批处理的大小
     noise_dim: 随机噪声的长度
     adventage: 为了避免生成模型坍塌,每训练生成模型adventage次,才训练判别模型一次

    Returns:
     生成模型的损失、判别模型的损失
    """
    noise = tf.random.normal([batch_size, noise_dim])

    with tf.GradientTape() as g_tape, tf.GradientTape() as d_tape:
        # 调用生成模型生成样本数据
        generated_data = self.generator(noise, training=True)

        # 分别调用判别模型识别真实的样本数据和生成的样本数据
        real_output = self.discriminator(real_datas, training=True)
        generated_output = self.discriminator(
            generated_data, training=True)

        # 分别计算生成模型和判别模型的损失
        g_loss = self.generator_loss(generated_output)
        d_loss = self.discriminator_loss(
            real_output, generated_output)

        # 计算生成模型和判别模型的梯度
        g_gradients = g_tape.gradient(
            g_loss, self.generator.trainable_variables)
        # 固定判别模型参数,优化生成模型
        self.generator_optimizer.apply_gradients(zip(
            g_gradients, self.generator.trainable_variables))

        # 固定生成模型参数,优化判别模型
        # 为了避免生成模型坍塌,每训练生成模型adventage次,才训练一次判别模型
        # 当step==1时,首次创建计算图,需要创建d_gradients变量
```

```
        if step % adventage == 0 or 'd_gradients' not in vars():
            d_gradients = d_tape.gradient(
                d_loss, self.discriminator.trainable_variables)
            self.discriminator_optimizer.apply_gradients(zip(
                d_gradients, self.discriminator.trainable_variables))

    return g_loss, d_loss
```

4. 整体模型训练

整体模型训练的主要工作包括检查是否有上一次训练保存的模型,如果有,则加载上一次训练结束的模型,并且每经过特定步数(save_checkpoints_steps)的训练就保存一次模型,以及经过特定的步数(save_image_steps)调用生成模型生成一次图像并且调用保存图像函数(save_image_func)保存图像,以便观察生成图像质量的变化。

整体模型训练的示例代码如下:

```
def train(self, dataset, epochs=10, batch_size=128, noise_dim=100,
        adventage=1, save_checkpoints_steps=100,
        save_image_steps=1000, save_image_func=None):
    """
    GAN模型训练,共训练epochs轮次

    Args:
        dataset: 训练数据集
        epochs: 训练轮次
        batch_size: 每个训练批次使用的样本数量
        noise_dim: 随机噪声张量长度
        adventage: 为了避免生成模型坍塌,每训练生成模型adventage次,才训练判别模型
                    一次
        save_checkpoints_steps: 每训练save_image_func步,保存一次模型
        save_image_steps: 每训练save_image_steps步,调用生成模型生成一次图片
        save_image_func: 保存生成图片的函数
    """
    # 检查是否有上一次训练过程中保存的模型
    manager = tf.train.CheckpointManager(
        self.checkpoint, self.config.model_dir,
        max_to_keep=self.config.keep_checkpoint_max)
    # 如果有,则加载上一次保存的模型
    self.checkpoint.restore(manager.latest_checkpoint)

    # 检查是否加载成功
    if manager.latest_checkpoint:
        print("从上一次保存点恢复:{}\n".format(manager.latest_checkpoint))
        # 模型训练过程中,每一轮保存一张图片,然后用这些图片生成动图
        # 以便直观展示随着训练轮数的增加,生成的图片逐渐清晰的过程
        # 为此,需要一个固定的随机数种子,以便对比生成图片变化的过程
        # 将随机噪声的种子也保存在checkpoint中,每次从checkpoint中读取,确保不变
```

```
        self.seed = self.checkpoint.seed
        self.noise_dim = self.checkpoint.noise_dim
        self.generator = self.checkpoint.generator
        self.discriminator = self.checkpoint.discriminator
        self.generator_optimizer = self.checkpoint.generator_optimizer
        self.discriminator_optimizer=self.checkpoint.discriminator_optimizer
    else:
        # 使用默认的生成模型和判别模型(构建模型训练器时已创建,这里无须创建)
        print("重新创建模型。\n")

    time_start = time.time()

    # 从1开始计算轮数,轮数保存在checkpoint对象中,每次从上一次的轮数开始
    for epoch in range(int(self.checkpoint.epoch), epochs+1):
        # 对本轮所有的样本数据进行逐个批次的训练
        for batch_imgs in dataset:
            # 当前进行了多少个批次的训练(第几步)
            step = int(self.checkpoint.step)

            # 对本批次进行训练
            g_loss, d_loss = self.train_step(
                batch_imgs, step, batch_size, noise_dim, adventage)
            # 训练步数加1
            self.checkpoint.step.assign_add(1)

            time_end = time.time()

            # 如果超过60秒,则输出一次日志,显示程序没有挂死
            if time_end-time_start > 60:
                tmp = "第 {}轮, 第 {}步。用时: {:>.2f}秒。 "
                print(tmp.format(epoch, step, time_end-time_start))
                time_start = time_end

            # 每训练save_checkpoints_steps步,保存一次模型
            if step % save_checkpoints_steps == 0:
                save_path = manager.save()
                tmp = "保存模型,第 {}轮, 第 {}步。用时: {:>.2f}秒。文件名: {}"
                print(tmp.format(epoch, step,
                                time_end-time_start, save_path))
                time_start = time_end

            # 每训练save_image_steps步,生成一次图片,比较生成图片的变化
            if step % save_image_steps == 0 and \
                    save_image_func is not None:
                tmp = '第 {}步, 生成模型损失: {:.2f}, 判别模型损失: {:.2f}'
                print(tmp.format(step, g_loss, d_loss))
```

```
                   image_dir = './logs/{}/image/'.format(self.name)
                   # 将本轮的训练成果保存下来,为生成动图做准备
                   gen_samples = self.generator(self.seed, training=False)
                   # 保存图片
                   save_image_func(gen_samples, step=step,
                                   image_dir=image_dir)


              # 每个训练轮次也保存一次图片
              tmp = '\n第 {}轮, 生成模型损失: {:.2f}, 判别模型损失: {:.2f}'
              print(tmp.format(epoch, g_loss, d_loss))

              image_dir = './logs/{}/image/'.format(self.name)
              # 将本轮的训练成果保存下来,为生成动图做准备
              gen_samples = self.generator(self.seed, training=False)
              # 保存图片
              save_image_func(gen_samples, step=step,
                              image_dir=image_dir)


              # 完成一轮训练,轮次增加一次
              self.checkpoint.epoch.assign_add(1)
```

6.4.6　保存各轮次的图片

保存各个轮次和经过特定步数训练的生成模型生成的图片,主要工作包括输入特定的轮次名称、随机噪声、图片保存的路径,调用生成模型生成图片,并且保存在指定的目录下,代码如下:

```
def save_images(gen_samples, step, image_dir):
    """
    利用生成模型生成图片,然后保存到指定的文件夹下

    参数:
        generator: 生成模型,已经经过epoch轮训练
        epoch: 训练的轮数
        test_input: 测试用的随机噪声
        image_dir: 用于存放生成图片的路径
    """

    display.clear_output(wait=True)

    plt.figure(figsize=(4, 4))
    for i in range(gen_samples.shape[0]):
        plt.subplot(4, 4, i+1)

        # 将生成的数据取值范围映射回MNIST图像的像素取值范围[0, 255]
        plt.imshow(gen_samples[i, :, :, 0] * 127.5 + 127.5, cmap='gray')
        plt.axis('off')
```

```
# 逐级创建目录,如果目录已存在,则忽略
os.makedirs(image_dir, exist_ok=True)
image_file_name = os.path.join(image_dir, 'image_step_{:05d}.png')
plt.savefig(image_file_name.format(step))
plt.close('all')  # 关闭图
```

6.4.7　读取MNIST数据集

MNIST 数据集是使用非常频繁的数据集,直接调用 Keras 读取 MNIST 数据集的函数即可完成对 MNIST 数据集的读取。其具体代码如下:

```
def read_mnist(buffer_size, batch_size):
    """
    读取MNIST数据集

    参数:
        buffer_size:乱序排列时,乱序的缓存大小
        batch_size:批处理的大小
    Return:
        训练样本数据集
    """
    # 读取MNIST样本数据
    (train_images, _), (_, _) = tf.keras.datasets.mnist.load_data()

    # 将MNIST样本数据按照28×28×1的形状整理
    train_images = train_images.reshape(
        train_images.shape[0], 28, 28, 1).astype('float32')

    # 将MNIST的像素取值区间从[0, 255]映射到[-1, 1]
    train_images = (train_images - 127.5) / 127.5

    # 对样本数据进行乱序排列,并按照batch_size划分成不同批次的数据
    train_dataset = tf.data.Dataset.from_tensor_slices(
        train_images).shuffle(buffer_size).batch(batch_size)
    return train_dataset
```

6.4.8　模型训练入口

模型训练的入口函数的主要工作包括构建 GAN 模型训练器,调用模型训练函数,完成模型训练。其具体代码如下:

```
def main(epochs=10, buffer_size=10000, batch_size=128,
         save_checkpoints_steps=100, save_image_steps=1000):
```

```
"""
模型训练的入口函数

参数:
    epochs:训练的轮数,每一轮的训练使用全部样本数据一次
    buffer_size:乱序排列时,乱序的缓存大小
    batch_size:批处理的大小
Return:
    训练样本数据集
"""

# 读取训练样本数据集
train_dataset = read_mnist(buffer_size, batch_size)

# 构建GAN模型训练器
trainer = gan_trainer.GANTrainer(
    # 生成模型构建函数
    generator=create_generator_model,
    # 生成模型的优化器
    generator_optimizer=tf.keras.optimizers.Adam(
        learning_rate=0.0002, beta_1=0.5),
    # 判别模型构建函数
    discriminator=create_discriminator_model,
    # 判别模型的优化器
    discriminator_optimizer=tf.keras.optimizers.Adam(
        learning_rate=0.0002, beta_1=0.5),
    name='dcgan'
)
print('\n开始训练 ...')
return trainer.train(train_dataset, epochs,
                     save_checkpoints_steps=save_checkpoints_steps,
                     save_image_steps=save_image_steps,
                     save_image_func=save_images)


# 入口函数,训练20轮次
main(40)

# 训练轮次:30, buffer_size=10000, 批次大小:256
# main(epochs=30, buffer_size=10000, batch_size=256)
```

6.4.9　生成图片展示

各个训练轮次生成模型生成的图片如图6-4所示,图中展示了经过1轮、4轮、9轮、16轮、25轮和30轮训练生成的图片,可以看到图片从模糊到逐渐清晰的过程。

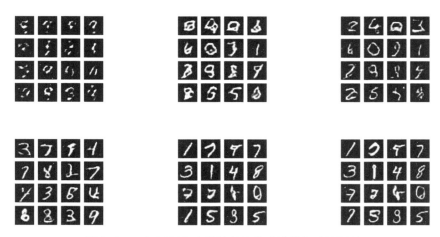

图6-4　DCGAN各个训练轮次生成模型生成的图片

6.5　在LSUN数据集上的实现

　　DCGAN设计了针对LSUN数据集的模型架构,并且使用该数据集中的bedroom类别的图片进行了训练。LSUN数据集中的bedroom类别共有300多万张jpg格式的图片,图片长和宽的最小尺寸是256像素。

6.5.1　生成模型架构

　　在LSUN数据上,DCGAN的生成模型输入张量是长度为100的1维随机噪声,输出是64×64×3的图片。DCGAN在LSUN数据集上的生成模型架构如图6-5所示。

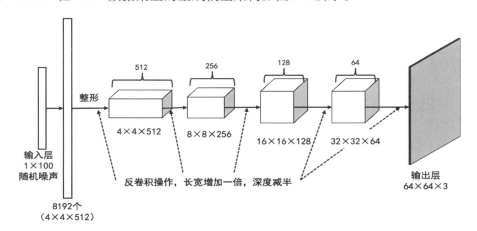

图6-5　DCGAN在LSUN数据集上的生成模型架构

如图 6-5 所示,DCGAN 在 LSUN 数据集上的生成模型共有五层。

(1)全连接层:将输入的长度为 100 的 1 维随机噪声连接到 8192 个神经元,然后经过形状重整输出 4×4×512 的张量。激活函数采用 ReLU。

(2)反卷积层:输入 4×4×512 张量,经过 256 个尺寸为 5×5、步长为 2×2 的反卷积操作,输出 8×8×256 的张量。激活函数采用 ReLU。

(3)反卷积层:输入 8×8×256 张量,经过 128 个尺寸为 5×5、步长为 2×2 的反卷积操作,输出 16×16×128 的张量。激活函数采用 ReLU。

(4)反卷积层:输入 16×16×128 张量,经过 64 个尺寸为 5×5、步长为 2×2 的反卷积操作,输出 32×32×64 的张量。激活函数采用 ReLU。

(5)反卷积层:输入 32×32×64 张量,经过 3 个尺寸为 5×5、步长为 2×2 的反卷积操作,输出 64×64×3 的张量,对应的就是 LSUN 数据集中的图片数据。激活函数采用 tanh,目的是将生成的像素数据映射到[−1,1]区间。

6.5.2　判别模型架构

在 LSUN 数据集上,DCGAN 的判别模型输入是 64×64×3 的张量,原始的 LSUN 数据集中的图片尺寸不一定是 64×64 的,所以需要对输入图片的尺寸进行重整,才能适应 DCGAN 的判别模型。

输入层之后,紧接着的四层都是卷积层,操作都是将输入的特征图谱尺寸减半、深度加倍,如图 6-6 所示。

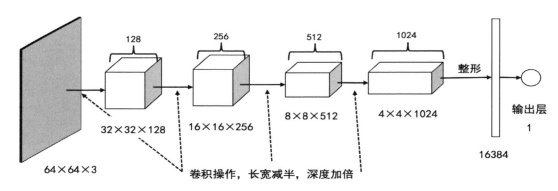

图 6-6　DCGAN 在 LSUN 数据集上的判别模型架构

如图 6-6 所示,DCGAN 的判别模型采用降采样的卷积操作,实现输入特征图谱尺寸减半、深度加倍的过程。

(1)卷积层:输入张量形状为 64×64×3,经过 128 个、步长为 2、尺寸为 5×5 的卷积操作,输出张量形状为 32×32×128。

(2)卷积层:输入张量形状为 32×32×128,经过 256 个、步长为 2、尺寸为 5×5 的卷积操作,输出张量形状为 16×16×256。

(3)卷积层:输入张量形状为 16×16×256,经过 512 个、步长为 2、尺寸为 5×5 的卷积操作,输出张量形状为 8×8×512。

（4）卷积层：输入张量形状为 8×8×512，经过 1024 个、步长为 2、尺寸为 5×5 的卷积操作，输出张量形状为 4×4×1024。

（5）全连接层：将形状为 4×4×1024 的输入张量展平，再与神经元数量为 1 的全连接层（也是输出层）连接。

6.5.3　构建生成模型

在 LSUN 数据集上构建 DCGAN 生成模型的代码如下，最后将该代码保存到 dcgan_lsun.py 文件中：

```python
#!/usr/bin/env python3
# -*- coding: UTF-8 -*-

from __future__ import absolute_import, division, print_function

import os
import logging
import time

import imageio
import matplotlib.pyplot as plt
import numpy as np
import tensorflow as tf  # TF2
from IPython import display
# 导入全连接层、批量标准化层、带泄漏的激活函数、激活函数
from tensorflow.keras.layers import (Activation, BatchNormalization, Dense,
                                     Dropout, Embedding, Flatten, Input,
                                     LeakyReLU, Reshape)
# 导入常用模型
from tensorflow.keras.models import Model, Sequential

# 注意,这里gan_trainer必须与模型训练器的文件名称一致
import gan_trainer
import LSUNReader as ds

logging.getLogger("tensorflow").setLevel(logging.ERROR)
AUTOTUNE = tf.data.experimental.AUTOTUNE

def create_generator_model():
    """
    生成模型

    Returns:
    由序列模型构建的生成模型
```

```python
"""
# 初始化器,采用均值为0、方差为0.02的正态分布随机数来初始化
initializer = tf.keras.initializers.RandomNormal(
    mean=0.0, stddev=0.02)

# 采用顺序模型构建判别模型
model = tf.keras.Sequential(name='dcgan_lsun_generator')

# 第一层,全连接层,将输入的随机噪声连接到4×4×1024个神经元的全连接层
model.add(tf.keras.layers.Dense(
    4*4*1024, input_shape=(100, ),
    kernel_initializer=initializer))
model.add(tf.keras.layers.BatchNormalization())
model.add(tf.keras.layers.ReLU())
# 形状重整,进行反卷积操作
model.add(tf.keras.layers.Reshape([4, 4, 1024]))

# 第二层,反卷积层,将输入的4×4×1024转换成8×8×512
model.add(tf.keras.layers.Conv2DTranspose(
    512, kernel_size=(5, 5),
    kernel_initializer=initializer, strides=(1, 1)))
model.add(tf.keras.layers.BatchNormalization())
model.add(tf.keras.layers.ReLU())

# 第三层,反卷积层,将输入的8×8×512转换成16×16×256
model.add(tf.keras.layers.Conv2DTranspose(
    256, kernel_size=(5, 5),
    kernel_initializer=initializer, strides=(2, 2), padding='same'))
model.add(tf.keras.layers.BatchNormalization())
model.add(tf.keras.layers.ReLU())

# 第四层,反卷积层,将输入的16×16×256转换成32×32×128
model.add(tf.keras.layers.Conv2DTranspose(
    128, kernel_size=(5, 5),
    kernel_initializer=initializer, strides=(2, 2), padding='same'))
model.add(tf.keras.layers.BatchNormalization())
model.add(tf.keras.layers.ReLU())

# 第五层,反卷积层,将输入的32×32×128转换64×64×3
model.add(tf.keras.layers.Conv2DTranspose(
    3, kernel_size=(5, 5), activation='tanh',
    kernel_initializer=initializer, strides=(2, 2), padding='same'))

# 输出生成模型的详细信息
model.summary()

return model
```

6.5.4　构建判别模型

在 LSUN 数据集上构建 DCGAN 判别模型的代码如下：

```python
def create_discriminator_model():
    """
    判别模型

    Returns:
    采用序列模型构建的判别模型
    """
    # 初始化器,采用均值为 0、方差为 0.02 的正态分布随机数来初始化
    initializer = tf.keras.initializers.RandomNormal(
        mean=0.0, stddev=0.02)

    # 采用顺序模型构建判别模型
    model = tf.keras.Sequential(name='dcgan_lsun_discriminator')

    # 第一层,卷积层,将输入的 64×64×3 的张量转换成 32×32×128 的张量
    model.add(tf.keras.layers.Conv2D(
        128, 5, strides=(2, 2), padding='same',
        input_shape=(64, 64, 3),
        kernel_initializer=initializer))
    model.add(tf.keras.layers.LeakyReLU(0.2))

    # 第二层,卷积层,将输入的 32×32×128 的张量转换成 16×16×256 的张量
    model.add(tf.keras.layers.Conv2D(
        256, 5, strides=(2, 2), padding='same',
        kernel_initializer=initializer))
    model.add(BatchNormalization())
    model.add(tf.keras.layers.LeakyReLU(0.2))

    # 第三层,卷积层,将输入的 16×16×256 的张量转换成 8×8×512 的张量
    model.add(tf.keras.layers.Conv2D(
        512, 5, strides=(2, 2), padding='same',
        kernel_initializer=initializer))
    model.add(BatchNormalization())
    model.add(tf.keras.layers.LeakyReLU(0.2))

    # 第四层,卷积层,将输入的 8×8×512 的张量转换成 4×4×1024 的张量
    model.add(tf.keras.layers.Conv2D(
        1024, 5, strides=(1, 1), padding='valid',
        kernel_initializer=initializer))
    model.add(BatchNormalization())
    model.add(tf.keras.layers.LeakyReLU(0.2))

    # 第五层,全连接层,展平并与最后的全连接层连接
```

```
model.add(tf.keras.layers.Flatten())
model.add(tf.keras.layers.Dense(
    1, kernel_initializer=initializer,
    activation='sigmoid'))

# 输出判别模型的详细信息
model.summary()

return model
```

6.5.5 构建 GAN 模型训练器

复用6.4.5小节中的gan_trainer.py代码。

6.5.6 使用 LSUN 数据集训练

DCGAN通过Iterator接口实现读取LSUN数据集,代码如下:

```
#!/usr/bin/env python3
# -*- coding: UTF-8 -*-

import lmdb
import numpy as np
import tensorflow as tf


class LSUNReader:
    """
    LSUN数据集读取类,无须将lmdb数据库中的图片导出,直接读取即可
    优点:因为LSUN数据集巨大,仅仅一个bedroom的类别就包含了300多万张图片,
    如果解压缩,会生成太大的文件,难以处理,所以这里直接读取lmdb数据库(约54GB)
    """

    def __init__(self, db_path, batch_size=128):
        # lmdb 数据库所在的目录
        self.db_path = db_path
        self.batch_size = batch_size

    def __call__(self):
        """ 实现Iterator接口,遍历样本数据集 """
        # 打开lmdb数据库,只读
        env = lmdb.open(self.db_path, map_size=1099511627776,
                        max_readers=100, readonly=True)
        # 开启事务,只读
```

```
with env.begin(write=False) as txn:
    # 读取该数据库中图片的总数
    record_len = txn.stat()['entries']
    print("共有:{}个LSUN图片".format(int(record_len)))

    # 游标
    cursor = txn.cursor()

    # 遍历后续所有的图片
    for _, contents in cursor:
        # 将读取到的图片解码成RGB格式,并返回张量
        image = tf.image.decode_image(contents=contents, channels=3)

        # 将图片缩放到 64×64 大小
        image = tf.image.resize(image, [64, 64])

        # yield 关键字在 Python 中用于实现Iterator接口
        # 返回结果,下一次调用此函数时接着此处继续运行
        yield image
```

6.5.7 保存生成的图片

保存各个轮次、特定训练步数(save_image_steps)生成模型生成的图片,代码如下:

```
def save_images(generator, epoch, global_step):
    """
    利用生成模型生成图片,然后保存到指定的文件夹下

    参数:
        generator: 生成模型,已经过epoch轮训练
        seed: 生产图片用的随机数种子保持不变,目的是观察生成模型随着训练轮数的增加,生成
            图片的变化
        epoch: 训练的轮数
        global_step: 训练的步骤数
        test_input: 测试用的随机噪声
        image_dir: 用于存放生成图片的路径
    """
    # 创建图片保存的目录
    image_dir = './logs/dcgan_lsun/image/'
    os.makedirs(image_dir, exist_ok=True)

    # 生成10行、10列的图片,每张图片代表一个手写数字
    rows, cols = 6, 10
    fig, axs = plt.subplots(rows, cols)
    for i in range(rows):
        # 生成一行0~9的数字
```

```
        noise = np.random.normal(0, 1, (cols, 100))
        sampled_labels = np.arange(0, cols).reshape(-1, 1)
        gen_imgs = generator.predict([noise, sampled_labels])

        for j in range(cols):
            # 将生成的数据映射回[0,1]区间(jpg格式的彩色图片)
            axs[i, j].imshow( (gen_imgs[i] * 1.0)/2.0 )
            axs[i, j].axis('off')

    # 逐级创建目录,如果目录已存在,则忽略
    os.makedirs(image_dir, exist_ok=True)
    tmp = os.path.join(image_dir, 'image_epoch_{:04d}_step_{:05d}.png')
    image_file_name = tmp.format(epoch, global_step)
    fig.savefig(image_file_name)
    plt.close()

    tmp = "第 {}轮, 第 {}步, 保存图片:{}\n\n"
    print(tmp.format(epoch, global_step, image_file_name))
```

6.5.8 模型训练入口

模型训练的入口函数的主要工作包括构建 GAN 模型训练器,读取 LSUN 的样本数据,调用模型训练函数,完成模型训练。其具体代码如下:

```
def main(epochs=10, buffer_size=10000, batch_size=128,
        save_checkpoints_steps=100, save_image_steps=1000):
    """
    模型训练的入口函数

    参数:
        epochs:训练的轮数,每一轮的训练使用全部样本数据一次
        buffer_size:乱序排列时,乱序的缓存大小
        batch_size:批处理的大小
    Return:
        训练样本数据集
    """
    data_mdb = "./data/lsun/bedroom_train_lmdb/data.mdb"
    lock_mdb = "./data/lsun/bedroom_train_lmdb/lock.mdb"
    if not os.path.exists(data_mdb) or not os.path.isfile(data_mdb) \
        or not os.path.exists(lock_mdb) or not os.path.isfile(lock_mdb):
        print("\n出现错误,样本数据不存在! ")
        print("\n注意:要确保'./data/lsun/bedroom_train_lmdb'文件夹存在,")
        print("并且该文件夹下面存在 data.mdb 和 lock.mdb 两个文件。")
        print("自行下载:http://dl.yf.io/lsun/scenes/bedroom_train_lmdb.zip,并解压
            到上述文件\n")
        exit(0)
```

```python
# 注意:要确保"./data/lsun/bedroom_train_lmdb"文件夹存在
# 并且该文件夹下面存在 data.mdb 和 lock.mdb 两个文件
# 自行下载:http://dl.yf.io/lsun/scenes/bedroom_train_lmdb.zip,并解压到上述文件
reader = ds.LSUNReader('./data/lsun/bedroom_train_lmdb/')

train_dataset = tf.data.Dataset.from_generator(
    reader, output_types=tf.float32, output_shapes=[64, 64, 3])
train_dataset = train_dataset.prefetch(
    buffer_size).shuffle(buffer_size).batch(batch_size)

# 构建GAN模型训练器
trainer = gan_trainer.GANTrainer(
    # 生成模型构建函数
    generator=create_generator_model,
    # 生成模型的优化器
    # 加快速度
    generator_optimizer=tf.keras.optimizers.Adam(0.0002, beta_1=0.5),
    # 判别模型构建函数
    discriminator=create_discriminator_model,
    # 判别模型的优化器
    # 加快速度
    discriminator_optimizer=tf.keras.optimizers.Adam(0.0002, beta_1=0.5),
    name='dcgan_lsun'
)
print('\n开始训练 ...')

# 为避免生成模型坍塌,每训练两次生成模型,才训练一次判别模型
return trainer.train(train_dataset, epochs, adventage=2,
                     save_checkpoints_steps=save_checkpoints_steps,
                     save_image_steps=save_image_steps,
                     save_image_func=save_images)

# 入口函数,训练30轮次
main(30, buffer_size=3000, batch_size=256,
    save_checkpoints_steps=100, save_image_steps=1000)
```

第7章

CGAN

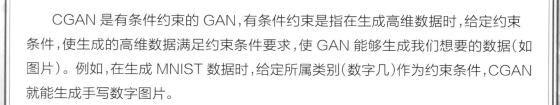

　　CGAN 是有条件约束的 GAN,有条件约束是指在生成高维数据时,给定约束条件,使生成的高维数据满足约束条件要求,使 GAN 能够生成我们想要的数据(如图片)。例如,在生成 MNIST 数据时,给定所属类别(数字几)作为约束条件,CGAN 就能生成手写数字图片。

7.1 CGAN概述

原始的GAN在生成高维度数据时,只能随机生成,无法生成给定条件的数据。这极大地限制了GAN的应用范围,因为仅仅生成足够真实的数据(如图片)没有太大的意义,只要架起高清照相机,就能够得到足够多真实的图片,所以,只有能够生成指定条件的数据才有意义。

CGAN将数字类别作为约束条件与随机噪声一起输入生成模型,使生成模型能够生成指定的手写数字。

7.1.1 CGAN模型架构

CGAN模型架构如图7-1所示。

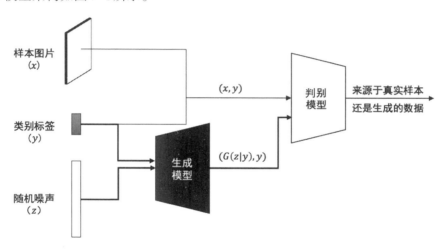

图7-1 CGAN模型架构

从图7-1中可以看出,样本数据中的样本图片(x)和类别标签(y)一起输入判别模型,除此之外,输入判别模型的还有生成模型生成的图片($G(z|y)$)与类别标签(y),判别模型的目标是将它们区分开。生成模型的输入是类别标签(y)和随机噪声(z),输出是生成的手写数字图片。需要注意的是,这里的类别标签(y)来源于样本数据,而不是随机生成的标签,只有这样,生成模型才能学习到如何生成指定类别的手写数字。

7.1.2 生成模型架构

CGAN的生成模型架构如图7-2所示。首先将输入的类别标签(y)和随机噪声(z)分别与包含200个和1000个神经元的全连接层连接(类别标签先被转换成one-hot张量),该全连接层之后紧接着一个批量正则化层,激活函数采用的是ReLU。

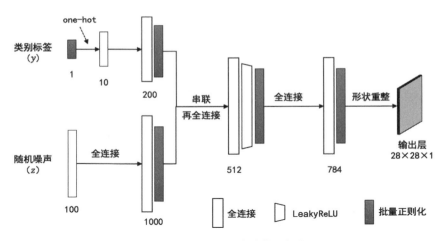

图 7-2　CGAN 的生成模型架构

　　然后将上述两个全连接层串联起来,与一个包含512个神经元的全连接层连接起来,紧接着是LeakyReLU激活函数和批量正则化函数。需要说明的是,在原始的CGAN论文中,该层是1200个神经元,但是在实际模型训练过程中,笔者发现512个神经元模型更容易训练。

　　最后连接到包含784个神经元的全连接层,采用sigmoid激活函数,紧接着是批量正则化层。由于sigmoid输出的取值范围是$[0,1]$,因此在模型训练阶段读取样本数据时,需要将样本数据的取值范围从$[0,255]$映射到$[0,1]$,这样真实的样本数据和生成的数据取值范围才有可能一致。对应地,在展示生成的图片时,需要将生成的数据取值范围映射到$[-1,1]$,才能正确地显示图片,否则生成的图片会发灰、发白,看起来很模糊。

7.1.3　判别模型架构

　　CGAN的判别模型架构如图7-3所示。首先将样本数据的样本图片(x)与一个$k=5$、输出神经元个数为240的Maxout网络层连接。Maxout网络层是全连接层的变种,原理和实现代码见7.1.4和7.1.5小节。类别标签(y)与一个$k=5$、输出神经元个数为50的Maxout网络层连接。

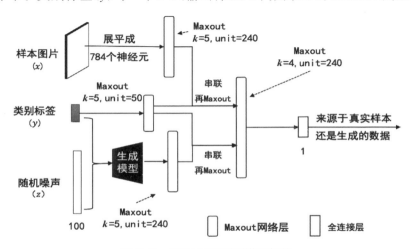

图 7-3　CGAN的判别模型架构

其次将上述两个 Maxout 网络层的输出结果串联起来,再与一个 $k=4$、输出神经元个数为 240 的 Maxout 网络层连接。

最后将上述 Maxout 网络层的输出结果连接到一个只包含一个神经元的全连接层,该全连接层采用 sigmoid 作为激活函数。

7.1.4　Maxout 网络层原理

Maxout 网络层是原始全连接层的变种。原始全连接层的计算过程如图 7-4 所示。图 7-4 展示了输入 x_1、x_2,输出 y 的计算过程。其中,f 是激活函数,w_1、w_2 是权重,b 是偏置项。

仍然以输入 x_1、x_2,输出 y 为例,展示 Maxout 网络层的计算过程,如图 7-5 所示。从图 7-5 中可以看出,与原始的全连接层神经网络相比,Maxout 网络层中多了一个包含 k 个神经元的隐藏层,输入的 x_1、x_2 分别与这 k 个神经元连接,对应的使用 k 组 (w_1, w_2, b) 权重参数,输出 k 个 y,然后将这 k 个 y 输入给求最大值(max)函数,将求出的最大值作为 Maxout 的最终输出。

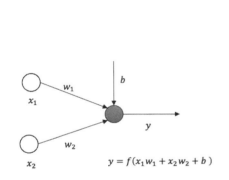

图 7-4　原始全连接层的计算过程

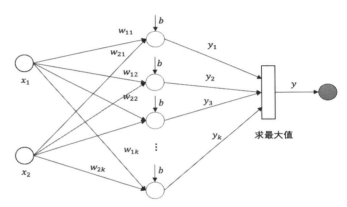

图 7-5　Maxout 网络层的计算过程

7.1.5　Maxout 网络层实现

Maxout 没有内置在 TensorFlow 2.0 的版本中,所以本小节来实现一个简单的自定义 Maxout 网络层,命名为 MaxoutDense。

实现自定义的 Maxout 网络层,需要先实现一个继承 tf.keras.layers.Layer 的 MaxoutDense 类,实现它的初始化函数、buid 函数及 call 函数。其中,初始化函数用于接收 MaxoutDense 的超参,如 k 和 output_dims。build 函数用于对权重参数进行初始化,它由父类在调用 call 函数之前自动调用。由于初始化参数时需要根据输入张量的形状来计算参数的形状,因此 build 的输入参数是 input_shape,代表输入张量的形状。最后是 call 函数,其输入参数是输入张量,call 函数用于执行最终的计算。

Maxout 网络层的实现代码如下,将本代码保存到 maxout.py 文件中备用:

```python
#!/usr/bin/env python3
# -*- coding: UTF-8 -*-

from __future__ import absolute_import
from __future__ import division
from __future__ import print_function

import tensorflow as tf  # TensorFlow 2.0

class MaxoutDense(tf.keras.layers.Layer):
    def __init__(self, k, output_dims, kernel_initializer=None):
        """
        参数:
            k: k个神经元一组
            output_dims: 输出的神经元个数
            kernel_initializer: 参数初始化器,GAN模型训练困难,参数初始化必须小心
            在这里采用均值为0.0、方差为0.02的正态分布随机数来填充
        """
        super(MaxoutDense, self).__init__()
        self.k = k
        self.output_dims = output_dims
        if kernel_initializer is None:
            kernel_initializer = tf.random_normal_initializer(
                mean=0.0, stddev=0.02)
        self.kernel_initializer = kernel_initializer

    def build(self, input_shape):
        """
        在调用call之前,根据输入张量的形状初始化变量
        在调用call函数之前,由父类自动调用
        """

        d = input_shape[-1]

        self.W = tf.Variable(self.kernel_initializer(
            shape=[d, self.output_dims, self.k]))
        self.b = tf.Variable(self.kernel_initializer(
            shape=[self.output_dims, self.k]))

    def call(self, input):
        """
        执行Maxout计算
        """
        z = tf.tensordot(input, self.W, axes=1) + self.b
        # 对k组输出结果求最大值
        z = tf.reduce_max(z, axis=2)

        return z
```

Maxout网络层的调用示例代码如下：

```
# 将图像连接到k=5、输出神经元个数为240的Maxout层
image_h0 = MaxoutDense(k=5, output_dims=240)(image)

# 将k=5、输出神经元个数为240的Maxout层增加到模型中
model = Sequential( )
model.add(MaxoutDense(k=5, output_dims=50))
```

7.2 在MNIST数据集上的实现

7.2.1 构建CGAN对象

这里创建CGANOrig对象来实现整个CGAN，构建原始CGAN对象的代码如下：

```
#!/usr/bin/env python3
# -*- coding: UTF-8 -*-

from __future__ import absolute_import
from __future__ import division
from __future__ import print_function

import os
import time
import numpy as np
import matplotlib.pyplot as plt

import tensorflow as tf  # TensorFlow 2.0

# 导入常用模型
from tensorflow.keras.models import Sequential, Model

# 导入全连接层、批量标准化层、带泄漏的激活函数、激活函数
from tensorflow.keras.layers import Input, Dense, Embedding, Reshape, Flatten
from tensorflow.keras.layers import BatchNormalization, Dropout, LeakyReLU
from tensorflow.keras.layers import Activation

# 注意,这里的gan_trainer必须与模型训练器的文件名一致
import cgan_trainer
```

```
# maxout 必须与 maxout 的文件名一致
from maxout import MaxoutDense

# 确保运行环境是 TensorFlow 2.0
assert tf.__version__.startswith('2')


class CGANOrig():
    def __init__(self, noise_dim=100, n_classes=10, name='CGANOrig'):
        self.noise_dim = noise_dim
        self.n_classes = n_classes
        self.name = name
```

7.2.2 构建生成模型

构建原始CGAN生成模型的代码如下：

```
def build_generator(self, noise_dim=100):
    """
    构建生成模型。输入随机噪声和标签,输出代表图片的张量

    首先,随机噪声与一个包含200个神经元的全连接层连接;标签首先转换成one-hot张量,
    再与包含1000个神经元的全连接层连接,并且将以上两个全连接层串联起来,构成包含
    1200个神经元的全连接层

    其次,将上述全连接层与第二个隐藏层连接,第二个隐藏层依然是包含512个神经元的全
    连接层,采用概率为0.5的Dropout

    最后,连接到包含784个神经元的全连接层,采用sigmoid激活函数,并且将形状重整
    为[28, 28, 1]

    注意:由于最后的激活函数是sigmoid,因此生成的像素的取值范围是[0, 1],这与常
    见的采用tanh作为激活函数不同,采用tanh作为激活函数输出的像素取值范围是[-1, 1]
    """
    # 所有参数都采用均值为0、方差为0.02的正态分布随机数来初始化
    initializer = tf.keras.initializers.RandomNormal(
        mean=0.0, stddev=0.02)

    # 使用顺序模型来构建生成模型
    model = Sequential(name='orig_cgan_generator')
    # 将输入的1200个神经元连接到包含512个神经元的全连接层
    model.add(Dense(units=512, kernel_initializer=initializer,
                    input_shape=(1200,)))
    model.add(LeakyReLU(alpha=0.2))
    model.add(BatchNormalization(momentum=0.8))
```

```python
# 在 CGAN 论文中,介绍生成模型、判别模型都采用概率为 0.5 的 Dropout
# 但是,没有详细指出放在哪个层后面。在实际的运行中,发现采用
# 概率为 0.5 的 Dropout 之后,CGAN 模型很难训练,所以这里没有采用它
# model.add(Dropout(0.5))

# 原始的 CGAN 论文中,最后一层的激活函数就是 sigmoid
# 所以原始的 GAN 生成的像素取值范围是[0, 1],在图片展示时需要转换
# 将[0, 1]映射到[0, 255]。对应地,在读取 MNIST 数据集时,也需要将样本数
# 据从[0, 255]映射到[0, 1]的取值区间
model.add(Dense(units=784, kernel_initializer=initializer,
                activation='sigmoid'))
# 形状重整,输出[28, 28, 1]的张量
model.add(Reshape((28, 28, 1)))

# 输出模型的详细信息,包括各层的名称、参数数量等
# 可以用于与设计的模型架构比较,检查模型的实现与设计的是否一致
model.summary()

# 构建生成模型的输入张量[noise, label]
noise = Input(shape=(self.noise_dim,))
label = Input(shape=(1,), dtype='int32')
# 将输入标签转换成 one-hot 张量
one_hot_label = tf.one_hot(label, self.n_classes, dtype=tf.float32)
one_hot_label = tf.reshape(one_hot_label, shape=(-1, 10))

# 输入的随机噪声与一个包含 200 个神经元的全连接层连接,采用 ReLU 激活函数
noise_h0 = Dense(units=200, kernel_initializer=initializer,
                 activation='relu')(noise)
noise_h0 = BatchNormalization(momentum=0.8)(noise_h0)

# 输入的标签与一个包含 1000 个神经元的全连接层连接,采用 ReLU 激活函数
label_h0 = Dense(units=1000, kernel_initializer=initializer,
                 activation='relu')(one_hot_label)
label_h0 = BatchNormalization(momentum=0.8)(label_h0)

# 将上述两个全连接层的输出串联起来
model_input = tf.concat([noise_h0, label_h0], axis=1)

# 构建生成模型,从输入到输出
gen_imgs = model(model_input)
return Model(inputs=[noise, label], outputs=gen_imgs)
```

原始 CGAN 生成模型的网络详细信息以及各个网络层的参数信息如下:

```
Model: "orig_cgan_generator"
_____
Layer (type)                    Output Shape              Param #
=================================================================
```

```
dense (Dense)                    (None, 512)              614912

leaky_re_lu (LeakyReLU)          (None, 512)              0

batch_normalization (BatchNo     (None, 512)              2048

dense_1 (Dense)                  (None, 784)              402192

reshape (Reshape)                (None, 28, 28, 1)        0
=================================================================
Total params: 1,019,152
Trainable params: 1,018,128
Non-trainable params: 1,024
```

从详细信息中可以看出,生成模型共包含1018128个(大约100万个)可训练参数,可训练参数的数量代表模型的性能。在 GAN 中,生成模型和判别模型的性能必须匹配,因此判别模型的参数数量也应该在100万个左右。

7.2.3 构建判别模型

构建原始CGAN判别模型的代码如下:

```python
def build_discriminator(self):
    """
    构建判别模型

    首先,将输入图像和标签分别与k=5、输出神经元个数为240和k=5、输出神经元
    个数为50的Maxout层连接,并且将输出结果串联起来

    其次,将上述串联起来的网络层与k=4、输出神经元为240的Maxout层连接起来

    最后,将上述Maxout层与包含一个神经元的全连接层连接起来,采用sigmoid激活
    """
    # 所有参数都采用均值为0、方差为0.02的正态分布随机数来初始化
    initializer = tf.random_normal_initializer(mean=0.0, stddev=0.02)

    # 构建判别模型。顺序模型便于编译,提高速度;也便于训练
    model = Sequential(name='orig_cgan_discriminator')
    # 最后一层,用于分类
    model.add(Dense(units=1, kernel_initializer=initializer,
                    input_shape=(240,), activation='sigmoid'))
    # CGAN论文中提到需要采用0.5的Dropout,但是由于训练困难,因此没有采用
    # model.add(Dropout(0.5))

    # 输出判别模型的详细信息,包括各个网络层的参数配置等详细信息
```

```
model.summary()

# 构建判别模型的输入张量,分别是图像和标签
image_input = Input(shape=(28, 28, 1))
label_input = Input(shape=(1,), dtype=tf.int32)

# 将输入图像整理展平
image = tf.reshape(image_input, shape=(-1, 784))
# 将标签转换成one-hot张量并展平
one_hot_label = tf.one_hot(
    label_input, self.n_classes, dtype=tf.float32)
one_hot_label = tf.reshape(one_hot_label, shape=(-1, 10))

# 将图像连接到k=5、输出神经元个数为240的Maxout层
image_h0 = MaxoutDense(k=5, output_dims=240)(image)
# 将标签连接到k=5、输出神经元个数为50的Maxout层
label_h0 = MaxoutDense(k=5, output_dims=50)(one_hot_label)

# 将上述两个Maxout层的输出串联起来
h0_layer = tf.concat([image_h0, label_h0], axis=1)

# 再连接到k=4、输出神经元个数为240的Maxout层
h1_layer = MaxoutDense(k=4, output_dims=240)(h0_layer)

# 使用输入、输出张量构建判别模型
real_or_fake = model(h1_layer)
return Model(inputs=[image_input, label_input], outputs=real_or_fake)
```

原始CGAN判别模型的详细信息如下:

```
Model: "orig_cgan_discriminator"

_____
Layer (type)                 Output Shape              Param #
=================================================================
dense_4 (Dense)              (None, 1)                 241
=================================================================
Total params: 241
Trainable params: 241
Non-trainable params: 0
_____
```

从判别模型的详细信息中看到,其只有241个参数。这是因为其没有包含三个Maxout网络层的参数数量(Maxout网络层没有包含在顺序模型的对象中),如果把这三个Maxout网络层加上,参数数量大约是129万个。三个Maxout网络层的参数数量如下。

(1)图像连接的$k=5$、输出神经元个数为240的Maxout网络层参数数量为944720,计算过程如下:

$$784×(240+1)×5= 944720$$

（2）标签连接的 $k=5$、输出神经元个数为 50 的 Maxout 网络层参数数量为 2550，计算过程如下：

$$10×(50+1)×5=2550$$

（3）上述两个 Maxout 输出结果串联，再与 $k=5$、输出神经元个数为 240 的 Maxout 网络层连接，计算过程如下：

$$290×(240+1)×5=349450$$

综上所述，CGAN 的判别模型总共包含了大约 129 万个参数，数量与生成模型相当。

7.2.4 构建 CGAN 模型训练器

CGAN 的生成模型和判别模型的输入参数与普通 GAN 的输入参数不同，为了提高模型的执行效率，这里重新构建 CGAN 模型训练器，而不是简单复用之前的 gan_trainer.py。建议将本小节的代码保存为 cgan_trainer.py，以便复用。

1. 构建 CGAN 训练器对象

构建 CGAN 训练器对象主要包含以下三个步骤。

（1）初始化 CGAN 训练器对象。保存必要的参数，如生成模型对象、判别模型对象、生成模型优化器、判别模型优化器、随机噪声的长度、类别标签的长度等。

（2）创建检查点对象。经过特定的训练步骤，将检查点保存一次，以便下一次能够从上一次保存的地方开始训练，而不用每次都从头开始。

（3）编译判别模型和生成模型。判别模型直接编译即可。对于生成模型，需要将生成模型的输出结果直接连接到判别模型，然后将从输入到生成模型再到最终判别模型的输出部分构建一个整体的模型，将其中判别模型部分的参数设置为不可训练，用于训练生成模型。

示例代码如下：

```
#!/usr/bin/env python3
# -*- coding: UTF-8 -*-

from __future__ import absolute_import
from __future__ import division
from __future__ import print_function

import os
import time
import numpy as np
import matplotlib.pyplot as plt
from IPython import display

import tensorflow as tf  # TF2

from tensorflow.keras.layers import Input, Dense, Reshape, Flatten, Dropout
from tensorflow.keras.models import Sequential, Model
```

```python
# 确保代码的运行环境是 TensorFlow 2.0
assert tf.__version__.startswith('2')


class CGANTrainer(object):
    """
    通用的 GAN 模型训练器,用于只包含两个生成模型和判别模型的 GAN 模型训练

    Args:
      generator: 创建生成模型函数
      discriminator: 创建判别模型函数
      g_optimizer: 生成模型优化器
      d_optimizer: 判别模型优化器
      noise_dim: 随机噪声的长度
      n_classes: 手写数字所属类别的数量(0~9,共 10 个)
      name: GAN 模型的名称,如 DCGAN、CGAN 等
    """

    def __init__(self, generator, discriminator,
                 g_optimizer=tf.keras.optimizers.Adam(),
                 d_optimizer=tf.keras.optimizers.Adam(),
                 noise_dim=100, n_classes=10,
                 name="cgan_trainer"):
        self.generator = generator
        self.discriminator = discriminator

        self.g_optimizer = g_optimizer
        self.d_optimizer = d_optimizer
        self.name = name

        # 创建保存模型用的文件目录(如果已存在,则忽略)
        self.model_dir = "./logs/{}/model/".format(name)
        os.makedirs(self.model_dir, exist_ok=True)

        self.noise_dim = noise_dim
        self.n_classes = n_classes

        # 检查点保存函数,用于从上一次的保存点继续训练
        self.checkpoint = tf.train.Checkpoint(
            # 训练的步数(全局步数)
            global_step=tf.Variable(1),
            # 训练的轮次
            epoch=tf.Variable(1),
            # 随机噪声张量的元素个数
            noise_dim=tf.Variable(self.noise_dim),
            # 保存生成模型、判别模型和它们的优化器
```

```
            generator=self.generator,
            discriminator=self.discriminator,
            g_optimizer=self.g_optimizer,
            d_optimizer=self.d_optimizer
        )

        # 编译判别模型
        self.discriminator.compile(loss=['binary_crossentropy'],
                                   optimizer=self.d_optimizer,
                                   metrics=['accuracy'])

        # 将生成模型和判别模型连接在一起并编译
        # 这样训练生成模型时,可以将误差直接传递给生成模型
        # 以便于生成模型尽可能地欺骗判别模型
        noise = Input(shape=(self.noise_dim,), dtype=tf.float32)
        label = Input(shape=(1,), dtype=tf.int32)

        # 生成模型生成的图像
        gen_img = self.generator([noise, label])

        # 固定判别模型参数,训练生成模型
        self.discriminator.trainable = False

        # 判别模型辨别的结果
        real_of_fake = self.discriminator([gen_img, label])

        # 整合的CGAN模型,将生成模型直接连接到判别模型上,以便训练生成模型
        self.cgan_model = Model(inputs=[noise, label], outputs=real_of_fake)
        # 编译CGAN模型
        self.cgan_model.compile(loss=['binary_crossentropy'],
                                optimizer=self.g_optimizer)
```

2. 从检查点恢复模型函数

检查是否有之前保存的检查点,如果有,则从之前保存的检查点加载模型,这样可以从上一次的保存点接着训练,而不是从头开始,节省训练时间。示例代码如下:

```
def restore_checkpoint(self, manager):
    # 如果有,则加载上一次保存的模型
    self.checkpoint.restore(manager.latest_checkpoint)

    # 检查是否加载成功
    if manager.latest_checkpoint:
        print("从上一次的保存点恢复:{}\n".format(manager.latest_checkpoint))
        self.epoch = self.checkpoint.epoch
        self.global_step = self.checkpoint.global_step
        self.noise_dim = self.checkpoint.noise_dim
        self.generator = self.checkpoint.generator
```

```
        self.discriminator = self.checkpoint.discriminator
        self.g_optimizer = self.checkpoint.g_optimizer
        self.d_optimizer = self.checkpoint.d_optimizer
    else:
        # 使用默认的生成模型和判别模型(构建模型训练器时已创建,这里无须创建)
        print("重新创建模型。\n")
```

3. CGAN模型训练

CGAN模型训练主要包含以下两个步骤。

(1)调用从检查点恢复的函数,尝试恢复之前保存的模型。

(2)逐个轮次、逐个批次地训练CGAN模型。

示例代码如下:

```
def train(self, dataset, epochs=10, batch_size=128, noise_dim=100,
        adventage=1, save_checkpoints_steps=100, show_msg_steps=10,
        sample_image_steps=1000, save_image_func=None):
    """
    GAN模型训练,共训练epochs轮次

    Args:
        dataset: 训练数据集。
        epochs: 训练轮次
        batch_size: 每个训练批次使用的样本数量
        noise_dim: 随机噪声张量长度
        adventage: 为了避免生成模型坍塌,每训练生成模型adventage次,才训练
                判别模型一次
        save_checkpoints_steps: 每训练save_image_func步,保存一次模型
        sample_image_steps: 每训练sample_image_steps步,保存图片一次
        save_image_func: 保存生成图片的函数
    """
    # 检查是否有上一次训练过程中保存的模型
    manager = tf.train.CheckpointManager(
        self.checkpoint, self.model_dir, max_to_keep=5)
    self.restore_checkpoint(manager)

    # 开始训练模型
    time_start = time.time()
    one_logits = np.ones((batch_size, 1))
    zero_logits = np.zeros((batch_size, 1))

    # 从1开始计算轮数,轮数保存在checkpoint对象中,每次从上一次的轮数开始
    epoch_start = int(self.checkpoint.epoch)
    for epoch in range(epoch_start, epochs):
        # 对本轮所有的样本数据进行逐个批次的训练
        for images, labels in dataset:
            # 当前进行了多少个批次的训练(第几步)
```

```python
step = int(self.checkpoint.global_step)

# 随机噪声的长度,等于noise_dim
noise = tf.random.normal([batch_size, noise_dim])


# ---------------------
#   训练判别模型
# ---------------------
if step % adventage == 0:
    # 调用生成模型生成图片
    gen_imgs = self.generator.predict([noise, labels])

    # 训练判别模型
    d_loss_real = self.discriminator.train_on_batch(
        [images, labels], one_logits)

    # 注意:这里的labels是真实样本的labels,不能是随机生成的数字
    # 这样判别模型才能知道如何学习样本数据的分布
    d_loss_fake = self.discriminator.train_on_batch(
        [gen_imgs, labels], zero_logits)
    d_loss = 0.5 * np.add(d_loss_real, d_loss_fake)

# ---------------------
#   训练判别模型
# ---------------------
# 以数字类别为限制条件
sampled_labels = tf.keras.backend.random_uniform(
    [batch_size], 0, 10, dtype=tf.int32)

# 训练生成模型
g_loss = self.cgan_model.train_on_batch(
    [noise, sampled_labels], one_logits)


time_end = time.time()

# 输出控制台日志,显示训练进程
if step % 10 == 0:
    tmp = "第 {}轮, 第 {}步, 生成模型损失:{:.8f} "
    +"判别模型损失:{:.8f}, 准确率:{:.2f}%。"
    print(tmp.format(epoch, step, g_loss,
                     d_loss[0], 100*d_loss[1]))

# 每训练save_checkpoints_steps步,保存一次模型
if step % save_checkpoints_steps == 0:
    save_path = manager.save()
    tmp2 = "用时: {:.2f}秒。保存模型,文件名: {}\n"
    print(tmp2.format(time_end-time_start, save_path))
```

```
                time_start = time_end

            # 每训练save_checkpoints_steps步,保存一次图片
            if step % sample_image_steps == 0:
                save_image_func(self.generator, epoch, step)

            self.checkpoint.global_step.assign_add(1)

        # 完成一轮训练,轮次增加一次
        self.checkpoint.epoch.assign_add(1)
```

7.2.5　保存生成的图像

　　每经过特定训练步骤,调用生成模型保存一次图像,用于展示随着训练量的增加,生成的图片逐渐正确和清晰的过程。需要特别指出的是,原始CGAN最后一层采用sigmoid,所以生成像素的取值范围是$[0,1]$,需要将像素的取值范围映射回$[0,255]$。

　　其具体代码如下:

```
def save_images(self, generator,  epoch, global_step):
    """
    利用生成模型生成图片,然后保存到指定的文件夹下

    参数:
        generator: 生成模型,已经过epoch轮训练
        epoch: 训练的轮数
        global_step: 训练的步骤数
     """

    image_dir = './logs/{}/image/'.format(self.name)
    os.makedirs(image_dir, exist_ok=True)

    # 输出10行、10列,共计100个手写数字图片
    rows, cols = 10, 10
    fig, axs = plt.subplots(rows, cols)
    for i in range(rows):
        # 每次生成10张图片,代表数字0~9
        noise = np.random.normal(0, 1, (cols, 100))
        sampled_labels = np.arange(0, cols).reshape(-1, 1)
        gen_imgs = generator.predict([noise, sampled_labels])

        # 将生成图片的像素取值范围从[0, 1]映射到[0, 255]
        gen_imgs = gen_imgs * 255.0
        for j in range(cols):
            axs[i, j].imshow(gen_imgs[j, :, :, 0], cmap='gray')
            # 第一行时,显示对应的数字
```

```
        if i == 0:
            axs[i, j].set_title("{}".format(sampled_labels[j][0]))
        axs[i, j].axis('off')

# 逐级创建目录,如果目录已存在,则忽略
os.makedirs(image_dir, exist_ok=True)
# 保存图片
tmp = os.path.join(
    image_dir, 'image_epoch_{:04d}_step_{:05d}.png')
image_file_name = tmp.format(epoch, global_step)
fig.savefig(image_file_name)
plt.close()


# 输出日志
tmp = "第 {}轮, 第 {}步, 保存图片:{}\n\n"
print(tmp.format(epoch, global_step, image_file_name))
```

7.2.6　读取MNIST数据集

读取 MNIST 数据集,然后将图片像素的取值范围从$[0, 255]$映射到$[0, 1]$区间,因为原始 CGAN 的生成模型的最后一层采用 sigmoid 激活函数,生成的像素取值范围是$[0, 1]$。将样本数据的取值范围也映射到这一取值范围,便于生成模型学习样本数据的分布。

其具体代码如下:

```
def read_mnist(self, buffer_size, batch_size):
    """
    读取MNIST数据集

    参数:
        buffer_size:乱序排列时,乱序的缓存大小
        batch_size:批处理的大小
    Return:
        训练样本数据集
    """
    # 读取MNIST样本数据
    (train_images, train_labels), (_, _) = \
        tf.keras.datasets.mnist.load_data()
    train_images = tf.expand_dims(train_images, axis=-1)

    # 将MNIST的像素取值区间从[0, 255]映射到[0, 1]
    # 因为原始的GAN生成模型的最后一层采用sigmoid激活函数
    train_images = tf.cast(train_images, tf.float32) / 255.0

    # 对样本数据进行乱序排列,并按照batch_size大小划分成不同批次的数据
    train_ds = tf.data.Dataset.from_tensor_slices(
```

```
                   (train_images, train_labels))
        train_ds = train_ds.shuffle(buffer_size)
        # drop_remainder=True 可以确保最后一个batch的数量不变,避免因为
        # 输入张量尺寸不匹配而导致异常
        train_ds = train_ds.batch(batch_size, drop_remainder=True)
        return train_ds
```

7.2.7　模型训练

原始 CGAN 模型采用随机梯度下降法来训练模型,初始学习率设置为 0.1,衰减率设置为 1.00004,优化器的动量设置为 0.5。其具体代码如下:

```
def main(self, epochs=10, buffer_size=10000, batch_size=128, adventage=1,
        save_checkpoints_steps=100, sample_image_steps=1000):
    """
    模型训练的入口函数

    参数:
        epochs:训练的轮数,每一轮的训练使用全部样本数据一次
        buffer_size: 乱序排列时,乱序的缓存大小
        batch_size: 批处理的大小
        adventage: 为了避免生成模型坍塌,每训练生成模型 adventage 次,才训练判别模
                    型一次
        save_checkpoints_steps: 每训练 save_image_func 步,保存一次模型
        sample_image_steps: 每训练 sample_image_steps 步,调用生成模型生成一次图片
    """

    # 读取训练样本数据集
    train_dataset = self.read_mnist(
        buffer_size=buffer_size, batch_size=batch_size)

    # 学习率的调度计划,初始学习率为0.1,每经过200个步骤,采用1.00004衰减一次
    lr_schedule = tf.keras.optimizers.schedules.ExponentialDecay(
        0.1,
        decay_steps=200,
        decay_rate=1.00004)

    # 优化器的动量设置为0.5
    g_optimizer = tf.keras.optimizers.SGD(
        learning_rate=lr_schedule, momentum=0.5)
    d_optimizer = tf.keras.optimizers.SGD(
        learning_rate=lr_schedule, momentum=0.5)

    # 构建GAN模型训练器
    trainer = cgan_trainer.CGANTrainer(
        # 生成模型构建函数
```

```
                generator=self.build_generator(),
                # 生成模型的优化器
                g_optimizer=g_optimizer,
                # 判别模型构建函数
                discriminator=self.build_discriminator(),
                # 判别模型的优化器
                d_optimizer=d_optimizer,
                # 模型的名称
                name=self.name)

        print('\n开始训练 ...')
        return trainer.train(train_dataset, epochs,
                            batch_size=batch_size, adventage=adventage,
                            save_checkpoints_steps=save_checkpoints_steps,
                            sample_image_steps=sample_image_steps,
                            save_image_func=self.save_images)


if __name__ == '__main__':
    cgan = CGANOrig(name="c_gan_orig")
    cgan.main(epochs=1000, buffer_size=60000,
            batch_size=100, adventage=1,
            save_checkpoints_steps=200,
            sample_image_steps=200)
```

7.2.8 生成图片展示

经过大约10000步的训练,生成的图片如图7-6所示。

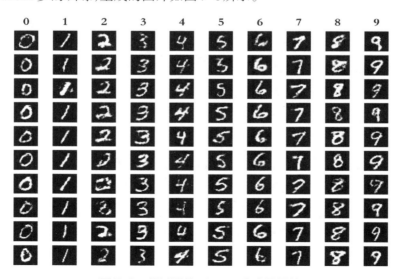

图7-6 经过训练,CGAN生成的图片

7.3　CGAN的改进版本

CGAN模型训练极不稳定,同一段代码,多次执行的结果不同。因此,CGAN的初始化随机数、优化器的初始学习率、批次样本数量(batch_size)都需要仔细设置。

7.3.1　CGAN训练困难

CGAN模型训练不稳定,是因为GAN的生成模型和判别模型是相互对抗的。生成模型优化准确率提高之后,必然会相对增加判别模型的损失;同理,判别模型优化提升之后,必然会相对增加生成模型的损失。因此,并不能保证迭代优化的过程一直保持稳定,只有在生成模型和判别模型性能相当,能够相互促进、相互提高的情况下,二者才能达到都比较好的纳什均衡点,才能训练出理想的GAN模型。

使用横坐标表示生成模型从弱到强,纵坐标表示判别模型从弱到强,将生成模型和判别模型的相对强弱分成四个象限,如图7-7所示。

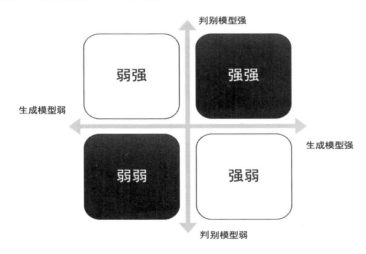

图7-7　GAN训练困难原理

图7-7右上角的"强强"象限展示了生成模型和判别模型都很强时的状态,此时,生成模型很强,能够生成足够逼真的高维度数据;判别模型也很强,能够发现极细微的瑕疵,迫使生成模型只有生成完美的图片,才有可能不被识别出来。此时生成模型和判别模型的损失都非常小,判别模型识别的准确率在50%左右(生成模型已经能生成真假难辨的数据了)。这是GAN模型训练的目标状态。

然而,GAN模型训练刚开始时,生成模型和判别模型的参数都是随机生成的,此时二者的能力都很弱,如何才能达到二者都很强的状态呢? 从图7-7中可以发现有两个途径,途径一是"弱弱→强弱→强强",途径二是"弱弱→弱强→强强"。表面上看,两条途径似乎都可行,其实不然。

途径一是"死路",模型训练不出来。因为当生成模型和判别模型进入生成模型强、判别模型弱的状态时,由于判别模型能力很弱,不管生成模型生成什么样的数据,判别模型都无法找到与真实样本的区别。可能生成模型生成的只是随机的、杂乱无章的图片,判别模型也无法区分,都给出满分的评价。由于生成模型的损失来源于判别模型,因此对于生成模型来说,判别模型给出的满分意味着自己已经没有改进的余地了,会停留在当前的状态,即使生成的数据质量依然很差。此时,生成模型和判别模型很容易达到纳什均衡点,二者的精度都无法继续提高。打个比方,这里的生成模型和判别模型就像学生和老师,学生跟老师学画画,学生胡乱涂抹几笔,由于老师水平很差,给出满分评价,于是让学生毕业了,但实际上,学生并没有真正学会画画。这里的生成模型强,只是相对于判别模型来说,根本原因在于判别模型太弱。判别模型太弱时,生成模型的损失往往是0,判别模型的损失很大,但是判别模型的准确率一般在50%左右(生成模型和判别模型都很弱的纳什均衡),见下文的"判别模型太弱示意"。

途径二是 GAN 模型训练较为理想的途径,此途径中判别模型较生成模型强大一些,能够发现生成模型的不足。生成模型根据判别模型的辨别结果不断改进提高;对应地,判别模型也能够根据生成模型重新生成的数据进行改进,更严格、更细致地发现样本数据与生成数据的区别,二者相辅相成,最终达到都很强的状态,见下文的"理想的训练过程示意"。

在途径二中还存在一个问题,如果开始时判别模型太强大,判别模型的损失极小,甚至等于0,此时生成模型无法根据判别模型反馈的损失进行优化,即损失无法降低,这也会导致生成模型坍塌。此时,生成模型的损失很大,判别模型的损失很小,甚至等于0,判别模型的准确率接近100%,见下文的"判别模型太强示意"。

1. 判别模型太弱示意

由于判别模型太弱,导致判别模型损失较大,生成模型损失为0,模型无法训练出来。示例如下:

```
第 1轮, 第 10步, 生成模型损失:0.00000000 判别模型损失:7.66661930, 准确率:50.00%。
第 1轮, 第 20步, 生成模型损失:0.00000000 判别模型损失:7.66661930, 准确率:50.00%。
第 1轮, 第 30步, 生成模型损失:0.00000000 判别模型损失:7.66661930, 准确率:50.00%。
第 1轮, 第 40步, 生成模型损失:0.00000000 判别模型损失:7.66661930, 准确率:50.00%。
第 1轮, 第 50步, 生成模型损失:0.00000000 判别模型损失:7.66661930, 准确率:50.00%。
第 1轮, 第 60步, 生成模型损失:0.00000000 判别模型损失:7.66661930, 准确率:50.00%。
第 1轮, 第 70步, 生成模型损失:0.00000000 判别模型损失:7.66661930, 准确率:50.00%。
第 1轮, 第 80步, 生成模型损失:0.00000000 判别模型损失:7.66661930, 准确率:50.00%。
第 1轮, 第 90步, 生成模型损失:0.00000000 判别模型损失:7.66661930, 准确率:50.00%。
第 1轮, 第 100步, 生成模型损失:0.00000000 判别模型损失:7.66661930, 准确率:50.00%。
```

2. 理想的训练过程示意

对于理想的训练过程,先是判别模型从样本数据中学习到样本的数据分布,所以它的准确率很快会接近100%(但不会一直是100%),然后生成模型才能从判别模型的判断结果中学习到样本数据的分布,此时判别模型的准确率往往比较高(较大幅度超过50%)。随着生成模型和判别模型交互迭代优化,它们的损失可能会经历先上升再下降的过程,不过这个过程中判别模型的准确率一般会持续超过50%,甚至更高(类似于老师的水平远高于学生,能够发现学生的不足)。随着训练过程的进行,判别模型的准确率会逐步下降,最终将会降低到50%左右(类似于老师的水平持续高于学生,但是学生的进步很快,最终赶上老师)。此时,生成模型和判别模型都很强,并且最终达到纳什均衡,这也正是GAN模型训练的目标。示例如下:

```
第 1轮, 第 10步, 生成模型损失:0.68494749 判别模型损失:0.66945112, 准确率:50.00%。
第 1轮, 第 20步, 生成模型损失:0.73468161 判别模型损失:0.62618923, 准确率:97.00%。
第 1轮, 第 30步, 生成模型损失:0.92679667 判别模型损失:0.46311498, 准确率:100.00%。
第 1轮, 第 40步, 生成模型损失:1.82918978 判别模型损失:0.16771699, 准确率:100.00%。
第 1轮, 第 50步, 生成模型损失:3.05646944 判别模型损失:0.10585432, 准确率:100.00%。
第 1轮, 第 60步, 生成模型损失:3.03387046 判别模型损失:0.50813872, 准确率:85.50%。
第 1轮, 第 70步, 生成模型损失:3.17508078 判别模型损失:0.22131103, 准确率:91.00%。
第 1轮, 第 80步, 生成模型损失:2.85236597 判别模型损失:0.62134880, 准确率:61.00%。
第 1轮, 第 90步, 生成模型损失:2.43225074 判别模型损失:0.32137743, 准确率:83.00%。
第 1轮, 第 100步, 生成模型损失:2.26243973 判别模型损失:0.35273081, 准确率:71.50%。
```

3. 判别模型太强示意

由于判别模型太强,损失为0(最后两行),准确率持续为100%,生成模型难以优化,损失不断增大,导致GAN模型训练过程不稳定。示例如下:

```
第 1轮, 第 410步, 生成模型损失:14.83271408 判别模型损失:0.00000170, 准确率:100.00%。
第 1轮, 第 420步, 生成模型损失:14.92788792 判别模型损失:0.00000128, 准确率:100.00%。
第 1轮, 第 430步, 生成模型损失:14.74285316 判别模型损失:0.00000173, 准确率:100.00%。
第 1轮, 第 440步, 生成模型损失:14.67000961 判别模型损失:0.00000167, 准确率:100.00%。
第 1轮, 第 450步, 生成模型损失:14.60208035 判别模型损失:0.00000228, 准确率:100.00%。
第 1轮, 第 460步, 生成模型损失:14.74922276 判别模型损失:0.00000068, 准确率:100.00%。
第 1轮, 第 470步, 生成模型损失:14.37574577 判别模型损失:0.00000090, 准确率:100.00%。
第 1轮, 第 480步, 生成模型损失:13.77709103 判别模型损失:0.00012683, 准确率:100.00%。
第 1轮, 第 490步, 生成模型损失:15.42494869 判别模型损失:0.00000000, 准确率:100.00%。
第 1轮, 第 500步, 生成模型损失:15.42494869 判别模型损失:0.00000000, 准确率:100.00%。
```

7.3.2 CGAN改进技巧

经过前面的分析,以及实际运行代码实践,总结出CGAN的改进技巧如下。

(1)建议判别模型的性能要略好于生成模型,但是也不宜相差太多。模型的性能可以根据模型的参数数量大致估计。

(2)参数初始化随机数:方差要小,不宜太大。实际案例中,采用均值为0.0、方差为0.02的正态分布效果较好。方差进一步增加会导致模型训练过程不稳定。

(3)优化器的初始化学习率:采用Adam优化器时,初始化学习率一般设置为0.0002、beta_1设置为0.5较好。当然,在原始的CGAN中,采用较高的初始化学习率0.1,对应地设置较高的学习率衰减率1.0004,优化器的动量系数设置为0.5。

根据以上思路,采用全连接神经网络来改进CGAN模型,因为全连接层神经网络的参数数量容易控制,不会出现Maxout那样因为系数k导致参数倍增的情况。

7.3.3 生成模型架构

改进后的CGAN生成模型架构如图7-8所示。输入的类别标签经过Embedding之后,变成长度为100的向量并与输入的随机噪声逐个元素相乘,然后经过四个神经元数量逐层翻倍,从256、512到1024的全连接层,最后连接到包含784个神经元全连接层,再整形成28×28×1的图形。

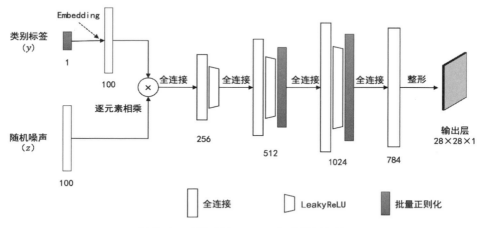

图7-8　改进后的CGAN生成模型架构

7.3.4 判别模型架构

改进后的CGAN判别模型架构如图7-9所示。输入的类别标签经过Embedding之后,与输入的图片逐个元素相乘,然后与四个全连接层相连,最终输出辨别结果。

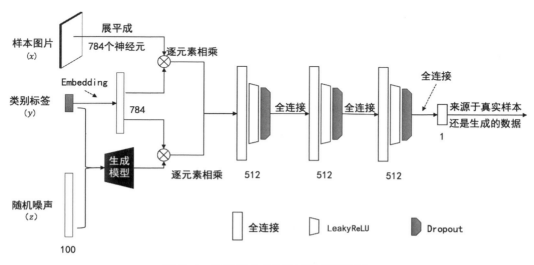

图7-9　改进后的CGAN判别模型架构

7.3.5　构建生成模型

构建改进后CGAN生成模型的代码如下：

```python
#!/usr/bin/env python3
# -*- coding: UTF-8 -*-

from __future__ import absolute_import
from __future__ import division
from __future__ import print_function


import os
import time
import imageio
import numpy as np
import matplotlib.pyplot as plt

import tensorflow as tf  # TensorFlow 2.0

# 导入常用模型
from tensorflow.keras.models import Sequential, Model

# 导入全连接层、批量标准化层、带泄漏的激活函数、激活函数
from tensorflow.keras.layers import Input, Dense, Embedding, Reshape, Flatten
from tensorflow.keras.layers import BatchNormalization, Dropout, LeakyReLU
from tensorflow.keras.layers import Activation

# 注意，这里的gan_trainer必须与模型训练器的文件名称一致
import cgan_trainer

# 确保运行环境是 TensorFlow 2.0
assert tf.__version__.startswith('2')


class CGAN():
    def __init__(self, noise_dim=100, n_classes=10, name='cgan'):
        self.noise_dim = noise_dim
        self.n_classes = n_classes
        self.name = name

    def build_generator(self, noise_dim=100):
        """
        构建生成模型，输入的是随机噪声的长度，输出的是代表图像的张量
        共有四个隐藏层：256->512->1024->784
        最后一层的激活函数必须是tanh，将生成的像素取值范围映射到[-1, 1]
        """
```

```
model = Sequential(name='cgan_generator')
model.add(Dense(256, input_dim=100))
model.add(LeakyReLU(alpha=0.2))
model.add(BatchNormalization(momentum=0.8))
model.add(Dense(512))
model.add(LeakyReLU(alpha=0.2))
model.add(BatchNormalization(momentum=0.8))
model.add(Dense(1024))
model.add(LeakyReLU(alpha=0.2))
model.add(BatchNormalization(momentum=0.8))

# 最后一层的激活函数必须是tanh
model.add(Dense(784, activation='tanh'))
model.add(Reshape((28, 28, 1)))

# 输出生成模型的详细信息
model.summary()

# 生成模型的输入,包括随机噪声(noise)和标签(label)
noise = Input(shape=(self.noise_dim,))
label = Input(shape=(1,), dtype='int32')
label_embedding=Flatten()(Embedding(self.n_classes, self.noise_dim)(label))

# 通过乘法运算,将标签信息直接反映在图像随机噪声上
model_input = tf.keras.layers.multiply([noise, label_embedding])
img = model(model_input)

# 从输入到输出,构建生成模型
return Model(inputs=[noise, label], outputs=img)
```

改进后,CGAN生成模型包含大约149万个参数,详细信息如下:

```
Model: "cgan_generator"
```

Layer (type)	Output Shape	Param #
dense (Dense)	(None, 256)	25856
leaky_re_lu (LeakyReLU)	(None, 256)	0
batch_normalization (BatchNo	(None, 256)	1024
dense_1 (Dense)	(None, 512)	131584
leaky_re_lu_1 (LeakyReLU)	(None, 512)	0
batch_normalization_1 (Batch	(None, 512)	2048

```
dense_2 (Dense)                  (None, 1024)              525312

leaky_re_lu_2 (LeakyReLU)        (None, 1024)              0

batch_normalization_2 (Batch     (None, 1024)              4096

dense_3 (Dense)                  (None, 784)               803600

reshape (Reshape)                (None, 28, 28, 1)         0
=================================================================
Total params: 1,493,520
Trainable params: 1,489,936
Non-trainable params: 3,584
```

7.3.6　构建判别模型

构建改进后 CGAN 判别模型的代码如下：

```python
def build_discriminator(self):
    """
    构建判别模型，共有四层，神经元数量分别是512->512->512->1
    最后一层的激活函数是sigmoid,输出值的范围是[0, 1]
    对于真实样本,
    判别模型的目标是尽可能输出1
    对于生成的样本,判别模型的目标是尽可能输出0
    """
    model = Sequential(name='cgan_discriminator')
    model.add(Dense(512, input_dim=784))
    model.add(LeakyReLU(alpha=0.2))
    model.add(Dense(512))
    model.add(LeakyReLU(alpha=0.2))
    model.add(Dropout(0.4))
    model.add(Dense(512))
    model.add(LeakyReLU(alpha=0.2))
    model.add(Dropout(0.4))
    model.add(Dense(1, activation='sigmoid'))

    # 输出判别模型的信息
    model.summary()

    # 构建生成模型的输入，包括图像(img_input)和标签(label_input)
    img_input = Input(shape=(28, 28, 1))
    label_input = Input(shape=(1,), dtype=tf.int32)

    # 对输入的标签信息进行Embedding编码
```

```python
        label_embedding = Flatten()(Embedding(self.n_classes, 784)(label_input))
        flat_img = Flatten()(img_input)

        # 将标签信息直接通过乘法运算体现在输入的图像上
        model_input = tf.keras.layers.multiply(
            [flat_img, label_embedding])

        # 判别模型的辨别结果
        real_or_fake = model(model_input)

        # 从输入到输出,构建判别模型
        return Model(inputs=[img_input, label_input], outputs=real_or_fake)
```

改进后,CGAN判别模型包含大约92万个参数,较生成模型略低:

```
Model: "cgan_discriminator"

Layer (type)                  Output Shape            Param #
=================================================================
dense_4 (Dense)               (None, 512)             401920

leaky_re_lu_3 (LeakyReLU)     (None, 512)             0

dense_5 (Dense)               (None, 512)             262656

leaky_re_lu_4 (LeakyReLU)     (None, 512)             0

dropout (Dropout)             (None, 512)             0

dense_6 (Dense)               (None, 512)             262656

leaky_re_lu_5 (LeakyReLU)     (None, 512)             0

dropout_1 (Dropout)           (None, 512)             0

dense_7 (Dense)               (None, 1)               513
=================================================================
Total params: 927,745
Trainable params: 927,745
Non-trainable params: 0
```

7.3.7　构建CGAN模型训练器

复用7.2.4小节中的cgan_trainer.py。

7.3.8　保存生成的图片

由于改进后CGAN生成模型的最后一层激活函数是tanh,因此需要将生成原始像素的取值范围从$[-1,1]$映射到$[0,255]$。对应的样本数据读取函数中,也需要将像素取值空间映射到$[-1,1]$的取值范围。

示例代码如下:

```python
def save_images(self, generator, epoch, global_step):
    """
    利用生成模型生成图片,然后保存到指定的文件夹下

    参数:
        generator: 生成模型,已经过epoch轮训练
        seed: 生成图片用的随机数种子保持不变,目的是观察生成模型随着训练轮数的增加,
            生成图片的变化
        epoch: 训练的轮数
        global_step: 训练的步骤数
        test_input: 测试用的随机噪声
        image_dir: 用于存放生成图片的路径
    """
    # 创建图片保存的目录
    image_dir = './logs/{}/image/'.format(self.name)
    os.makedirs(image_dir, exist_ok=True)

    # 生成10行、10列的图片,每张图片代表一个手写数字
    rows, cols = 10, 10
    fig, axs = plt.subplots(rows, cols)
    for i in range(rows):
        # 生成一行0~9的数字
        noise = np.random.normal(0, 1, (cols, 100))
        sampled_labels = np.arange(0, cols).reshape(-1, 1)
        gen_imgs = generator.predict([noise, sampled_labels])

        # 将像素值映射回[0, 255]
        gen_imgs = 127.5 * gen_imgs + 127.5
        for j in range(cols):
            axs[i, j].imshow(gen_imgs[j, :, :, 0], cmap='gray')
            # 第一行时,设置数字对应的标题
            if i == 0:
                axs[i, j].set_title("{}".format(sampled_labels[j][0]))
            axs[i, j].axis('off')

    # 逐级创建目录,如果目录已存在,则忽略
    os.makedirs(image_dir, exist_ok=True)
    tmp = os.path.join(
        image_dir, 'image_epoch_{:04d}_step_{:05d}.png')
```

```
image_file_name = tmp.format(epoch, global_step)
fig.savefig(image_file_name)
plt.close()

tmp = "第 {}轮，第 {}步，保存图片:{}\n\n"
print(tmp.format(epoch, global_step, image_file_name))
```

7.3.9　读取样本数据

由于改进后CGAN生成模型的最后一层激活函数是tanh，对应的样本数据读取函数中，也需要将像素取值空间映射到$[-1,1]$的取值范围。

示例代码如下：

```
def read_mnist(self, buffer_size, batch_size):
    """
    读取MNIST数据集

    参数:
        buffer_size:乱序排列时,乱序的缓存大小
        batch_size:批处理的大小
    Return:
        训练样本数据集
    """
    # 读取MNIST样本数据
    (train_images, train_labels), (_, _) = tf.keras.datasets.mnist.load_data()

    # 将图像维度从[28, 28]扩展到[28, 28, 1]
    train_images = tf.expand_dims(train_images, axis=-1)
    # 将MNIST的像素取值区间从[0, 255]映射到[-1, 1]
    train_images = (tf.cast(train_images, tf.float32) - 127.5) / 127.5

    # 对样本数据进行乱序排列,并按照batch_size大小划分成不同批次的数据
    train_ds = tf.data.Dataset.from_tensor_slices(
        (train_images, train_labels))
    # 如果机器的内存较大,建议设置较大的buffer_size
    train_ds = train_ds.prefetch(buffer_size).shuffle(buffer_size)

    # drop_remainder=True,如果最后一个批次的样本数据个数少于batch_size,则丢弃
    # 这样可以保证所有批次的样本个数都一致
    train_ds = train_ds.batch(batch_size, drop_remainder=True)
    return train_ds
```

7.3.10　模型训练

改进后CGAN模型训练的代码如下：

```python
def main(self, epochs=10, buffer_size=10000, batch_size=128, adventage=1,
         save_checkpoints_steps=100, sample_image_steps=1000):
    """
    模型训练的入口函数

    参数:
        epochs:训练的轮数,每一轮的训练使用全部样本数据一次
        buffer_size:乱序排列时,乱序的缓存大小
        batch_size:批处理的大小
    Return:
        训练样本数据集
    """

    # 读取训练样本数据集
    train_dataset = self.read_mnist(
        buffer_size=buffer_size, batch_size=batch_size)

    # 构建CGAN模型训练器
    trainer = cgan_trainer.CGANTrainer(
        # 生成模型构建函数
        generator=self.build_generator(),
        # 生成模型的优化器
        g_optimizer=tf.keras.optimizers.Adam(
            learning_rate=0.0002, beta_1=0.5),
        # 判别模型构建函数
        discriminator=self.build_discriminator(),
        # 判别模型的优化器
        d_optimizer=tf.keras.optimizers.Adam(
            learning_rate=0.0002, beta_1=0.5),
        # 模型的名称
        name=self.name)
    print('\n开始训练 ...')
    return trainer.train(train_dataset, epochs,
                         batch_size=batch_size, adventage=adventage,
                         save_checkpoints_steps=save_checkpoints_steps,
                         sample_image_steps=sample_image_steps,
                         save_image_func=self.save_images)


if __name__ == '__main__':
    cgan = CGAN(name="c_gan")
    cgan.main(epochs=1000, buffer_size=60000,
              batch_size=32, adventage=1,
              save_checkpoints_steps=100,
              sample_image_steps=200)
```

7.3.11　生成图片展示

经过训练,改进后的CGAN生成的图片如图7-10所示。

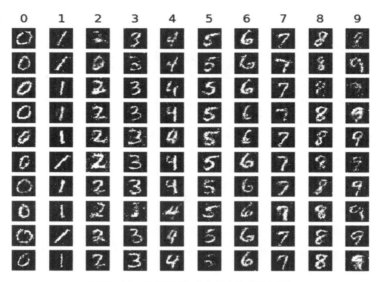

图7-10　改进后的CGAN生成的图片

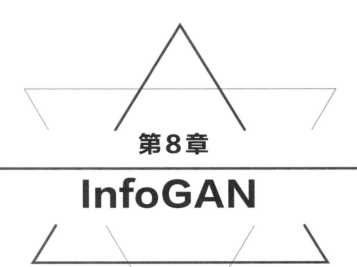

第8章

InfoGAN

InfoGAN 是信息最大化 GAN，信息最大化是指生成模型在生成图片时，给定代表某种潜在特征的信息编码（code），让生成的图片具备某个未知的特征。为了保证生成的图片能够具备某个特征，在判别模型的尾端增加一个编码信息预测分支，预测出图片中包含的编码信息，使输入的编码信息与预测到的信息之间的互信息最大化。换句话说，使输入的信息编码与预测到的编码信息尽可能相关，这样信息编码就能够控制生成的图片，使之具备某个特征。

　　InfoGAN 的目标是控制图片的生成，使生成的图片具备我们想要的特征。我们知道，CGAN 能够通过输入类别标签信息生成我们想要的手写数字，但是 CGAN 中的类别信息是已知的特征。InfoGAN 在此基础上增加了信息编码，使生成的图片具备某种潜在的特征，如手写数字的倾斜程度、笔画的粗细，或者是手写数字的宽度等特征。这种特征的确存在于样本数据中，但是样本数中的这些特征没有被标记出来，InfoGAN 通过输入控制信息编码，能够生成具备这些特征的图片。

8.1 技术原理

我们把InfoGAN看成一个整体,介绍InfoGAN实现的技术原理。与原始GAN不同的是,Info-GAN生成模型的输入参数除了随机噪声之外,还有类别信息和编码信息;InfoGAN的输出包括预测到的类别信息和编码信息。在训练模型时,由于类别标签信息、编码信息都是已知的,因此可以将这些信息直接应用于损失函数,相当于有监督学习,可以提高学习效率,如图8-1所示。

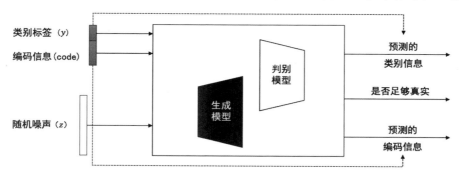

图8-1　InfoGAN技术原理

需要指出的是,对于类别预测分支来说,除了上述训练之外,还可以使用样本数据对类别预测分支进行训练。这是因为样本数据中同时包含了图片和类别信息,通过对类别预测分支的训练,可以让类别预测分支(大部分是判别模型)学习到样本数据中类别信息的特征。由于生成模型是通过判别模型的误差来学习的,这样一来,生成模型也就能很快学习到样本数据中的类别信息特征,使生成模型能够生成具备类别信息的图片,这对InfoGAN模型训练来说至关重要,它是决定InfoGAN模型能否训练出来的关键因素之一。

8.1.1 InfoGAN模型架构

InfoGAN是对GAN模型架构的改进,使InfoGAN能够生成包含隐含特征的图片。对于生成模型,InfoGAN在输入参数中增加类别信息,以及代表潜在特征的编码信息。对于判别模型,In-foGAN的输出信息中包含以下几个分支:①来源预测分支:仍然是传统的、辨别图片来源于样本还是生成模型的预测分支;②类别预测分支:预测输入的图片的类别(代表数字几);③编码信息的预测分支:预测输入图片所包含的编码信息。编码信息代表图片中隐含的特征,如数字的倾斜程度、笔画的粗细、手写数字的宽窄。通过学习到的编码信息,可以控制图片的生成,使生成的图片具备我们想要的特征。InfoGAN的模型架构如图8-2所示。

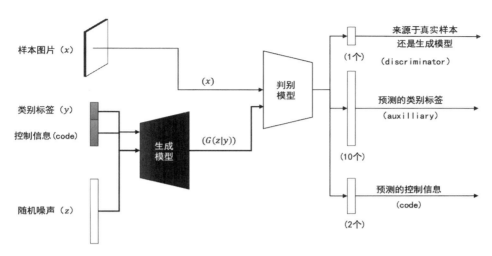

图 8-2　InfoGAN 的模型架构

从图 8-2 中可以看出,生成模型的输入参数包括类别标签、控制信息和随机噪声,输出是生成的图片。我们希望生成的图片,第一,要足够逼真;第二,类别要正确,即要能看出是数字几,体现输出的类别标签信息;第三,控制信息能够代表某个隐含特征,这就要求生成模型把控制信息转换成图像的某种特征,然后判别模型能够把这种特征提取出来,与之前输入的控制信息尽可能一致。

判别模型通过三个分支来实现上述三个目标。判别模型的输入是真实的图片或生成模型生成的图片,在通过来源预测分支时,对于真实样本,我们给出期望的类别目标是 1;对于生成模型生成的样本,我们给出期望的类别目标是 0。通过这样的训练,使来源预测分支(含判别模型)能够将真实的样本和生成的样本数据区分开。与此对应的,在训练生成模型时,固定判别模型的参数,将生成模型生成的图片数据的目标类别指定为 1,让生成模型学习如何生成足够逼真的图片,使判别模型无法区分,通过该对抗训练,生成模型最终能够生成足够逼真的图片。

对于类别信息要正确这个目标,我们使用两个训练方法。第一个,使用样本图片和类别标签训练类别预测分支(含判别模型),使类别预测分支能够学习到真实样本数据中各个类别数据的特征,能够极大地提高模型的训练速度;第二个,对于生成模型生成的图片,输入的参数中已经包含了类别信息,将该类别信息直接传递给类别预测分支的损失函数,通过对比还原后的类别信息就可以知道生成模型生成的类别特征是否正确,因为判别模型通过样本数据的训练已经能够提取到类别特征了。

对于控制信息能够代表某个隐含特征这个目标,训练起来难度比较大。首先,因为某个隐含特征是未知的,所以在样本数据中无法标记出该特征存在于哪些图片中,如数字倾斜程度、笔画粗细等。其次,需要生成模型和判别模型协作才有可能完成。只有生成模型能够把控制信息转换成图片的某种特征,并且判别模型能够把这种特征提取出来才有可能实现。训练过程中需要同时修改生成模型和判别模型的参数,进一步增加了 InfoGAN 模型的训练难度,这是 InfoGAN 模型训练困难的原因之一。

8.1.2　生成模型架构

InfoGAN 的生成模型输入的是随机噪声、类别标签和控制信息；输出的是图片张量，形状为 28×28×1。InfoGAN 的生成模型架构如图 8-3 所示。

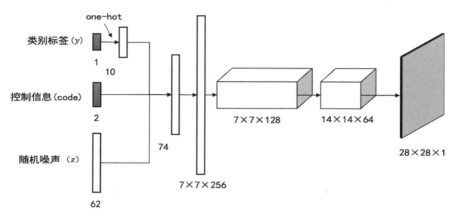

图 8-3　InfoGAN 的生成模型架构

从图 8-3 中可以看出，类别标签首先被转换成 one-hot 的张量，然后与控制信息和随机噪声串联起来，形成一个包含 74 个神经元的全连接层。InfoGAN 的输入层之后是四个网络层，分别如下。

（1）全连接层：包含 7×7×256 个神经元，该层包含批量正则化层和 ReLU 激活函数层，之后将该全连接层形状重整为 7×7×256 的特征图谱。

（2）反卷积层：采用 128 个尺寸为 3×3、步长为 1、填充方式为 same 的反卷积操作，将特征图谱转换成 7×7×128，之后是批量正则化层和 ReLU 激活函数。

（3）反卷积层：采用 64 个尺寸为 3×3、步长为 2、填充方式为 same 的反卷积操作，将特征图谱转换成 14×14×64，之后是批量正则化层和 ReLU 激活函数。

（4）反卷积层：采用 1 个尺寸为 3×3、步长为 2、填充方式为 same 的反卷积操作，将特征图谱转换成 28×28×1，之后是批量正则化层和 tanh 激活函数。这一层是 InfoGAN 生成模型输出层。

需要指出的是，最后一层的激活函数是 tanh，它输出的取值范围是 $[-1,1]$，所以在展示图片时，需要将生成模型生成的图片数据从 $[-1,1]$ 映射到 $[0,255]$ 区间；同时，在读取样本数据时，需要将样本数据的取值范围从 $[0,255]$ 映射到 $[-1,1]$。

8.1.3　判别模型架构

InfoGAN 的判别模型的输入张量是图片，形状为 28×28×1，输出总共有三个分支，分别是来源预测分支、类别预测分支和控制信息代码预测分支。InfoGAN 的判别模型架构如图 8-4 所示。

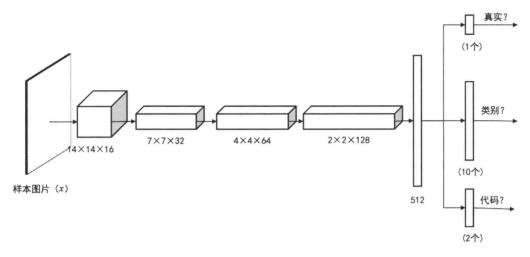

图8-4　InfoGAN的判别模型架构

如图8-4所示,InfoGAN的判别模型由6个网络层构成,分别如下。

(1)卷积层:采用16个尺寸为3×3、步长为2、填充方式为same的卷积核执行卷积操作,将特征图谱转换为14×14×16,之后是LeakyReLU激活函数(alpha=0.2)和Dropout网络层(rate=0.25)。

(2)卷积层:与第一层类似,采用32个尺寸为3、步长为2×2、填充方式为same的卷积核执行卷积操作,将特征图谱转换成7×7×32,之后是LeakyReLU激活函数(alpha=0.2)和Dropout网络层(rate=0.25)。

(3)卷积层:与第一层和第二层类似,只是卷积核的个数变成了64,所以输出张量形状为4×4×64。

(4)卷积层:与第一层、第二层和第三层类似,只是卷积核的个数变成了128,所以输出张量形状为2×2×128。

(5)全连接层:将上一层的特征图谱展平成包含512(2×2×128)个神经元的全连接层。

(6)分支层:包含判别模型最终的三个输出分支,它们是判别模型的最终输出层。这三个分支分别是:①预测图片来源的分支:包含1个神经元的全连接层,采用sigmoid激活函数;②预测类别的分支:先连接到包含128个神经元的全连接层,再连接到包含10个神经元的全连接层,紧接着一个softmax层;③预测控制信息编码的分支:包含2个神经元(控制信息编码是2个变量)的全连接层,不采用激活函数。

8.2　模型实现技巧

InfoGAN模型训练十分困难,所以在实现InfoGAN模型时需要特别注意技巧。

8.2.1　训练困难原因

InfoGAN模型训练困难有两个原因,第一,GAN模型训练本身就比较困难,因为生成模型和判别模型相互对抗,优化一个模型必然会增加另一个模型的误差,使两个误差来回振荡,难以拟合;第二,在GAN的基础上,InfoGAN还增加了控制信息预测分支,该分支同时优化生成模型和判别模型,这会进一步加大InfoGAN模型训练的难度。

因为在训练控制信息代码预测分支时需要同时调整生成模型和判别模型的参数,目的是使生成模型和判别模型协作,由生成模型将控制信息代码转换成图像的特征,再由判别模型将其复原,这样才能实现控制信息编码转换成图片特征的目的,所以参数调整的方向与原始的生成模型和判别模型调整的方向并不一致。因为原始的判别模型和生成模型的目标是将真实的样本和生成图片区分开,而不是生成包含控制信息的特征,这两个目标不同,所以它们的损失函数也不同,进而导致参数的优化方向不一致。这一点进一步增加了InfoGAN模型的训练难度。

8.2.2　模型训练技巧

实际上,所有模型训练的技巧归根结底都是如何从样本数据中捕获更多的信息,这是提高模型训练速度和稳定性的关键。InfoGAN模型训练的关键技巧就在于类别预测分支的训练,因为类别预测分支中包含了判别模型,类别预测分支训练出来了,自然就把判别模型训练出来了。在真实的样本数据中,除了图片之外还包含类别信息,要将样本数据直接应用于类别预测分支训练,使类别预测分支能够快速地学习到样本数据各个类别的分布特征,这样能够极大地提高判别模型和类别预测分支的性能。

InfoGAN生成模型的误差都来源于判别模型,在提高了判别模型的性能之后,生成模型就能够通过判别模型的误差来学习,参数也能得到快速优化。总之,利用样本数据对类别预测分支进行训练是InfoGAN模型训练的关键技巧,如图8-5所示。

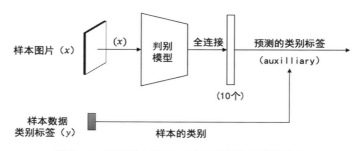

图8-5　利用样本数据对类别预测分支进行训练

8.2.3　其他模型实现技巧

除了上述关键的模型训练技巧之外,在InfoGAN的实现细节中,还包括初始化参数设置、在判别模型中采用 Dropout，以及类别预测分支和控制信息预测分支训练时误差权重的设置。

（1）初始化参数设置：在权重初始化时，采用均值为 0.0、方差为 0.02 的随机数初始化。优化器采用 Adam，初始化学习率为 0.0002，beta_1 参数为 0.5。

（2）在判别模型中采用 Dropout：为了让判别模型更加健壮，可在判别模型中增加 Dropout 网络层（rate=0.25）。

（3）控制信息预测分支的训练。控制信息预测分支是与类别预测分支一起训练的，因此其输出有两个，一个是预测到的类别，另一个是预测到的编码信息。这两个输出带来了两个误差，那么，应如何设置它们的权重呢？类别信息是最重要的，必须是正确的，在此基础之上才能考虑隐含的控制信息编码是否正确，所以在 InfoGAN 的训练过程中将它们的权重设置为 1∶0.5。

8.3 在 MNIST 数据集上的实现

InfoGAN 在多个数据集上进行了验证，并且取得了良好的效果。本节展示 InfoGAN 在 MNIST 数据集上的实现方案。

8.3.1 初始化 InfoGAN_MNIST 对象

这里采用 InfoGAN_MNIST 类来实现 InfoGAN 的训练，所以首先来构建 InfoGAN_MNIST，并且将源代码保存到 infogan_mnist.py 中。构建 InfoGAN_MNIST 的主要工作包括保存 Info-GAN_MNIST 关键属性、生成保存训练模型用的路径、完成 InfoGAN 模型的构建、生成静态随机噪声对象和模型检查点对象。示例代码如下：

```python
#!/usr/bin/env python3
# -*- coding: UTF-8 -*-

from __future__ import absolute_import, division, print_function

import logging

import os
import time

import imageio
import matplotlib.pyplot as plt
import numpy as np
import tensorflow as tf  # TensorFlow 2.0
# 导入全连接层、批量标准化层、带泄漏的激活函数、激活函数
from tensorflow.keras.layers import (Activation, BatchNormalization, Conv2D,
```

```
                                 Conv2DTranspose, Dense, Dropout,
                                 Embedding, Flatten, Input, LeakyReLU,
                                 ReLU, Reshape, ZeroPadding2D)
# 导入常用模型
from tensorflow.keras.models import Model, Sequential
# 导入常用优化器 Adam
from tensorflow.keras.optimizers import Adam

# 确保运行环境是 TensorFlow 2.0
assert tf.__version__.startswith('2')

logging.getLogger("tensorflow").setLevel(logging.ERROR)


class InfoGAN_MNIST():
    def __init__(self, laten_dim=62, num_classes=10, code_dim=2, name='infogan'):
        """ 构建 InfoGAN 在 MNIST 数据集上的模型及其训练器
        参数：
            laten_dim: 潜在空间的长度,随机噪声部分的长度
            num_classes: 类别标签的长度,在 MNIST 示例中共有 0~9 这 10 个数字
            code_dim: 代表潜在特征的 code 长度,在本例中是 2
            name: InfoGan 的名称,用于保存模型和生成的图片的路径
        """
        self.laten_dim = laten_dim
        self.num_classes = num_classes
        self.code_dim = code_dim
        # 总的随机噪声的长度,包含类别(1个)和代码(2个)的长度
        self.z_dim = self.laten_dim + self.num_classes + self.code_dim
        self.name = name
        # 模型保存的地址
        self.model_dir = "./logs/{}/model/".format(self.name)
        self.keep_checkpoint_max = 5

        # 构建 InfoGAN 模型
        self.build_info_gan()

        # 静态的随机噪声保持不变,以便于在不同的训练阶段对图片进行采样
        # 比较生成图片的变化
        self.static_z = tf.random.normal(
            [self.num_classes ** 2, self.laten_dim])

        # 检查点保存函数,用于从上一次保存点继续训练
        self.checkpoint = tf.train.Checkpoint(
            # 训练的轮次,保存起来。其在多次训练中持续增长
            epoch=tf.Variable(1),
            # 训练的步数(全局步数)。其在多次训练中持续增长
            step=tf.Variable(1),
```

```
    # 采样生成图片时使用的静态随机噪声,以便于观察随着生成模型
    # 训练的增加,生成图片的质量变化
    static_z=tf.Variable(self.static_z, trainable=False),

    # 保存生成模型、判别模型、辅助类别分类器、代码预测器和互信息训练器
    generator=self.generator,
    discriminator=self.discriminator,
    auxilliary=self.auxilliary,
    code=self.code,
    # 互信息训练器,将生成模型和互信息预期器连接起来,同时训练生成模型和
    # 互信息预期器的参数
    m_trainner=self.m_trainner
)
```

8.3.2　构建判别模型

构建 InfoGAN 判别模型,包括构建基础的判别模型和它的三个分支,即来源预测分支、类别预测分支和控制信息预测分支。示例代码如下:

```
def build_discriminator(self):
    """ 构建判别模型 """
    model = Sequential(name='build_discriminator')
    # 第一层,卷积层,采用16个尺寸为3×3、步长为2的卷积操作
    # 输入张量形状[28,28,1],输出张量形状[14,14,16]
    model.add(Conv2D(
        16, 3, strides=(2, 2),
        input_shape=(28, 28, 1), padding='same'))
    model.add(LeakyReLU(alpha=0.2))
    model.add(Dropout(rate=0.25))

    # 第二层,卷积层,采用32个尺寸为3×3、步长为2的卷积操作
    # 输入张量形状[14,14,16],输出张量形状[7,7,32]
    model.add(Conv2D(
        32, 3, strides=(2, 2), padding='same'))
    model.add(LeakyReLU(0.2))
    model.add(Dropout(0.25))

    # 第三层,卷积层,采用64个尺寸为3×3、步长为2的卷积操作
    # 输入张量形状[7,7,32],输出张量形状[4,4,64]
    model.add(Conv2D(
        64, 3, strides=(2, 2), padding='same'))
    model.add(LeakyReLU(0.2))
    model.add(Dropout(0.25))

    # 第四层,卷积层,采用128个尺寸为3×3、步长为2的卷积操作
    # 输入张量形状[4,4,64],输出张量形状[2,2,128]
```

```python
model.add(Conv2D(
    128, 3, strides=(2, 2), padding='same'))
model.add(LeakyReLU(0.2))
model.add(Dropout(0.25))

# 第五层,展平,为了与后面的三个全连接分支连接
model.add(Flatten())
# 输出生成模型的详细信息
model.summary()

# 构建判别模型的输入,形状为(28,28,1)的张量
image = Input(shape=(28, 28, 1))
image_embedding = model(image)

# 判别模型的输出,一个神经元,激活函数为sigmoid
validity = Dense(1, activation='sigmoid')(image_embedding)

# 辅助类别预测模型
q_net = Dense(128)(image_embedding)
# 输出10个类别(代表0~9,共10个数字)
label = Dense(self.num_classes)(q_net)
# 采用softmax作为最终的预测结果
label = tf.keras.layers.Softmax()(label)

# 互信息预测结果(共有两个互信息,所以输出神经元是两个)
code = Dense(2)(image_embedding)

# 返回判别模型、辅助类别预测模型、互信息预测模型
return Model(image, validity), Model(image, label), Model(image, code)
```

InfoGAN判别模型网络的各层特征图谱的尺寸和包含的参数个数如下:

```
Model: "infogan_discriminator"
```

Layer (type)	Output Shape	Param #
conv2d (Conv2D)	(None, 14, 14, 16)	160
leaky_re_lu (LeakyReLU)	(None, 14, 14, 16)	0
dropout (Dropout)	(None, 14, 14, 16)	0
conv2d_1 (Conv2D)	(None, 7, 7, 32)	4640
leaky_re_lu_1 (LeakyReLU)	(None, 7, 7, 32)	0
dropout_1 (Dropout)	(None, 7, 7, 32)	0

```
conv2d_2 (Conv2D)              (None, 4, 4, 64)          18496

leaky_re_lu_2 (LeakyReLU)      (None, 4, 4, 64)          0

dropout_2 (Dropout)            (None, 4, 4, 64)          0

conv2d_3 (Conv2D)              (None, 2, 2, 128)         73856

leaky_re_lu_3 (LeakyReLU)      (None, 2, 2, 128)         0

dropout_3 (Dropout)            (None, 2, 2, 128)         0

flatten (Flatten)              (None, 512)               0
=================================================================
Total params: 97,152
Trainable params: 97,152
Non-trainable params: 0
```

8.3.3　构建生成模型

　　InfoGAN 的生成模型完成的主要工作包括将输入的类别转换成 one-hot 张量，然后将输入的随机噪声、one-hot 的类别标签、控制信息串联起来，再通过生成模型的多次反卷积操作，最终输出 28×28×1 的图片。示例代码如下：

```
def build_generator(self):
    """ 构建生成模型 """
    model = Sequential(name='build_generator')
    # 第一层，全连接层，包含256×7×7个神经元
    model.add(Dense(256*7*7, input_dim=self.laten_dim +
                    self.num_classes + self.code_dim))
    model.add(BatchNormalization(momentum=0.8))
    model.add(ReLU())
    # 形状重整，为后续的反卷积做准备
    model.add(Reshape(target_shape=(7, 7, 256)))
    # 第二层，反卷积层，采用128个尺寸为3×3、步长为1、填充方式为same的反卷积操作
    model.add(Conv2DTranspose(
        128, 3, strides=(1, 1), padding='same'))
    model.add(BatchNormalization(momentum=0.8))
    model.add(ReLU())

    # 第三层，反卷积层，采用64个尺寸为3×3、步长为2、填充方式为same的反卷积操作
    model.add(Conv2DTranspose(
        64, 3, strides=(2, 2), padding='same'))
    model.add(BatchNormalization(momentum=0.8))
```

```
model.add(ReLU())

# 第四层,反卷积层,采用1个尺寸为3×3、步长为2、填充方式为same的反卷积操作
model.add(Conv2DTranspose(
    1, 3, strides=(2, 2), padding='same', activation='tanh'))

# 输出生成模型的详细信息
model.summary()

# 构建生成模型的输入,包括随机噪声、类别标签、互信息代码
noise_input = Input(shape=(self.laten_dim,))
label_input = Input(shape=(1,), dtype=tf.int32)
code_input = Input(shape=(2,))

# one-hot 的类别标签
one_hot_label = tf.one_hot(
    label_input, self.num_classes, dtype=tf.float32)
one_hot_label = tf.reshape(one_hot_label, shape=(-1, 10))

# 将随机噪声、类别标签、互信息代码串联起来
gen_input = tf.concat([noise_input, one_hot_label, code_input], axis=1)
# 调用生成模型生成图片
image = model(gen_input)

return Model([noise_input, label_input, code_input], image)
```

InfoGAN生成模型网络的各层特征图谱的尺寸和包含的参数个数如下:

```
Model: "infogan_generator"
```

Layer (type)	Output Shape	Param #
dense_4 (Dense)	(None, 12544)	940800
batch_normalization (BatchNo	(None, 12544)	50176
re_lu (ReLU)	(None, 12544)	0
reshape (Reshape)	(None, 7, 7, 256)	0
conv2d_transpose (Conv2DTran	(None, 7, 7, 128)	295040
batch_normalization_1 (Batch	(None, 7, 7, 128)	512
re_lu_1 (ReLU)	(None, 7, 7, 128)	0
conv2d_transpose_1 (Conv2DTr	(None, 14, 14, 64)	73792

```
batch_normalization_2 (Batch    (None, 14, 14, 64)        256

re_lu_2 (ReLU)                  (None, 14, 14, 64)        0

conv2d_transpose_2 (Conv2DTr (None, 28, 28, 1)           577
=================================================================
Total params: 1,361,153
Trainable params: 1,335,681
Non-trainable params: 25,472
```

8.3.4　构建 InfoGAN 模型

具备了生成模型和判别模型后,下面开始构建 InfoGAN 模型,主要工作如下。

(1)判别模型(discriminator)的编译,用于对判别模型进行训练。

(2)类别预测分支(auxilliary)的编译,用于对类别预测分支进行训练。

(3)将生成模型和判别模型堆叠起来,构建一个互信息训练器(m_trainer),用于对类别预测分支和控制信息预测分支进行训练。

(4)将判别模型的参数固定,将生成模型和判别模型堆叠起来,构建一个生成模型训练器(g_trainner),用于生成模型的训练。示例代码如下:

```python
def build_info_gan(self):
    """ 构建 InfoGAN 模型"""

    # 优化器,初始化学习率为 0.0002,beta_1 参数为 0.5
    optimizer = Adam(0.0002, 0.5)

    # 构建判别模型、辅助类别预测模型、类别代码预测模型
    self.discriminator, self.auxilliary, self.code = \
        self.build_discriminator()

    # 编译判别模型,判别模型的输出为"是/否",是典型的二分问题,所以误差
    # 函数采用 'binary_crossentropy'
    self.discriminator.compile(
        loss=['binary_crossentropy'], optimizer=optimizer,
        metrics=['accuracy'])

    # 编译辅助类别预测模型,类别预测的结果是 one-hot 类型的张量,共有 10 个分类
    # 分别代表数字 0~9,所以误差函数采用 categorical_crossentropy
    self.auxilliary.compile(
        loss=['categorical_crossentropy'], optimizer=optimizer,
        metrics=['accuracy'])
```

```python
# 构建生成模型
self.generator = self.build_generator()

# 生成模型的输入，包括随机噪声、类别标签、隐藏信息代码
noise_input = Input(shape=(self.laten_dim, ))
label_input = Input(shape=(1, ), dtype=tf.int32)
code_input = Input(shape=(2, ), dtype=tf.float32)

# 调用生成模型生成图片，并调用辅助类别预测模型和隐藏信息代码预测模型预测
gen_images = self.generator([noise_input, label_input, code_input])
pred_label = self.auxilliary(gen_images)
pred_code = self.code(gen_images)

# 构建互信息训练器，将生成模型和类别预测模型及隐藏信息代码预测模型连接起来
# 注意，该训练器有两个输出（类别预测结果、互信息预测结果），对应两个损失
self.m_trainner = Model(
    [noise_input, label_input, code_input],
    [pred_label, pred_code])
# 对应的损失函数也有两个，分别是 categorical_crossentropy 和 mse
# loss_weights 代表两个损失的权重，权重越大，优化得越好。由于类别标签在
# auxilliary 训练时已经优化，因此可以适当增加互信息损失权重（默认为 0.1）
self.m_trainner.compile(
    loss=['categorical_crossentropy', 'mse'],
    loss_weights=[1.0, 0.5],
    optimizer=optimizer)

# 固定判别模型的参数，优化生成模型
self.discriminator.trainable = False
# 调用判别模型生成预测结果（来源于真实样本还是来源于生成模型）
pred_valid = self.discriminator(gen_images)
# 生成模型训练器（堆叠生成模型和判别模型）
self.g_trainner = Model(
    [noise_input, label_input, code_input],
    [pred_valid])
# 编译生成模型训练器
self.g_trainner.compile(
    loss=['binary_crossentropy'], optimizer=optimizer,
    metrics=['accuracy'])
```

8.3.5　恢复训练的模型

　　InfoGAN 模型训练需要很长时间，动辄 10~20 个小时甚至更长。因此，需要多次累积训练，希望每一次训练都是在上一次的基础上进一步训练，而不是每次都重新开始，所以需要一个从检查点恢复训练模型的函数。示例代码如下：

```
def restore_checkpoint(self, manager):
    """ 从上一次训练保存的检查点恢复模型
    参数：
        manager：检查点管理对象
    """
    print("从上一次保存点恢复：{}\n".format(manager.latest_checkpoint))
    self.epoch = self.checkpoint.epoch
    self.step = self.checkpoint.step
    self.static_z = self.checkpoint.static_z

    self.generator = self.checkpoint.generator
    self.discriminator = self.checkpoint.discriminator
    self.code = self.checkpoint.code
    self.m_trainner = self.checkpoint.m_trainner
```

8.3.6　InfoGAN 模型训练

　　InfoGAN 模型训练包含以下几个工作步骤。首先，检查是否有上一次模型训练保存的检查点。其次，开始逐个轮次、逐个批次的模型训练，在每个批次的模型训练中分别训练生成模型、类别预测分支和控制信息预测分支（m_trainer）、判别模型，使用样本数据训练类别预测分支（auxilliary）。需要说明的是，训练类别预测分支和控制信息预测分支时，同时优化了生成模型和判别模型的参数，这一点有可能导致 InfoGAN 模型训练困难，所以需要使用样本数据对类别预测分支单独进行训练。

　　除此之外，每经过特定的训练批次（save_checkpoints_steps），保存一次训练的模型，以便于能够基于上一次训练保存的检查点继续训练；每经过特定的训练批次（sample_image_steps），调用生成模型生成一次图片，以便于观察生成图片的变化。

　　示例代码如下：

```
def train(self, dataset, epochs, batch_size,
          show_msg_steps=10, save_checkpoints_steps=100,
          sample_image_steps=200, save_image_func=None):
    """
    GAN模型训练，共训练epochs轮次

    Args:
        dataset: 训练数据集
        epochs: 训练轮次
        batch_size: 每个训练批次使用的样本数量
        show_msg_steps: 每训练多少步，输出一次信息
        save_checkpoints_steps: 每训练save_image_func步，保存一次模型
        sample_image_steps: 每训练sample_image_steps步，保存一次图片
        save_image_func: 保存生成图片的函数
    """
```

```python
# 检查是否有上一次训练过程中保存的模型
manager = tf.train.CheckpointManager(
    self.checkpoint, self.model_dir,
    max_to_keep=self.keep_checkpoint_max)
# 如果有，则加载上一次保存的模型
self.checkpoint.restore(manager.latest_checkpoint)

# 检查是否加载成功
if manager.latest_checkpoint:
    self.restore_checkpoint(manager)
else:
    # 使用默认的生成模型和判别模型（构建模型训练器时已创建，这里无须创建）
    pass

# 开始模型训练，计时
time_start = time.time()

# 如果来源于真实样本，正确的类别应该是 valid；如果来源于生成模型，正确的类别
# 应该是 fake
valid = tf.ones((batch_size, 1))
fake = tf.zeros((batch_size, 1))

# 从1开始计算轮数，轮数保存在 checkpoint 对象中，每次从上一次的轮数开始
epoch = int(self.checkpoint.epoch)
for epoch in range(epochs + epoch):
    # 对本轮所有的样本数据进行逐个批次的训练
    for images, labels in dataset:
        # 当前进行了多少个批次的训练（第几步）
        step = int(self.checkpoint.step)

        # 生成随机噪声，类别采用真实样本中的类别
        noise = tf.random.normal([batch_size, self.laten_dim])
        labels = tf.reshape(labels, (batch_size, 1))
        # 随机生成代表隐含信息的代码
        code_input = tf.random.uniform(
            minval=-1, maxval=1, shape=(batch_size, self.code_dim))

        # ----------------------------------------------------------
        # 训练生成模型，此时固定判别模型的参数
        g_loss = self.g_trainner.train_on_batch(
            [noise, labels, code_input], valid)

        # ----------------------------------------------------------
        # 训练互信息预测模型，同时优化生成模型和判别模型的参数，即由生成模型
        # 和判别模型相互协作，生成模型生成图片时，在图片中包含了类别和代码
        # 信息，生成模型需要能够把这两个信息还原回来
        #
```

```python
# 由于此步骤同时调整了生成模型和判别模型参数,因此会增加生成模型和判别
# 模型拟合的难度,因为该步骤调整参数的损失函数与生成模型和判别模型优化
# 的损失函数不一致,有可能导致它们的损失来回振荡,这是 InfoGAN 不容易
# 训练的原因之一
one_hot_label = tf.one_hot(
    labels, self.num_classes, dtype=tf.float32)
one_hot_label = tf.reshape(
    one_hot_label, shape=(-1, self.num_classes))
info_loss = self.m_trainner.train_on_batch(
    [noise, labels, code_input], [one_hot_label, code_input])


# -----------------------------------------------------------
# 训练判别模型,目标是将真实样本数据与生成模型产生的数据区分开
# 调用生成模型生成图片,用于判别模型的训练
gen_images = self.generator.predict([noise, labels, code_input])

# 分别使用真实样本和生成模型生成的图片对判别模型进行训练
d_loss_real = self.discriminator.train_on_batch(images, valid)
d_loss_fake = self.discriminator.train_on_batch(gen_images, fake)

# 损失等于在正式样本数据和生成的图片数据上的损失的平均值
d_loss = np.add(d_loss_real, d_loss_fake) * 0.5

# ************   此步骤至关重要!   ************
# -----------------------------------------------------------
# 训练辅助类别预测模型,将样本图片和所属类别输入辅助类别预测模型,能
# 够快速提升判别模型性能(优化加速),对提高 InfoGAN 的训练速度至关重要
a_loss = self.auxilliary.train_on_batch(images, one_hot_label)


# -----------------------------------------------------------
# 输出控制台日志,显示训练进程
time_end = time.time()
if step % show_msg_steps == 0:
    # 输出进度信息,以便于观察模型训练进度
    tmp = "第{}轮,第{}步,判别模型损失:{:.8f}, 准确率: {:.2f}%,"\
        "类别预测损失:{:.8f}, 准确率: {:.2f}%, 耗时: {:.2f}秒"
    print(tmp.format(epoch+1, step, d_loss[0], 100 *
                     d_loss[1], a_loss[0], 100 * a_loss[1],
                     time_end-time_start))
    tmp1 = "生成模型损失:{:.8f}, 准确率: {:.2f}%, 类别信息损失:"\
        "{: .8f}, 语义信息损失: {: .8f}\n"
    print(tmp1.format(g_loss[0], 100*g_loss[1],
                      info_loss[1], info_loss[2]))
    time_start = time_end

# 每训练 save_checkpoints_steps 步,保存一次模型
```

```
            if step % save_checkpoints_steps == 0:
                save_path = manager.save()
                tmp = "第{}轮,第{}步,用时: {: > .2f}秒。保存模型,文件名: {}\n"
                print(tmp.format(epoch+1, step,
                                    time_end-time_start, save_path))

            # 每训练sample_image_steps步,保存一次图片
            if step % sample_image_steps == 0:
                save_image_func(self.generator, epoch, step)

            # 训练步数加1
            self.checkpoint.step.assign_add(1)

        # 完成一轮训练,轮次增加1次
        self.checkpoint.epoch.assign_add(1)
```

8.3.7　保存生成的图片

在保存图片时,要分成三个类别,第一是包含静态类别信息的图片;第二和第三是在给定控制信息编码的情况下,给定的信息编码从小到大,相应地从左到右生成图片,去观察该信息编码所代表的图像特征,分别用code_1和code_2表示。示例代码如下:

```
def save_images(self, generator, epoch, step):
    """ 保存图片,分别保存三个类别的图片,包括静态图片、code_1、code_2 """
    # 生成静态图片,仅控制类别信息,code都输入0(代表不生成包含隐含特征的信息)
    static_code = tf.zeros(shape=(self.num_classes, 2))
    self._save_images(generator, epoch, step, 'static', static_code)

    # 生成互信息的两个部分
    zeros = tf.zeros(shape=(self.num_classes, 1))
    var = tf.range(-1.0, 1.0, 2.0/self.num_classes, dtype=tf.float32)
    var = tf.reshape(var, shape=(self.num_classes, 1))

    # 构建只包含第一个隐含特征的代码(code_1)
    # 生成并且保存隐含第一个隐含特征的图片
    code_1 = tf.concat([var, zeros], axis=-1)
    self._save_images(generator, epoch, step, 'code_1', code_1)

    # 构建只包含第二个隐含特征的代码(code_2),并且保存图片
    code_2 = tf.concat([zeros, var], axis=-1)
    self._save_images(generator, epoch, step, 'code_2', code_2)
    # 输出一个空行,让日志更清晰
    print()
```

生成图片数据,并且保存成图片文件的代码如下:

```python
def _save_images(self, generator, epoch, step, name, code):
    """
    利用生成模型生成图片,然后保存到指定的文件夹下

    参数:
        generator: 生成模型,已经过epoch轮训练
        epoch: 训练的轮数
        step: 训练的步骤数
        name: 字符串,分别是static_z、code_1、code_2
        code: 互信息的代码,代表隐含的潜在特征
    """
    image_dir = './logs/{}/image/{}/'.format(self.name, name)
    os.makedirs(image_dir, exist_ok=True)

    # 输出10行、10列,共计100个手写数字图片
    rows, cols = 10, 10
    fig, axs = plt.subplots(rows, cols)
    for i in range(rows):
        # 随机噪声
        noise = np.random.normal(0, 1, (cols, self.laten_dim))
        # 每次生成一个数字,共10次,分别是0~9
        sampled_labels = tf.reshape([i]*cols, (-1, 1))

        # 生成图片数据
        gen_images = generator.predict([noise, sampled_labels, code])

        # 将生成的图片数据从[-1, 1]映射到[0, 255]
        gen_images = gen_images * 127.5 + 127.5

        for j in range(cols):
            axs[i, j].imshow(gen_images[j, :, :, 0], cmap='gray')
            axs[i, j].axis('off')

    # 逐级创建目录,如果目录已存在,则忽略
    os.makedirs(image_dir, exist_ok=True)
    # 保存图片
    tmp = os.path.join(
        image_dir, 'image_{:04d}_{:05d}.png')
    image_file_name = tmp.format(epoch+1, step)
    fig.savefig(image_file_name)
    plt.close()

    # 输出日志
    tmp = "第{}轮,第{}步, 保存图片:{}"
    print(tmp.format(epoch+1, step, image_file_name))
```

8.3.8 读取MNIST数据集

读取 MNIST 样本数据集,按照缓存大小(buffer_size)预读和乱序排列,按照批次大小(batch_size)对样本进行批次划分。我们知道,InfoGAN生成模型的最后一层的激活函数是tanh,tanh的取值区间是[−1,1],由于样本数据的取值区间和生成模型生成的图片像素的取值区间需要保持一致,因此将样本数据中像素的取值区间从[0,255]映射到[−1,1]。示例代码如下:

```python
def read_mnist(self, buffer_size, batch_size):
    """
    读取MNIST数据集

    参数:
        buffer_size:乱序排列时,乱序的缓存大小
        batch_size:批处理的大小
    Return:
        训练样本数据集
    """
    # 读取MNIST样本数据
    (train_images, train_labels), (_, _) = tf.keras.datasets.mnist.load_data()

    # 将图像维度从[28, 28]扩展到[28, 28, 1]
    train_images = tf.expand_dims(train_images, axis=-1)
    # 将MNIST的像素取值区间从[0, 255]映射到[-1, 1],因为InfoGAN的生成模型
    # 最后一次采用tanh作为激活函数,tanh输出的取值范围是[-1, 1],样本数据需要
    # 与它一致
    train_images = (tf.cast(train_images, tf.float32) - 127.5) / 127.5
    train_labels = tf.cast(train_labels, tf.int32)

    # 对样本数据进行乱序排列,并按照batch_size大小划分成不同批次的数据
    train_ds = tf.data.Dataset.from_tensor_slices(
        (train_images, train_labels))
    # 如果机器的内存较大,建议设置较大的buffer_size
    train_ds = train_ds.prefetch(buffer_size).shuffle(buffer_size)

    # drop_remainder=True,如果最后一个批次的样本数据个数少于batch_size,则丢弃
    # 这样可以保证所有批次的样本数量都一致
    train_ds = train_ds.batch(batch_size, drop_remainder=True)
    return train_ds
```

8.3.9 模型训练入口

模型训练入口函数完成的主要工作是读取样本数据,设置模型训练的相关参数,并调用模型训练函数完成模型训练。示例代码如下:

```
    def main(self, epochs, buffer_size, batch_size, show_msg_steps=10,
            save_checkpoints_steps=100, sample_image_steps=1000):
        """ 模型训练入口函数,完成样本数据读取、设置训练参数的工作 """
        ds = self.read_mnist(buffer_size, batch_size)
        self.train(dataset=ds, epochs=epochs, batch_size=batch_size,
                    show_msg_steps=show_msg_steps,
                    save_checkpoints_steps=save_checkpoints_steps,
                    sample_image_steps=sample_image_steps,
                    save_image_func=self.save_images)


if __name__ == '__main__':
    infogan = InfoGAN_MNIST(name="infogan_v5")
    infogan.main(epochs=20, buffer_size=30000, batch_size=64,
                show_msg_steps=20, save_checkpoints_steps=200,
                sample_image_steps=400)
```

8.3.10　生成图片展示

设置批处理大小为 64,经过 6000 个批次的训练,指定类别标签为 0-9,控制信息代码设置为 0,InfoGAN 生成的随机噪声图片如图 8-6 所示。

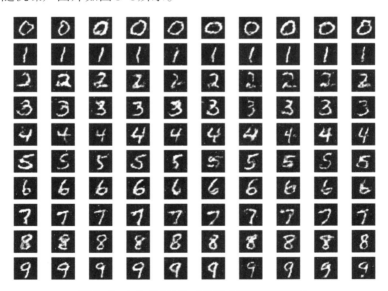

图 8-6　InfoGAN 生成的静态随机噪声图片

设置批处理大小为 64,经过 6000 个批次的训练,指定类别标签为 0~9,控制信息代码 code_1 设置为从 0 开始、按照 0.2 的幅度增加,控制信息代码 code_2 设置为 0,InfoGAN 生成的随机噪声图片如图 8-7 所示。

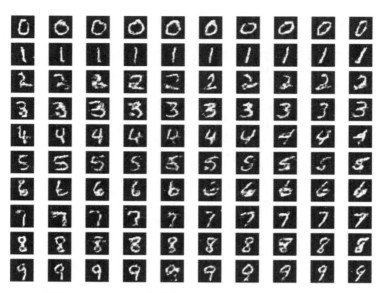

图8-7　InfoGAN生成的code_1由小到大变化的图片

从图8-7中可以看出,从左向右,每个数字的倾斜角度、倾斜程度都发生了变化,控制信息code_1的取值越大,数字越向右倾斜。

从图8-8中可以看出,从左向右,每个数字逐渐从向右倾斜变成端端正正,这是一个明显的特征。也就是说,控制信息code_2的取值越大,数字越端正。这是因为对于控制信息,我们采用的误差函数是均方误差,所以code_1和code_2代表的特征会有一定的相关性。

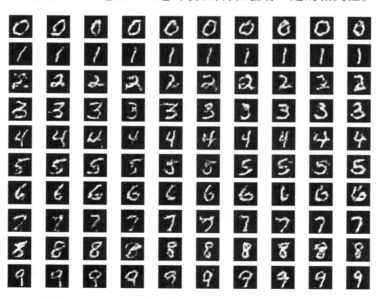

图8-8　InfoGAN生成的code_2由小到大变化的图片

8.4　在Fashion MNIST 数据集上的实现

InfoGAN 在 Fashion MNIST 数据集上的实现非常简单,因为 Fashion MNIST 数据集的格式与 MNIST 数据集的格式完全一致,只需要将在 MNIST 数据集上实现的代码稍加修改即可。

8.4.1　实现代码修改

只需要将 InfoGAN 在 MNIST 数据集上的实现代码修改两处,即可将其应用于 Fashion MNIST 数据集。

(1)样本数据读取。找到 read_mnist 函数,并找到该函数中的如下代码:

```
# 读取MNIST样本数据
(train_images, train_labels), (_, _) = tf.keras.datasets.mnist.load_data()
```

然后,将上述代码修改为

```
# 读取FashionMNIST样本数据
(train_images, train_labels), (_, _) = \
    tf.keras.datasets.fashion_mnist.load_data()
```

(2)模型训练入口。找到模型训练入口中的如下代码:

```
if __name__ == '__main__':
  infogan = InfoGAN_MNIST(name="infogan_v5")
```

然后,将上述代码修改为

```
if __name__ == '__main__':
  infogan = InfoGAN_MNIST(name="infogan_fashion_mnist")
```

8.4.2　生成图片展示

运行上述代码,经过10000个批次的训练,调用生成模型生成100张图片,按照10行、10列排列,每一行代表一个类别,共10个类别,所有图片的控制信息都设置为0。生成的图片如图8-9所示。

图 8-9　InfoGAN 在 Fashion MNIST 上生成的静态图片

再次调用生成模型生成 100 张图片，仍然按照 10 行、10 列排列，每一行仍然是一个类别，从左向右将每一行的图片中的第一个控制信息（code_1）按照从小到大、从 -1 开始每次增加 0.2 的方式依次增加，第二个控制信息（code_2）设置为 0。生成的图片如图 8-10 所示。

图 8-10　随着控制信息（code_1）逐渐增大，InfoGAN 生成图片的变化

　　从图8-10中可以看出,每一行的图片,随着第一个控制信息的增加,从左向右逐渐变得明亮,并且生成的图片高度逐渐减小,宽度逐渐增加。从最后一行的鞋子来看,这一点尤其明显。

　　再次调用生成模型生成100张图片,仍然按照10行、10列排列,每一行仍然是一个类别。将第一个控制信息(code_1)设置为0,从左向右将每一行图片中的第二个控制信息(code_2)按照从小到大、从-1开始每次增加0.2的方式依次增加,生成的图片如图8-11所示。从图8-11中可以看出,每一行的图片,从左向右逐渐变得暗淡。

图8-11　随着控制信息(code_2)逐渐增大,InfoGAN生成图片的变化

第9章

SGAN

　　SGAN（Stacked GAN，堆叠的 GAN）通过堆叠多个 GAN，尝试解决在生成模型层数较多、生成图片较大时，GAN 模型训练困难的问题。

　　SGAN 的核心思想是，通过控制生成模型生成的中间特征图谱，确保生成模型能够顺利地生成最终的图片。SGAN 首先训练一个编码器来实现图像的分类预测；然后利用该编码器的中间结果——特征图谱来指导生成模型，使生成模型每个步骤中的特征图谱与该编码器的特征图谱类似，最终保证生成的图片与原始的样本类似。

9.1　技术原理

　　SGAN的技术原理,就是不仅采用判别模型对最终生成的图片进行辨别,还对生成模型生成的中间结果——特征图谱进行辨别,确保生成的特征图谱与编码器生成的中间结果一致,使生成模型的训练过程可控,从而使生成模型能够顺利地生成最终图片。

9.1.1　技术思路

　　众所周知,采用卷积神经网络对图像进行分类的技术十分成熟。它的输入是一张图片,输出是图片所属的类别。其通过卷积操作从输入图片中提取对应的特征图谱,然后根据特征图谱完成最终的图像分类。

　　假如能够实现一个与该卷积神经网络恰好相反的生成网络,它将输入的类别和随机噪声转换成相应的特征图谱,再将特征图谱最终转换成生成的图片,如果生成网络所生成的每个特征图谱与该卷积神经网络都非常相似,那么就可以借助卷积神经网络强大的特征提取能力来指导生成网络,使之生成正确的特征图谱,直到生成最终的图片,这就是SGAN的技术思路。

　　如图9-1所示,该图中央有一条水平段虚线,该虚线上半部分就是一个编码器,它的输入是图片,输出是该图片所属的类别,是一个非常普通的卷积神经网络,可以采用常见的卷积神经网络来实现,如AlexNet、VGGNet、Inception等。训练这样的卷积神经网络的技术是非常成熟的,训练过程也十分稳定。从图9-1中可以看出,该编码器会生成几个中间结果——特征图谱。

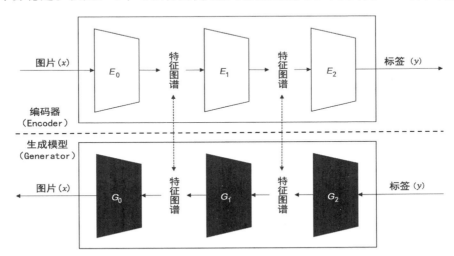

图9-1　SGAN约束特征图谱取值范围,对抗模型训练困难的原理

　　如果实现一个与该编码器恰好相反的生成模型,它的输入/输出与编码器正好相反,中间的特征图谱也正好相对,那么就可以利用编码器中间生成的特征图谱去指导生成模型的生成过程,确保中间生成的特征图谱正好与编码器对应的中间结果类似,这样就可以最大限度地避免生成模型坍塌。该生成模型如图9-2所示的虚线下半部分。

图9-1中虚线的上下两层分别对应各自的特征图谱,那么如何才能保证这些特征图谱的数据分布尽可能接近呢?实际上,这与普通的GAN非常类似,训练一个判别模型,试图将编码器生成的特征图谱和生成模型的特征图谱区分开;同时,对应地训练生成模型试图生成以假乱真的特征图谱,最终生成模型就能生成足够逼真的特征图谱。当然,还需要一个判别模型用于辨别生成的图片和样本中的图片。

9.1.2 模型架构

上述SGAN模型需要三个判别模型,分别是用于辨别生成的图片和样本图片的D_0、用于辨别第一个和第二个特征图谱的D_1和D_2。这三个判别模型的目标是,尽可能将真实的样本及由经过编码转换得到的特征图谱与生成图片及由它们转换得到的特征图谱区分开。如果输入的张量来源于真实的样本图片,或者是由真实样本经过编码器(E_0、E_1、E_2)转换而来,那么输出值越接近于1;如果输入张量来源于生成的图片,或者是由生成的图片经过编码器转换而来,那么输出值尽可能接近于0。这里的损失称为对抗损失,分别记作$L_{G_0}^{adv}$、$L_{G_1}^{adv}$、$L_{G_2}^{adv}$。

除了上述判别模型损失之外,SGAN还引入了条件限制损失,它的目标是,确保SGAN能够从样本数据的分类信息中学习。其实现的方法是,将生成的图片经过对应的编码器转换成特征图谱,然后与真实样本经过编码器转换生成的特征比较,使对应的生成模型能够生成足够逼真的特征图谱。相应的损失函数分别是$L_{G_0}^{cond}$、$L_{G_1}^{cond}$、$L_{G_2}^{cond}$。与InfoGAN中的分类预测分支十分类似,但与InfoGAN不同的是,在SGAN中只有最后一层是类别预测(交叉熵损失),中间的都是特征图谱预测(平方差损失)。

在实现上,为了保证生成模型的多样性,SGAN还增加了Q网络模型,用于从生成的图片或特征图谱中还原随机噪声z。Q网络模型同样有三个,分别是Q_0、Q_1、Q_2,它们对应的损失函数分别记作$L_{G_0}^{ent}$、$L_{G_1}^{ent}$、$L_{G_2}^{ent}$。Q网络模型如图9-2所示。Q网络模型的作用类似于InfoGAN的互信息分支。

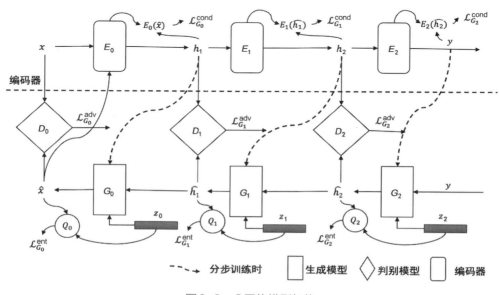

图9-2 Q网络模型架构

最终的 SGAN 模型架构如图 9-3 所示。

由于 SGAN 中的编码器可以独立训练,并且技术十分成熟,只要采用普通的卷积神经网络即可,因此这里不再介绍编码器模型。

在实现上,Q 网络和分类预测分支与判别模型以前共用一个卷积神经网络模型,在该模型的尾端是一个包含 256 个神经元的全连接层,在该全连接层之后是三个分支:

(1)包含 1 个神经元的全连接层:采用 sigmoid 激活,对应对抗损失,用于预测输入的是原始样本还是生成的样本。

(2)包含 10 个神经元的分类预测分支:采用 softmax 激活,用于预测输入的图片属于哪个类别。本书中主要介绍 SGAN 在 MNIST 数据集和 CIFAR 数据集上的实现,它们都只包含 10 个类别。

(3)包含 50 个神经元的全连接:用于还原输入的随机噪声 z。

SGAN 的判别模型、分类预测及 Q 网络架构如图 9-3 所示。

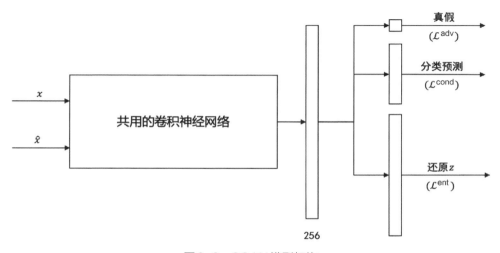

图 9-3　SGAN 模型架构

9.2　模型训练

训练 SGAN 的总体思路是,先单独训练各个 GAN 模型对,使各个 GAN 模型对能够正确生成各自的特征图谱;然后将各个 GAN 模型对中的生成模型拼接在一起,同样将生成模型也拼接在一起,对拼接后的模型进行联合训练。

9.2.1 分步训练

从图9-2中可以看出,SGAN十分复杂,包括三个编码器、三个判别模型和三个生成模型。如果一起训练这些模型,训练难度将会非常大,有可能无法拟合。因此,可以采用"分而治之"的思想来分步骤地训练SGAN模型。仔细观察图9-2可以发现,SGAN可以分成两个部分,第一部分是编码器;第二部分由三个GAN模型组成,分别是D_0和G_0、D_1和G_1、D_2和G_2。因此,可以对这两个部分分别进行训练。

首先训练编码器。编码器的训练十分简单,编码器实质上就是一个普通的、实现图像分类的卷积神经网络。卷积神经网络的建模和训练都十分成熟,所以构建一个卷积神经网络,并且进行充分的训练,使分类的准确率不低于99%即可。之后就可以固定编码器的参数,使它们不再变化,把三个编码器模型(E_0、E_1、E_2)当作三个普通的函数来使用。

其次训练三个GAN模型对。每个GAN模型对都包含一个生成模型和一个判别模型,与普通的GAN神经网络完全相同(因为编码器模型参数已经固定,所以可以看作普通函数),因此可以采用完全相同的方法来训练。首先是第一个GAN模型对D_0和G_0,D_0和G_0的输入是x和$\widehat{h_1}$,其中x是已知的,$\widehat{h_1}$可以通过编码器E_0对x进行转换得到,即它们的输入都是已知的,因此采用训练普通GAN模型的方法对它们进行训练即可;同理,D_1和G_1的输入是h_1和$\widehat{h_2}$,分别可以采用编码器E_0和E_1对x和h_1进行转换得到;同样的方法也可以得到D_2和G_2的输入。之后,按照训练普通GAN的方法完成对它们的训练即可。三个GAN模型对的分步训练如图9-4所示。

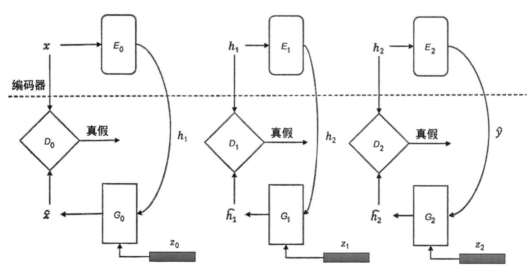

图9-4 三个GAN模型对分步训练

图9-4中的每一个GAN模型对展开都是一个完整的GAN模型,以第一个GAN模型对为例,展开后的模型架构如图9-5所示。后面两个GAN模型对展开后与图9-5类似,只不过输入从x变成h_1或h_2,对应的编码器从E_0变成E_1或E_2等。

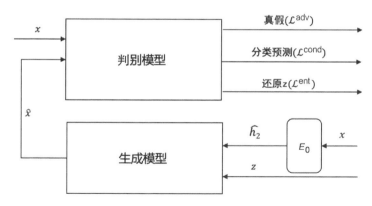

图9-5　SGAN模型中的GAN模型对架构

9.2.2　联合训练

在完成分布训练之后,可以将三个判别模型(D_0、D_1、D_2)串联起来形成最终的判别模型,将三个判别模型的输入作为最终的输入,三个判别模型的输出作为最终的输出,判别模型的损失为三个判别模型的损失与各自权重的积之和;同样地,将三个生成模型(G_0、G_1、G_2)串联起来形成最终的生成模型,它的输入是G_0、G_1、G_2的全部输入,将它们生成的中间结果和最终图片分别送给相应的判别模型辨别,将辨别结果作为它们的最终输出。由于生成模型和判别模型的初始参数都能够生成对应的中间结果,所以通过分布训练和联合训练可以大大降低生成模型坍塌的概率。SGAN联合训练架构如图9-6所示。

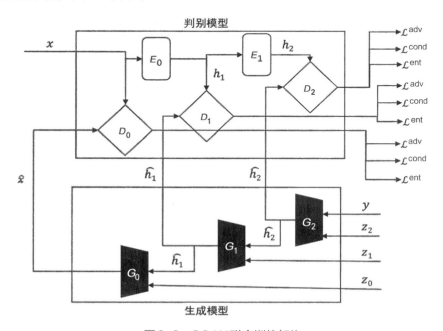

图9-6　SGAN联合训练架构

从图9-6中可以看出,当把生成模型G_0、G_1、G_2拼接成一个完整的生成模型之后,拼接之后的生成模型的输入就是三个生成模型的所有输入;同样地,拼接之后判别模型的输出也是三个判别模型D_0、D_1、D_2的全部输出。

从图9-6中还可以发现,与普通的GAN比较,SGAN不仅要求生成的图片足够像真实的样本,而且要求中间的特征图谱与编码器生成的中间图谱尽可能一致,从而达到既控制生成结果又控制生成过程的目的。

9.3　SGAN在MNIST数据集上的实现

在MNIST数据集上,SGAN采用了两个GAN模型对堆叠来实现,所以对应的编码器(E_0、E_1)、生成模型(G_0、G_1)、判别模型(D_0、D_1)都包含两个部分,分别介绍如下。

9.3.1　编码器架构

在MNIST数据集上,SGAN编码器的输入是28×28×1的图片,输出是分类结果。编码器分成两个部分,第一部分的输出是长度为256的特征图谱,第二部分是最终的分类结果(长度为10,代表10个手写数字0~9)。SGAN在MNIST数据集上的模型架构如图9-7所示。

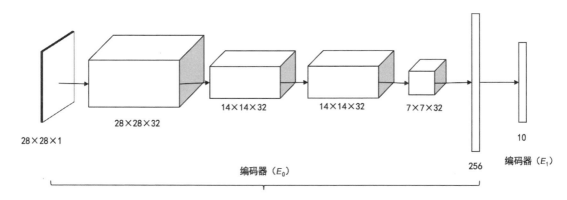

图9-7　SGAN在MNIST数据集上的模型

如图9-7所示,编码器由以下6层构成。

(1)卷积层:采用32个尺寸为5×5、填充方式为same的卷积核对输入的图片进行卷积操作,卷积结果为28×28×32的张量。

(2)最大池化操作:采用尺寸为2×2(默认值)、步长为2(默认值)的最大池化操作,将输入的形状为28×28×32的特征图谱转换为14×14×32的张量。

(3)卷积层:采用32个尺寸为5×5、填充方式为same的卷积核对输入的14×14×32的特征图谱进行卷积操作,卷积结果为14×14×32的张量。

(4)最大池化操作:采用尺寸为2×2(默认值)、步长为2(默认值)的最大池化操作,将输入的形状为14×14×32的特征图谱转换为7×7×32的张量。

(5)全连接层:将上述特征图谱展平,与包含256个神经元的全连接层连接。从输入的图片截止到此层,都属于编码器E_0。

(6)全连接层:将上述包含256个神经元的全连接层连接到包含10个神经元的全连接层,然后采用softmax激活,用于分类预测。最后一层属于编码器E_1。

9.3.2 编码器实现

为了保持代码简洁,将 SGAN 在 MNIST 数据集上的模型放在一个文件中。首先是StackedGAN 对象的初始化函数,其主要作用是记录随机噪声z_1和z_0的长度、生成随机噪声z_1和z_0,以及编码器E_0输出的特征图谱的长度。

将所有的编码器模型(E_0、E_1)、生成模型(G_0、G_1)、判别模型(D_0、D_1)都放在一个代码文件sgan_mnist.py中,本小节的代码就存放在此文件中。

1. 初始化StackedGAN 对象

初始化 StackedGAN 对象的代码如下:

```
#!/usr/bin/env python3
# -*- coding: UTF-8 -*-

from __future__ import absolute_import
from __future__ import division
from __future__ import print_function


import os
import time
import imageio
import logging
import numpy as np
import matplotlib.pyplot as plt


import tensorflow as tf  # TensorFlow 2.0


import tensorflow.keras.backend as K

# 导入常用模型
from tensorflow.keras.models import Sequential, Model
from tensorflow.keras.models import load_model

# 导入全连接层、批量标准化层、带泄漏的激活函数、激活函数
```

```
from tensorflow.keras.layers import Input, Dense, Embedding, Reshape, Flatten
from tensorflow.keras.layers import Conv2D, Conv2DTranspose, ZeroPadding2D
from tensorflow.keras.layers import MaxPool2D, BatchNormalization, Dropout
from tensorflow.keras.layers import Softmax, LeakyReLU, ReLU

from tensorflow.keras.optimizers import Adam

from encoder_trainer import EncoderTrainer
from sgan_trainer import SGANTrainer

# 确保运行环境是 TensorFlow 2.0
assert tf.__version__.startswith('2')


class StackGAN_MNIST():
    def __init__(self, dim_z1=50, dim_z0=50, num_label=1,
                    dim_label=10, dim_fc3=256, name='stacked_gan'):
        """
        构建StackedGAN对象,记录随机噪声z1、z0的长度,生成随机噪声 z1 和 z0
        编码器 E0 的特征图谱的长度
        """
        self.dim_z1 = dim_z1
        self.dim_z0 = dim_z0
        self.num_label = num_label
        self.dim_label = dim_label
        self.dim_fc3 = dim_fc3

        self.z1 = tf.random.normal([self.dim_z1, ])
        self.z0 = tf.random.normal([self.dim_z0, ])
```

2. 构建编码器 E_0

构建编码器 E_0 的代码如下:

```
    def encoder_0(self):
        """ 构建编码器 E0,采用卷积神经网络来实现"""
        model = Sequential(name='encoder_0')
        # 第一层,卷积层,采用32个尺寸为5×5、步长为1的卷积操作
        # 输入张量形状[28,28,1], 输出张量形状[28,28,32]
        model.add(Conv2D(
            32, 5, input_shape=(28, 28, 1),
            padding='same', activation='relu'))
        # 第二层,最大池化层
        # 输入张量形状[28,28,32], 输出张量形状[14,14,32]
        model.add(MaxPool2D())
        # 第三层,卷积层,采用32个尺寸为5×5、步长为1的卷积操作
        # 输入张量形状[14,14,32], 输出张量形状[14,14,32]
        model.add(Conv2D(
```

```
            32, 5, padding='same', activation='relu'))
    # 第四层,最大池化层
    # 输入张量形状[14,14,32], 输出张量形状[7, 7, 32]
    model.add(MaxPool2D())
    # 第五层,展平,与含有 256 个神经元的全连接层连接
    model.add(Flatten())
    # 最终输出的特征图谱的编码长度为 256
    model.add(Dense(self.dim_fc3, activation='relu'))

    return model
```

3. 构建编码器 E_1

构建编码器 E_1 的代码如下:

```
def encoder_1(self):
    """ 构建编码器 E1,实现分类预测"""
    model = Sequential(name='encoder_1')
    model.add(Dense(self.dim_label, input_shape=(self.dim_fc3,)))
    model.add(Softmax())
    return model
```

9.3.3　编码器训练

训练编码器可以分成三个步骤,第一,构建编码器训练对象,主要完成编码器训练的准备工作,包括构建优化器、初始化模型保存的路径等;第二,构建并编译编码器训练器;第三,完成编码器训练,并且保存训练好的模型。

将编码器训练的代码保存成 encoder_trainer.py 文件。

1. 构建编码器训练对象

构建编码器训练对象,完成编码器训练的准备工作,代码如下:

```
#!/usr/bin/env python3
# -*- coding: UTF-8 -*-

from __future__ import absolute_import
from __future__ import division
from __future__ import print_function


import os
import time
import numpy as np


import tensorflow as tf  # TF2


from tensorflow.keras.layers import Input, Dense, Reshape, Flatten, Dropout
```

```
from tensorflow.keras.models import Sequential, Model

# 导入常用优化器Adam
from tensorflow.keras.optimizers import Adam

# 确保代码的运行环境是 TensorFlow 2.0
assert tf.__version__.startswith('2')


class EncoderTrainer(object):
    def __init__(self, encoder_0, encoder_1, model_dir):
        """ 初始化编码器训练器对象 """

        # 保存encoder0和encoder1的模型实例
        self.encoder_0 = encoder_0
        self.encoder_1 = encoder_1

        # 优化器,初始化学习率为0.0001,beta_1参数为0.9
        self.optimizer = Adam(0.0001, 0.9)

        # 模型保存的地址
        self.model_dir = model_dir
        os.makedirs(self.model_dir, exist_ok=True)
```

2. 构建并编译编码器训练器

构建并编译编码器训练器,代码如下:

```
    def build_encoder(self, x_shape, y_shape):
        """ 根据传入张量的形状,构建并编译编码器训练器 """
        # 第一维度是batch_size,后三位维度是输入张量形状
        x_input = Input(shape=x_shape[-3:])

        # 编码器训练器由E0和E1串联而成
        h1 = self.encoder_0(x_input)
        y_pred = self.encoder_1(h1)

        # 根据输入/输出对象构建编码器训练器
        self.encoder_trainer = Model(x_input, y_pred)
        # 误差函数采用binary_crossentropy
        self.encoder_trainer.compile(
            loss=['binary_crossentropy'],
            optimizer=self.optimizer, metrics=['accuracy'])
```

3. 完成编码器训练,并保存训练好的模型

检查编码器是否训练完成,如果已经训练完成,则直接读取训练好的编码器;如果没有训练完成,那么训练编码器保存模型,并且返回训练好的编码器。代码如下:

```python
def train_encoder(self, images, labels, epochs):
    """ 训练编码器,输入参数包括图片、标签和训练的轮次 """

    # Encoder模型保存的文件名
    fname = 'model_encoder.h5'
    fname = os.path.join(self.model_dir, fname)

    # 检查Encoder模型是否已经预训练好,如训练好,直接加载
    if os.path.exists(fname):
        print("\n读取预先训练好的Encoder模型:{}。\n".format(fname))

        # 加载encoder_trainer模型
        self.encoder_trainer = tf.keras.models.load_model(fname)

        # 加载encoder_0模型
        encoder_0_fname = 'model_encoder_0.h5'
        encoder_0_fname = os.path.join(self.model_dir, encoder_0_fname)
        self.encoder_0 = tf.keras.models.load_model(encoder_0_fname)

        # 加载encoder_1模型
        encoder_1_fname = 'model_encoder_1.h5'
        encoder_1_fname = os.path.join(self.model_dir, encoder_1_fname)
        self.encoder_1 = tf.keras.models.load_model(encoder_1_fname)
    else:
        print("\n开始训练Encoder模型,将模型保存起来。\n")

        # 构建Encoder模型训练器
        self.build_encoder(images.shape, labels.shape)

        # 预先训练Encoder,每批次64张图片,训练epochs个轮次
        self.encoder_trainer.fit(
            x=images, y=labels, batch_size=64, epochs=epochs)
        self.encoder_trainer.save(fname)

        # 保存encoder_0和encoder_1两个模型
        encoder_0_fname = 'model_encoder_0.h5'
        encoder_0_fname = os.path.join(self.model_dir, encoder_0_fname)
        self.encoder_0.save(encoder_0_fname)

        encoder_1_fname = 'model_encoder_1.h5'
        encoder_1_fname = os.path.join(self.model_dir, encoder_1_fname)
        self.encoder_1.save(encoder_1_fname)

    # 设置Encoder参数为只读,且不允许在训练过程中改变
    self.encoder_0.trainable = False
    self.encoder_1.trainable = False
    self.encoder_trainer.trainable = False
```

```
# 返回预先训练好的encoder_0和encoder_1
return self.encoder_0, self.encoder_1
```

9.3.4　生成模型 G_0 架构

生成模型 G_0 的输入是 h_1、z_0；输出是形状为28×28×1的张量，即最终生成手写数字的图片。生成模型 G_0 的架构如图9-8所示。

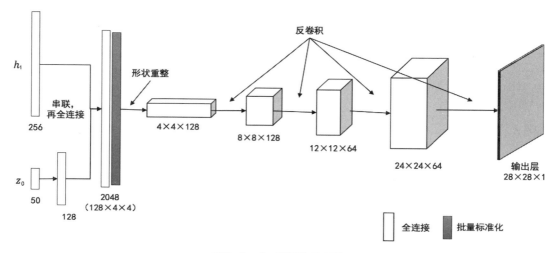

图9-8　生成模型 G_0 架构

从图9-8中可见，从最左边的输入层直到最后的输出层，生成模型 G_0 的网络层如下。

（1）输入层：包含 h_1 和 z_0，其中 z_0 先与包含128个神经元的全连接层连接，之后将 h_1 与该全连接层串联，串联之后共有384个神经元（h_1 包含256个神经元）。

（2）全连接层：包含2048（=4×4×128）个神经元，对输入张量进行批量标准化之后，再对该全连接层进行形状重整，输出形状为4×4×128的特征图谱。

（3）反卷积层：采用128个尺寸为5×5、步长为2、填充方式为same的反卷积操作，将输入的4×4×128的特征图谱转换为8×8×128的特征图谱，之后对输出的特征图谱进行批量标准化，作为最终的输出。

（4）反卷积层：采用64个尺寸为5×5、步长为1、填充方式为valid的反卷积操作，将输入的8×8×128的特征图谱转换为12×12×64的特征图谱，之后对输出的特征图谱进行批量标准化，作为最终的输出。

（5）反卷积层：采用64个尺寸为5×5、步长为2、填充方式为same的反卷积操作，将输入的12×12×64的特征图谱转换为24×24×64的特征图谱，之后对输出的特征图谱进行批量标准化，作为最终的输出。

（6）输出层：采用1个尺寸为5×5、步长为1、填充方式为valid的反卷积操作，将输入的24×24×64的特征图谱转换为28×28×1的张量，即最终的图片。

9.3.5　生成模型 G_0 实现

从图 9-8 中可见,输入层包含两个输入分支 h_1 和 z_0,由于多个分支的网络层无法直接添加到 Sequential 模型中,所以先构建输入层,再用 Sequential 模型来实现第二层到第六层的模型,最后将输入层与 Sequential 模型拼接成最终的模型。

生成模型 G_0 的代码,保存在文件 sgan_mnist.py 文件中,内容如下:

```python
def generator_0(self):
    """ 构建生成模型G0模型,gen_x= G0(h1, z0) """
    # 所有参数都采用均值为0、方差为0.02的正态分布随机数来初始化
    initializer = tf.keras.initializers.RandomNormal(mean=0.0, stddev=0.02)

    # 第一层,输入层,输入是h1和z0
    h1_input = Input(shape=(self.dim_fc3,), dtype=tf.float32)
    # 构建随机噪声z0
    z0_input = Input(shape=(self.dim_z0,), dtype=tf.float32)
    z0 = Dense(128, kernel_initializer=initializer)(z0_input)
    z0 = BatchNormalization()(z0)
    # 将h1和随机噪声串z0串联起来
    gen_input = tf.concat([h1_input, z0], axis=1)

    # 采用Sequential构建第二层到第六层
    model = Sequential(name='generator_0')

    # 第二层,全连接层,包含 128*4*4 个神经元
    model.add(Dense(128*4*4, input_shape=(128+self.dim_fc3,),
                    kernel_initializer=initializer, activation='relu'))
    model.add(BatchNormalization())
    model.add(Reshape(target_shape=(4, 4, 128)))

    # 第三层,反卷积层,采用128个、尺寸为5×5、步长为2、填充方式为'same'的反卷积
    # 输入:[4, 4, 128], 输出:[8, 8, 128]
    model.add(Conv2DTranspose(128, 5, strides=(2, 2), padding='same',
                    kernel_initializer=initializer, activation='relu'))
    model.add(BatchNormalization())

    # 第四层,反卷积层,采用128个、尺寸为5×5、步长为1、填充方式为'valid'的反卷积
    # 输入:[8, 8, 128], 输出:[12, 12, 64]
    model.add(Conv2DTranspose(64, 5, strides=(1, 1), padding='valid',
                    kernel_initializer=initializer, activation='relu'))
    model.add(BatchNormalization())

    # 第五层,反卷积层,采用64个、尺寸为5×5、步长为2、填充方式为'same'的反卷积
    # 输入:[12, 12, 64], 输出:[24, 24, 64]
    model.add(Conv2DTranspose(64, 5, strides=(2, 2), padding='same',
                    kernel_initializer=initializer, activation='relu'))
```

```
model.add(BatchNormalization())

# 第六层,反卷积层,采用1个、尺寸为5×5、步长为1、填充方式为'valid'的反卷积
# 输入:[24, 24, 64], 输出:[28, 28, 1]
model.add(Conv2DTranspose(1, 5, strides=(1, 1), padding='valid',
                kernel_initializer=initializer, activation='sigmoid'))

# 将输入层与Sequential模型拼接成最终的模型
gen_x = model(gen_input)
return Model([h1_input, z0_input], gen_x, name='generator_0')
```

9.3.6 判别模型 D_0 架构

在 MNIST 数据集上,判别模型 D_0 的架构如图 9-9 所示。

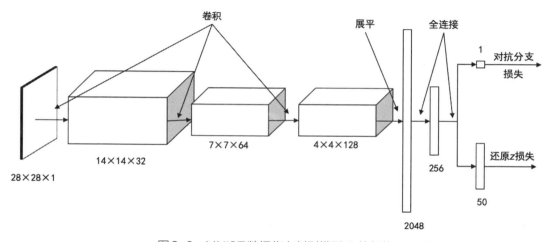

图 9-9   MNIST 数据集上判别模型 D_0 的架构

从图 9-9 中可以看出,判别模型 D_0 总共包含以下 6 个网络层。

(1)卷积层:输入是 28×28×1 的图片,采用 32 个尺寸为 5×5、步长为 2、填充方式为 same 的卷积操作,采用 LeakyReLU(泄漏系数为 0.2)作为激活函数,输出张量形状为 14×14×32。

(2)卷积层:采用 64 个尺寸为 5×5、步长为 2、填充方式为 same 的卷积操作,采用 LeakyReLU(泄漏系数为 0.2)作为激活函数,输出张量形状为 7×7×64。

(3)卷积层:采用 128 个尺寸为 5×5、步长为 2、填充方式为 same 的卷积操作,采用 LeakyReLU(泄漏系数为 0.2)作为激活函数,输出张量形状为 4×4×128。

(4)全连接层:将输入的形状为 4×4×128 的张量展平,形成包含 2048 个神经元的全连接层。

(5)全连接层:将上一层的输出连接到包含 256 个神经元的全连接层,采用 LeakyReLU(泄漏系数为 0.2)作为激活函数。

(6)输出层:共有两个分支,第一个是对抗分支,是仅有一个神经元的全连接层,激活函数是 sigmoid;第二个分支是还原 z 损失,该全连接层包含 50 个神经元。

9.3.7　判别模型 D_0 实现

生成模型 D_0 的代码保存在文件 sgan_mnist.py 文件中，内容如下：

```python
def discriminator_0(self):
    ''' 构建判别模型D0 '''
    # 所有参数都采用均值为0、方差为0.02的正态分布随机数来初始化
    initializer = tf.keras.initializers.RandomNormal(mean=0.0, stddev=0.02)
    model = Sequential(name='discriminator_0')

    # 第一层:卷积层,采用32个尺寸为5×5、步长为2、填充方式为same的卷积操作
    # 输入张量形状[28, 28, 1], 输出张量形状[14, 14, 32]
    model.add(Conv2D(32, 5, strides=(2, 2), input_shape=(28, 28, 1),
                    kernel_initializer=initializer, padding='same'))
    model.add(LeakyReLU(0.2))

    # 第二层:卷积层,采用64个尺寸为5×5、步长为2、填充方式为same的卷积操作
    # 输入张量形状[14, 14, 32], 输出张量形状[7, 7, 64]
    model.add(Conv2D(64, 5, strides=(2, 2), kernel_initializer=initializer,
                    padding='same'))
    model.add(LeakyReLU(0.2))

    # 第三层:卷积层,采用64个尺寸为5×5、步长为2、填充方式为same的卷积操作
    # 输入张量形状[7, 7, 64], 输出张量形状[4, 4, 128]
    model.add(Conv2D(128, 5, strides=(2, 2), kernel_initializer=initializer,
                    padding='same'))
    model.add(LeakyReLU(0.2))

    # 第四层:全连接层,展平成包含2048个神经元的全连接层。
    # 与包含256个神经元的全连接层连接
    model.add(Flatten())
    model.add(Dense(256, kernel_initializer=initializer))
    model.add(LeakyReLU(0.2))

    model.summary()

    # 构建判别模型的输入,形状为(28,28,1)的张量
    image = Input(shape=(28, 28, 1))
    d0_head = model(image)

    # 对抗损失分支,使Generator_0能够生成足够逼真的图片
    d0_adv = Dense(1, kernel_initializer=initializer,
                activation='sigmoid')(d0_head)
    d0_adv_model = Model(image, d0_adv, name='d0_adv')

    # 重构随机噪声z1损失分支
    d0_z_recon = Dense(50, kernel_initializer=initializer,
```

```
                            activation='sigmoid')(d0_head)
        d0_qnet_model = Model(image, d0_z_recon, name='d0_qnet')

        return d0_adv_model, d0_qnet_model
```

9.3.8 生成模型 G_1 架构

生成模型 G_1 的输入分别是标签 y 和随机噪声 z_1,输出的张量是 h_1,h_1 同时也是生成模型 G_0 的输入。生成模型 G_1 的架构如图9-10所示。

从图 9-10 中可以看出,在 MNIST 数据集上,生成模型 G_1 的架构包含以下4层。

(1)输入层:包含类别标签 y 和随机噪声 z_1,将它们串联起来。

(2)全连接层:与一个包含512个神经元的全连接层连接,该全连接层采用ReLU作为激活函数,再连接一个批量标准化层。

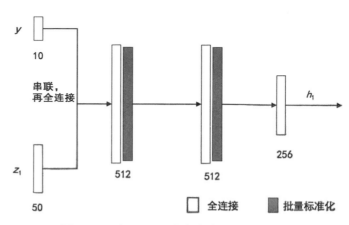

图9-10　在MNIST集上生成模型 G_1 的架构

(3)全连接层:与一个包含512个神经元的全连接层连接,该全连接层采用ReLU作为激活函数,之后是批量标准化层。

(4)全连接层:与一个包含256个神经元的全连接层连接,该全连接层采用ReLU作为激活函数。

9.3.9 生成模型 G_1 实现

从图9-10中可见,生成模型 G_1 的输入层同样包含两个输入分支 y 和 z_1,同样地,由于多个分支的网络层无法直接添加到Sequential模型中,所以先构建输入层模型,再用Sequential来实现第二层到第四层的模型,最后将输入层模型与Sequential模型拼接成最终的 G_1 模型。

生成模型 G_1 的代码保存在sgan_mnist.py文件中,内容如下:

```
def generator_1(self):
    ''' 构建生成模型G1, gen_h1 = G1(y, z1) '''

    # 所有参数都采用均值为0、方差为0.02的正态分布随机数来初始化
    initializer = tf.keras.initializers.RandomNormal(mean=0.0, stddev=0.02)
```

```
# 第一层,输入层
# 输入的直接就是one-hot张量(因为y对应的分步骤训练过程中的h2就是one-hot,
# 在联合训练阶段,y要取代h2作为G1的输入,因此它们的类型必须一致)
y = Input(shape=(self.num_label*self.dim_label,), dtype=tf.float32)
# 构建生成模型的输入,包括随机噪声、类别标签、互信息代码
z1 = Input(shape=(self.dim_z1,), dtype=tf.float32)
# 将随机噪声、类别标签串联起来
gen_input = tf.concat([y, z1], axis=1)
# 调用生成模型生成图片
gen_h1 = model(gen_input)

# 采用Sequential来构建从第二层到第四层的模型
model = Sequential(name='generator_1')

# 第二层,全连接层,512个神经元,紧跟着批量标准化层
model.add(Dense(512, input_shape=(self.dim_z1+self.num_label*self.dim_label,),
                kernel_initializer=initializer, activation='relu'))
model.add(BatchNormalization())

# 第三层,全连接层,512个神经元,紧跟着批量标准化层
model.add(Dense(512, kernel_initializer=initializer, activation='relu'))
model.add(BatchNormalization())

# 第四层,全连接层,256个神经元
model.add(Dense(self.dim_fc3,
                kernel_initializer=initializer, activation='relu'))

return Model([y, z1], gen_h1, name='generator_1')
```

9.3.10　判别模型 D_1 架构

在 MNIST 数据集上,判别模型 D_1 的输入是 h_1,输出是对抗分支损失和还原 z 损失。判别模型 D_1 架构如图 9-11 所示。

从图 9-11 中可以看出,在 MNIST 数据集上,判别模型 D_1 的架构包含以下 4 层。

(1)输入层:包含 256 个神经元的 h_1。

(2)全连接层:与一个包含 256 个神经元的全连接层连接,紧接着一个 Leaky-ReLU 激活函数,泄漏系数为 0.2。

(3)全连接层:与一个包含 256 个神经元的全连接层连接,紧接着一个 Leaky-ReLU 激活函数,泄漏系数为 0.2。

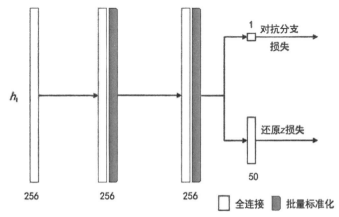

图 9-11　MNIST 数据集上判别模型 D_1 的架构

（4）输出层：包含两个分支，第一个分支是对抗损失分支，包含1个神经元，采用sigmoid作为激活函数；第二个分支是还原z损失分支，包含50个神经元，同样采用sigmoid作为激活函数。

9.3.11　判别模型 D_1 实现

判别模型 D_1 的代码保存在 sgan_mnist.py 文件中，内容如下：

```
def discriminator_1(self):
    ''' specify discriminator D1 '''
    # 所有参数都采用均值为0、方差为0.02的正态分布随机数来初始化
    initializer = tf.keras.initializers.RandomNormal(mean=0.0, stddev=0.02)
    model = Sequential(name='Discriminator_1')

    # 第一层，全连接层，256 个神经元
    model.add(Dense(256, kernel_initializer=initializer,
                    input_shape=(self.dim_fc3,)))
    model.add(LeakyReLU(0.2))

    # 第二层，全连接层，256 个神经元
    model.add(Dense(256, kernel_initializer=initializer))
    model.add(LeakyReLU(0.2))

    # 构建输入张量，输入的是h1(对应 Encoder 的fc3，或者 Generator_1 的输出)
    fc3_maps_input = Input(shape=(self.dim_fc3,))
    d1_head = model(fc3_maps_input)

    # 对抗损失分支，使 Generator_1 能够生成足够逼真的特征图谱
    # 判断输入的特征图谱来源于真实样本还是 Generator_1 的输出
    d1_adv = Dense(1, kernel_initializer=initializer,
                   activation='sigmoid')(d1_head)
    d1_adv_model = Model(fc3_maps_input, d1_adv, name='d1_adv')

    # 重构随机噪声z1损失分支
    d1_z_recon = Dense(50, kernel_initializer=initializer,
                       activation='sigmoid')(d1_head)
    d1_qnet_model = Model(
        fc3_maps_input, [d1_adv, d1_z_recon], name='d1_qnet')

    return d1_adv_model, d1_qnet_model
```

9.3.12　训练 SGAN 模型对

在 MNIST 数据集上，SGAN 模型中共有两个 GAN 模型对，分别是（G_0 和 D_0、G_1 和 D_1），需要分别训练它们。所以，构建一个 SGAN 模型训练器，用于 SGAN 的 GAN 模型对训练。为了尽可能复用

代码,将训练SGAN模型对的代码保存到sgan_trainer.py 文件中。

训练SGAN模型对主要包含以下几个步骤。

(1)初始化SGAN模型对的训练对象。保存SGAN模型对训练器的相关参数,包括生成模型、判别模型、Q网络、对应的编码器、随机噪声的维度、模型保存的目录等。

(2)构建SGAN模型训练器。每一个GAN模型对需要交替训练生成模型和判别模型,所以需要分别构建生成模型和判别模型的训练器对象。

(3)模型检查点恢复和模型保存。由于SGAN模型训练所需时间较长,因此在模型训练的过程中需要定期将模型保存起来。

(4)准备样本数据。将样本数据按照训练的轮次、批次划分好,准备用于模型训练。

(5)GAN模型对训练。检查对应的GAN模型对是否已经训练完成,如果已经训练完成,则直接读取预先训练好的模型,继续训练下一个GAN模型对;如果没有训练好,则继续从上一次保存的检查点进行训练。

1. 初始化相关参数

初始化SGAN模型对训练所需的相关参数,包括GAN模型对中的生成模型、判别模型、Q网络、编码器、随机噪声维度、模型保存的目录等。代码如下:

```python
#!/usr/bin/env python3
# -*- coding: UTF-8 -*-

from __future__ import absolute_import
from __future__ import division
from __future__ import print_function


import os
import logging
import time
import numpy as np
import matplotlib.pyplot as plt
from IPython import display

import tensorflow as tf  # TF2

from tensorflow.keras.layers import Input, Dense, Reshape, Flatten, Dropout
from tensorflow.keras.models import Sequential, Model

# 导入常用优化器Adam
from tensorflow.keras.optimizers import Adam

# 注意:encoder_trainer必须和编码器训练文件名(encoder_trainer.py)一致
import encoder_trainer

# 确保代码的运行环境是 TensorFlow 2.0
assert tf.__version__.startswith('2')
```

```python
logging.getLogger("tensorflow").setLevel(logging.ERROR)


class SGANTrainer(object):
    def __init__(self, generator, discriminator,
                 qnet, encoder, dim_z, model_dir, y_pred_loss='mse'):
        """ SGAN模型训练器,用于训练SGAN中的GAN模型对(G0和D0、G1和D1)"""
        self.generator = generator
        self.discriminator = discriminator
        self.qnet = qnet
        self.encoder = encoder
        self.encoder.trainable = False

        self.dim_z = dim_z
        self.y_pred_loss = y_pred_loss

        # 优化器,初始化学习率为0.0002,beta_1参数为0.9
        self.optimizer = Adam(0.0002, 0.5)

        # 模型保存的地址
        self.model_dir = model_dir
        os.makedirs(self.model_dir, exist_ok=True)

        # 检查点保存函数,用于从上一次保存点继续训练
        self.checkpoint = tf.train.Checkpoint(
            # 训练的轮次,保存起来,在多次训练中持续增长。
            epoch=tf.Variable(0),
            # 训练的步数(全局步数),在多次训练中持续增长
            step=tf.Variable(0),
            generator=self.generator,
            discriminator=self.discriminator,
            qnet=self.qnet,
            encoder=self.encoder
        )

        # 检查是否有上一次训练过程中保存的模型
        self.manager = tf.train.CheckpointManager(
            self.checkpoint, self.model_dir, max_to_keep=5)
```

2. 构建SGAN模型训练器

分别构建生成模型训练器和判别模型训练器,代码如下:

```python
def build_sgan(self, x_shape, y_shape):
    """ 构建SGAN,并构建d_trianer、g_trainer """
    # 构建判别模型训练器
    self.d_trainer = self.discriminator
```

```
self.d_trainer.compile(loss=['binary_crossentropy'],
                    optimizer=self.optimizer, metrics=['accuracy'])
self.d_trainer.summary()
print("\n")


# 构建生成的x(gen_x)和生成模型训练器
self.d_trainer.trainable = False


y_input = Input(shape=y_shape[-1:])
z_input = Input(shape=(self.dim_z))
gen_x = self.generator([y_input, z_input])


adv_pred = self.discriminator(gen_x)
y_pred = self.encoder(gen_x)
z_pred = self.qnet(gen_x)
self.g_trainer = Model([y_input, z_input], [adv_pred, y_pred, z_pred])


self.g_trainer.compile(
    loss=['binary_crossentropy', self.y_pred_loss, 'mse'],
    loss_weights=[1.0, 1.0, 10.0], optimizer=self.optimizer,
    metrics={self.d_trainer.name: 'accuracy',
            self.encoder.name: ['accuracy']})


self.g_trainer.summary()
print("\n")
```

3. 模型恢复与保存函数

模型恢复与保存函数用于从上一次模型训练时保存的检查点的基础上恢复训练,这样就不会每次都从头开始,能够不断地积累训练的轮次和批次。代码如下:

```
def restore_checkpoint(self, manager):
    """ 从上一次训练保存的检查点恢复模型
    参数:
        manager:检查点管理对象
    """
    # 如果有,则加载上一次保存的模型
    self.checkpoint.restore(manager.latest_checkpoint)
    # 检查是否加载成功,如成功,则从上一次保存点加载模型
    if manager.latest_checkpoint:
        print("\n从上一次保存点恢复:{}\n".format(manager.latest_checkpoint))
        self.epoch = self.checkpoint.epoch
        self.step = self.checkpoint.step
        self.generator = self.checkpoint.generator
        self.discriminator = self.checkpoint.discriminator
        self.qnet = self.checkpoint.qnet
        self.encoder = self.checkpoint.encoder
```

```
        else:
            # 初始化epoch、step
            self.epoch = 1
            self.step = 1

    def save_model(self, model, model_name):
        """ 保存预先训练好的模型,以便于在多次训练时重复使用 """
        fname = os.path.join(self.model_dir, 'model_{}.h5'.format(model_name))
        model.save(fname)
```

4. 样本数据准备函数

将样本数据按照训练的轮次(epochs)和批次(batch_size)进行划分,用于模型训练。代码
如下:

```
    def to_dataset(self, x, y, epochs, buffer_size, batch_size):
        """
        将输入的样本数据按照训练的轮次、批次划分好
        参数:
            buffer_size:乱序排列时,乱序的缓存大小
            batch_size:批处理的大小
        Return:
            训练样本数据集
        """

        # 对样本数据进行乱序排列,并按照batch_size大小划分成不同批次的数据
        train_ds = tf.data.Dataset.from_tensor_slices((x, y))
        # 如果机器的内存较大,建议设置较大的buffer_size
        train_ds = train_ds.prefetch(buffer_size).shuffle(buffer_size)

        # drop_remainder=True,如果最后一个批次的样本数据个数少于batch_size,则丢弃
        # 这样可以保证所有批次的样本数量都一致
        train_ds = train_ds.batch(batch_size, drop_remainder=True)
        return train_ds
```

5. SGAN模型对训练函数

SGAN模型完成的主要工作包括检查模型对是否完成了指定轮次或批次的训练,如果已经
完成指定轮次或批次的模型训练,就直接读取训练好的模型。接着,交替训练生成模型和判别模
型。代码如下:

```
    def train_sgan(self, x, y, epochs, buffer_size, batch_size,
                   save_checkpoints_steps=100, show_msg_steps=10,
                   sample_image_steps=1000, sample_image_fn=None, name='d0g0'):
        """ 训练GAN模型对(G0和D0、G1和D1)"""
        # 尝试从上一次训练保存的模型中读取
        self.restore_checkpoint(self.manager)
        # 检查训练轮次是否已经完成,在多次重复训练的情况下,有可能已经完成D0、G0
```

```
# 的训练,需要继续训练D1、G1,所以这里直接返回,继续训练下个模型
if self.epoch >= epochs or self.step >= 10000:
    self.save_model(self.discriminator, "discriminator")
    self.save_model(self.generator, "generator")
    self.save_model(self.qnet, "qnet")
    print("\nSGAN的{}模型已经完成训练轮数,直接返回。\n".format(name))
    return


dataset = self.to_dataset(x, y, epochs=epochs,
                          buffer_size=buffer_size, batch_size=batch_size)


valid = tf.ones((batch_size, 1))
fake = tf.zeros((batch_size, 1))


# 从1开始计算轮数,轮数保存在checkpoint对象中,每次从上一次的轮数开始
time_start = time.time()
epoch_start = int(self.checkpoint.epoch)
x_shape = x.shape
y_shape = y.shape


self.build_sgan(x_shape, y_shape)

for epoch in range(epoch_start, epochs):
    epoch = int(self.checkpoint.epoch)
    for x, y in dataset:
        # 对本轮所有的样本数据进行逐个批次的训练
        step = int(self.checkpoint.step)

        # 训练判别模型
        d_loss_real = self.d_trainer.train_on_batch(x, valid)

        # 训练生成模型
        z = tf.random.normal([batch_size, self.dim_z])
        gen_x = self.generator([y, z])
        d_loss_fake = self.d_trainer.train_on_batch(gen_x, fake)

        d_loss = np.add(d_loss_real, d_loss_fake) / 2.0

        # 训练生成模型
        g_loss = self.g_trainer.train_on_batch([y, z], [valid, y, z])

        # -----------------------------------------------------------
        # 记录当前时间,输出控制台日志,显示训练进程
        time_end = time.time()

        # 输出控制台日志,显示训练进程
        if step % show_msg_steps == 0:
```

```
        tmp = "第{:2d}轮,第 {:4d}步, 用时:{:.2f}秒,判别模型损失:{:.8f}", "\
            "准确率:{:.2f}%\n 生成模型损失:{:.8f}, 准确率:{:.2f}%, y还
            原损失"\
            ":{:.8f}, z还原损失:{:.8f},\n"
        print(tmp.format(
            epoch+1, step+1, time_end-time_start,
            d_loss[0], 100 * d_loss[1],
            g_loss[1], 100 * g_loss[4], g_loss[2], g_loss[3]))
        time_start = time_end

        # 每训练save_checkpoints_steps步,保存一次模型
        if step % save_checkpoints_steps == 0:
            save_path = self.manager.save()
            tmp2 = "保存模型,文件名: {}\n"
            print(tmp2.format(save_path))

        # 每训练sample_image_steps步,保存一次图片
        if sample_image_fn is not None \
                and step % sample_image_steps == 0:
            sample_image_fn(self.generator, epoch, step, name)

        self.checkpoint.step.assign_add(1)

    # 完成一轮训练,将轮次增加1次,并且保存模型
    self.checkpoint.epoch.assign_add(1)
```

9.3.13 分步训练入口

至此,已经准备好了 SGAN 模型训练的所有代码。现在编写一个入口函数,将 SGAN 在 MNIST 数据上的分步训练的代码串起来。把分布训练入口的有关代码保存在 train_sgan_mnist.py 文件中。

1. 保存生成图片

随着模型训练的批次不断增加,生成图片的质量也在不断提高。每隔一定的批次,就调用生成模型生成图片,用于观察生成图片的变化。代码如下:

```
#!/usr/bin/env python3
# -*- coding: UTF-8 -*-


from __future__ import absolute_import
from __future__ import division
from __future__ import print_function



import os
import time
```

```
import imageio
import logging
import numpy as np
import matplotlib.pyplot as plt

import tensorflow as tf  # TensorFlow 2.0

import tensorflow.keras.backend as K

# 导入常用模型
from tensorflow.keras.models import Sequential, Model

# 导入全连接层、批量标准化层、带泄漏的激活函数、激活函数
from tensorflow.keras.layers import Input, Dense, Embedding, Reshape, Flatten
from tensorflow.keras.layers import Conv2D, Conv2DTranspose, ZeroPadding2D
from tensorflow.keras.layers import MaxPool2D, BatchNormalization, Dropout
from tensorflow.keras.layers import Softmax, LeakyReLU, ReLU

from tensorflow.keras.optimizers import Adam

from sgan_mnist import StackGAN_MNIST
from encoder_trainer import EncoderTrainer
from sgan_trainer import SGANTrainer

# 确保运行环境是 TensorFlow 2.0
assert tf.__version__.startswith('2')


def save_images(generator, epoch, step, name):
    """
    利用生成模型生成图片,然后保存到指定的文件夹下

    参数:
        generator: 生成模型,已经经过epoch轮训练
        epoch: 训练的轮数
        step: 训练的步骤数
        name: 字符串,分别是static_z、code_1、code_2
        code: 互信息的代码,代表隐含的潜在特征
    """
    image_dir = '../logs/sgan/images_{}/'.format(name)
    os.makedirs(image_dir, exist_ok=True)

    # 输出10行、10列,共计100个手写数字图片
    rows, cols = 10, 10
    fig, axs = plt.subplots(rows, cols)
    # 每次生成一个数字,共10次,分别是0~9
    y = tf.reshape(h1_samples, shape=(100, 256))
```

229

```
gen_imgs = generator([y, static_z])
# 将生成的图片数据从[0, 1]映射到[0, 255]
gen_imgs = gen_imgs * 255.0

for i in range(rows):
    for j in range(cols):
        axs[i, j].imshow(gen_imgs[j+i*10, :, :, 0], cmap='gray')
        axs[i, j].axis('off')

# 逐级创建目录,如果目录已存在,则忽略
# 保存图片
tmp = os.path.join(image_dir, 'image_{:04d}_{:05d}.png')
image_file_name = tmp.format(epoch+1, step+1)
fig.savefig(image_file_name)
plt.close()

# 输出日志
tmp = "第{}轮,第{}步,保存图片:{}\n"
print(tmp.format(epoch+1, step+1, image_file_name))
```

2. 读取样本数据

读取 MNIST 数据集,并且将各个像素的取值从 $[0,255]$ 区间映射到 $[0,1]$ 区间。代码如下:

```
def read_mnist():
    # 读取MNIST样本数据
    (x, y), (_, _) = tf.keras.datasets.mnist.load_data()

    # 将图像维度从[28, 28]扩展到[28, 28, 1]
    x = tf.expand_dims(x, axis=-1)
    # 将MNIST的像素取值区间从[0, 255]映射到[0, 1],因为InfoGAN的生成模型
    # 最后一次采用sigmoid作为激活函数,sigmoid输出的取值范围为[0, 1],样本数据需要
    # 与它一致
    x = tf.cast(x, tf.float32) / 255.0

    return x, y
```

3. 构建并调用模型入口函数

构建 SGAN 模型训练的入口,主要包括完成编码器训练、D_0 和 G_0 模型对训练、D_1 和 G_1 模型对训练等工作。另外,在分步训练过程中,需要提取样本图片经过编码器转换生成的 h_1,用于检查生成模型生成的图片质量。代码如下:

```
def main(epochs=20, buffer_size=30000, batch_size=100,
        show_msg_steps=10, save_checkpoints_steps=200,
        sample_image_steps=400, name='sgan_mnist'):
    """ 模型训练入口函数,完成样本数据读取、设置训练参数的工作 """

    # 构建StackedGAN模型
```

```
sgan = StackGAN_MNIST(
    dim_z1=50, dim_z0=50, num_label=1, dim_label=10, dim_fc3=256)

# Train Encoder 或直接加载训练好的 Encoder
x, y = read_mnist()
# 转换成 one-hot 张量
images = x
labels = tf.one_hot(y, 10)

model_dir = '../logs/{}/pre_trained/'.format(name)

# 构建编码器训练对象,完成编码器训练(E0 和 E1)
trainer = EncoderTrainer(
    sgan.encoder_0(), sgan.encoder_1(), model_dir=model_dir)
encoder_0, encoder_1 = trainer.train_encoder(images, labels, epochs=20)

# 训练 Generator0 和 Discriminator0
h1 = encoder_0(images)

# 准备生成图片用的 h1 样本
for i in range(10):
    elements = 0
    for idx, label in enumerate(y):
        if i == label:
            h1_samples.append(h1[idx])
            elements += 1
            if elements == 10:
                break

# 构建并训练 D0 和 G0 模型对
d0, q0 = sgan.discriminator_0()
g0 = sgan.generator_0()
name_0 = '../logs/{}/model_d0g0/'.format(name)
sgan_trainer = SGANTrainer(g0, d0, q0, encoder_0, sgan.dim_z1,
                           model_dir=name_0)

sgan_trainer.train_sgan(images, h1, epochs=epochs, buffer_size=buffer_size,
                        batch_size=batch_size, show_msg_steps=show_msg_steps,
                        save_checkpoints_steps=save_checkpoints_steps,
                        sample_image_steps=sample_image_steps,
                        sample_image_fn=save_images)

# 构建并训练 D1 和 G1 模型对
h2 = encoder_1(h1)
d1, q1 = sgan.discriminator_1()
g1 = sgan.generator_1()
```

```
name_1 = '../logs/{}/model_d1g1/'.format(name)
sgan_trainer = SGANTrainer(g1, d1, q1, encoder_1, sgan.dim_z1,
                    model_dir=name_1, y_pred_loss='categorical_crossentropy')
sgan_trainer.train_sgan(
    h1, h2, epochs=epochs, buffer_size=buffer_size,
    batch_size=batch_size, show_msg_steps=show_msg_steps,
    save_checkpoints_steps=save_checkpoints_steps,
    sample_image_steps=sample_image_steps)


# -----------------------Main Starts here----------------------
# 静态随机噪声,用于生成图片,比较生成模型的训练效果
h1_samples = []
static_z = tf.random.normal([100, 50])
main(epochs=32, show_msg_steps=50,
    save_checkpoints_steps=200, sample_image_steps=400)
```

9.3.14　分步训练生成图片展示

　　最终 10000 个批次的分步训练生成的图片如图 9-12 所示。从图 9-12 中可以看出,SGAN 生成模型的多样性非常好,各个手写数字的线条粗细、笔画的特点都得到了很好的保留。

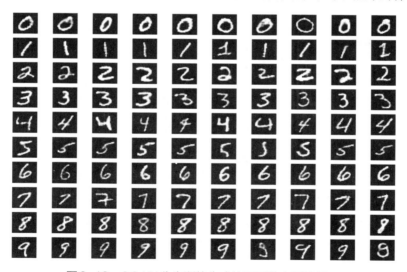

图 9-12　SGAN 分步训练生成的手写数字图片展示

9.3.15　联合训练

　　联合训练就是将训练好的 SGAN 中的模型对连接在一起,进行整体训练。其具体做法是,将所有的生成模型(G_1、G_0)串联在一起,构建成最终的生成模型;将判别模型(D_1、D_0)串联在一起,

构建成最终的判别模型。这样,SGAN就能够完成从输入的 y 和随机噪声 (z_1, z_0) 到生成最终图片的整体流程。

1. 初始化相关参数

初始化相关参数,构建保存模型的路径,读取预先训练好的SGAN模型对。将代码保存到 sgan_joint_trainer.py 文件中,内容如下:

```
#!/usr/bin/env python3
# -*- coding: UTF-8 -*-

from __future__ import absolute_import
from __future__ import division
from __future__ import print_function

import os
import logging
import time
import numpy as np
import matplotlib.pyplot as plt
from IPython import display

import tensorflow as tf  # TF2

from tensorflow.keras.layers import Input, Dense, Reshape, Flatten, Dropout
from tensorflow.keras.models import Sequential, Model

# 导入常用优化器Adam
from tensorflow.keras.optimizers import Adam

from sgan_mnist import StackGAN_MNIST
from encoder_trainer import EncoderTrainer

# 确保代码的运行环境是 TensorFlow 2.0
assert tf.__version__.startswith('2')

logging.getLogger("tensorflow").setLevel(logging.ERROR)


class SGANJointTrainer(object):
    def __init__(self, dim_y=10, dim_z1=50, dim_z0=50, name="joint"):
        """ 初始化SGAN联合训练对象,并保存相关参数 """

        # 保存相关参数
        self.dim_y = dim_y
        self.dim_z1 = dim_z1
        self.dim_z0 = dim_z0
```

```python
        self.name = name

        # 优化器,初始化学习率为0.0001,beta_1参数为0.9
        self.optimizer = Adam(0.0002, 0.9)

        # 模型保存的地址
        self.model_dir = "../logs/sgan_mnist/model_{}/".format(self.name)
        os.makedirs(self.model_dir, exist_ok=True)

        # 先完成分步骤训练,才能进行联合训练,所以在这里直接
        # 加载预先训练好的模型
        self.encoder_0 = self.load_model("encoder_0")
        self.encoder_1 = self.load_model("encoder_1")

        self.discriminator_0 = self.load_model("d0g0_discriminator")
        self.generator_0 = self.load_model("d0g0_generator")
        self.qnet_0 = self.load_model("d0g0_qnet")

        self.discriminator_1 = self.load_model("d1g1_discriminator")
        self.generator_1 = self.load_model("d1g1_generator")
        self.qnet_1 = self.load_model("d1g1_qnet")

        # 固定编码器参数。编码器是预先训练好的,不参与训练
        self.encoder_0.trainable = False
        self.encoder_1.trainable = False

        # 构建联合训练器
        self.build_joint_trainer()

        # 检查点保存函数,用于从上一次保存点继续训练
        self.checkpoint = tf.train.Checkpoint(
            # 训练的轮次,保存起来,在多次训练中持续增长
            epoch=tf.Variable(0),
            # 训练的步数(全局步数),在多次训练中持续增长
            step=tf.Variable(0),
            g_trainer=self.g_trainer,
            d_trainer=self.d_trainer,
            q_trainer=self.q_trainer
        )

        # 检查是否有上一次训练过程中保存的模型
        self.manager = tf.train.CheckpointManager(
            self.checkpoint, self.model_dir, max_to_keep=5)
```

2. 加载预训练模型函数

加载预先训练好的SGAN模型函数,代码如下:

```
def load_model(self, name):
    """ 加载预先训练好的模型函数 """
    fname = "../logs/sgan_mnist/pre_trained/model_{}.h5".format(name)
    if not os.path.exists(fname):
        print("\n模型文件:{} 不存在。先完成分布训练，才能进行联合训练。\n".format
          (fname))
        exit(0)
    model = tf.keras.models.load_model(fname)
    return model
```

3. 恢复模型检查点

恢复模型检查点，用于从上一次保存的模型检查点恢复模型，以便于能够从"断点"处继续训练模型。代码如下：

```
def restore_checkpoint(self, manager):
    """ 从上一次训练保存的检查点恢复模型
    参数：
        manager：检查点管理对象
    """
    # 如果有，则加载上一次保存的模型
    self.checkpoint.restore(manager.latest_checkpoint)
    # 检查是否加载成功，如成功，则从上一次保存点加载模型
    if manager.latest_checkpoint:
        print("\n从上一次保存点恢复:{}\n".format(manager.latest_checkpoint))
        self.epoch = self.checkpoint.epoch
        self.step = self.checkpoint.step
        self.g_trainer = self.checkpoint.g_trainer
        self.d_trainer = self.checkpoint.d_trainer
        self.q_trainer = self.checkpoint.q_trainer
    else:
        # 初始化epoch、step
        self.epoch = 1
        self.step = 1
```

4. 生成图片采样

为了检查生成模型训练效果，每隔一定的训练步骤就调用生成模型生成一次图片，比较随着训练批次的增加，生成模型性能的提升效果。代码如下：

```
def save_images(self, epoch, step):
    """
    利用生成模型生成图片，然后保存到指定的文件夹下

    参数：
        epoch：训练的轮数
        step：训练的步骤数
    """
```

```python
# 生成图片保存路径
image_dir = '../logs/sgan_mnist/images_joint/'
os.makedirs(image_dir, exist_ok=True)

# 输出10行、10列,共计100个手写数字图片
rows, cols = 10, 10
fig, axs = plt.subplots(rows, cols)

# 生成三个张量(y,z1,z0)
tmp = tf.range(0, 10, dtype='int32')
tmp = tf.keras.backend.repeat_elements(tmp, 10, axis=0)
y = tf.one_hot(tmp, 10, dtype=tf.float32)
z1 = tf.random.normal(shape=(100, self.dim_z1), dtype=tf.float32)
z0 = tf.random.normal(shape=(100, self.dim_z0), dtype=tf.float32)

# 生成的h1和图片数据
gen_h1 = self.generator_1([y, z1])
gen_imgs = self.generator_0([gen_h1, z0])

# 将生成的图片数据从[0, 1]映射到[0, 255]
gen_imgs = gen_imgs * 255.0

for i in range(rows):
    for j in range(cols):
        axs[i, j].imshow(gen_imgs[j+i*10, :, :, 0], cmap='gray')
        axs[i, j].axis('off')

# 逐级创建目录,如果目录已存在,则忽略
os.makedirs(image_dir, exist_ok=True)
# 保存图片
tmp = os.path.join(
    image_dir, 'image_{:04d}_{:05d}.png')
image_file_name = tmp.format(epoch+1, step+1)
fig.savefig(image_file_name)
plt.close()

# 输出日志
tmp = "第{}轮,第{}步, 保存图片:{}\n"
print(tmp.format(epoch+1, step+1, image_file_name))
```

5. 构建并编译训练器

构建并编译 SGAN 联合训练器,包括判别模型训练器、Q 模型训练器和生成模型训练器。代码如下。

```python
def build_joint_trainer(self):
    """ 构建SGAN,并构建d_trianer、g_trainer """
```

```python
# 构建并编译判别模型训练器(d_trainer)
x_input = Input(shape=(28, 28, 1), dtype=tf.float32)
d0_adv = self.discriminator_0(x_input)

h1 = self.encoder_0(x_input)
d1_adv = self.discriminator_1(h1)
self.d_trainer = Model([x_input], [d0_adv, d1_adv])
self.d_trainer.compile(loss=['binary_crossentropy','binary_crossentropy'],
                    optimizer=self.optimizer, metrics=['accuracy'])
self.d_trainer.summary()
print("\n")


# 构建并编译Q网络模型训练器(q_trainer)
y_input = Input(shape=(self.dim_y,), dtype=tf.float32)
z1_input = Input(shape=(self.dim_z1), dtype=tf.float32)
z0_input = Input(shape=(self.dim_z0), dtype=tf.float32)

gen_h1 = self.generator_1([y_input, z1_input])
g1_adv = self.discriminator_1(gen_h1)
y_pred = self.encoder_1(gen_h1)
z1_pred = self.qnet_1(gen_h1)

gen_x = self.generator_0([gen_h1, z0_input])
g0_adv = self.discriminator_0(gen_x)
z0_pred = self.qnet_0(gen_x)

self.q_trainer = Model([y_input, z1_input, z0_input],
                    [y_pred, gen_h1, z1_pred, z0_pred])
self.q_trainer.compile(
    loss=['categorical_crossentropy',
            'mean_squared_error', 'mse', 'mse'],
    loss_weights=[1.0, 1.0, 10.0, 10.0], optimizer=self.optimizer)
self.q_trainer.summary()
print("\n")


# 构建并编译生成模型训练器(g_trainer)
# 在训练生成模型时,固定判别模型的参数
self.d_trainer.trainable = False
self.discriminator_0.trainable = False
self.discriminator_1.trainable = False


self.g_trainer = Model([y_input, z1_input, z0_input], [g1_adv, g0_adv])
self.g_trainer.compile(loss=['binary_crossentropy', 'binary_crossentropy'],
                    optimizer=self.optimizer, metrics=['accuracy'])
self.g_trainer.summary()
print("\n")
```

6. 数据转换划分

数据转换划分就是将样本数据按照指定的轮次和批次进行划分,以便于开始模型训练。代码如下:

```python
def to_dataset(self, dataset, epochs, buffer_size, batch_size):
    """ 将数据集按照轮次(epochs)和批次(batch_size)进行划分
    参数:
        dataset:输入的数据集
        epochs:将要训练的轮次
        buffer_size:乱序排列时,乱序的缓存大小
        batch_size:批处理的大小
    Return:
        训练样本数据集
    """
    # 如果机器的内存较大,建议设置较大的buffer_size
    train_ds = dataset.prefetch(buffer_size).shuffle(buffer_size)

    # drop_remainder=True,如果最后一个批次的样本数据个数少于batch_size,则丢弃
    # 这样可以保证所有批次的样本数量都一致
    train_ds = train_ds.batch(batch_size, drop_remainder=True)
    return train_ds
```

7. 训练SGAN

训练SGAN,包括交替训练生成模型、判别模型、Q模型。代码如下:

```python
def train_sgan(self, images, labels, epochs, buffer_size, batch_size,
               save_checkpoints_steps=100, show_msg_steps=10,
               sample_image_steps=1000):
    """ """
    # 尝试从上一次训练保存的模型中读取
    self.restore_checkpoint(self.manager)

    # 因为encoder_0 是预先训练好的,可看作普通的函数,并且
    # images来源于真实样本,所以h1也可以看作真实样本
    h1 = self.encoder_0(images)
    train_ds = tf.data.Dataset.from_tensor_slices((images, labels, h1))
    dataset = self.to_dataset(train_ds, epochs=epochs,
                              buffer_size=buffer_size, batch_size=batch_size)

    # 来源于真实样本数据(valid)还是来源于生成数据(fake)
    valid = tf.ones((batch_size, 1))
    fake = tf.zeros((batch_size, 1))

    # 从1开始计算轮数,轮数保存在checkpoint对象中,每次从上一次的轮数开始
    time_start = time.time()
```

```
epoch_start = int(self.checkpoint.epoch)

# 进行逐个轮次的训练
for epoch in range(epoch_start, epochs):
    epoch = int(self.checkpoint.epoch)
    # 进行逐个批次的训练
    for x, y, h1 in dataset:
        # 对本轮所有的样本数据进行逐个批次的训练
        step = int(self.checkpoint.step)

        # 训练判别模型,采用真实样本数据来训练,目的是让判别模型学习真实样本
        # 特征,以便于将真实样本和生成的数据区分开
        d_loss_real = self.d_trainer.train_on_batch(x, [valid, valid])

        # 训练生成模型
        z1 = tf.random.normal([batch_size, self.dim_z1])
        z0 = tf.random.normal([batch_size, self.dim_z0])

        gen_h1 = self.generator_1([y, z1])
        gen_x = self.generator_0([gen_h1, z0])
        # 训练判别模型,采用生成样本数据来训练,目的是让判别模型将生成的数据
        # 与真实样本区分开
        d_loss_fake = self.d_trainer.train_on_batch(
            gen_x, [fake, fake])

        d_loss = np.add(d_loss_real, d_loss_fake) * 0.5

        # 训练QNet,由于QNet和判别模型共有了大部分网络结构,因此
        # 训练QNet能够大幅度提高判别模型的准确率
        q_loss = self.q_trainer.train_on_batch(
            [y, z1, z0], [y, h1, z1, z0])

        # 训练生成模型,目的是生成足够逼真的图片,让判别模型无法区分
        g_loss = self.g_trainer.train_on_batch(
            [y, z1, z0], [valid, valid])

        # 记录当前时间,输出控制台日志,显示训练进程
        time_end = time.time()

        # 输出控制台日志,显示训练进程
        if step % show_msg_steps == 0:
            tmp = "第{:d}轮,第{:d}步,判别模型(D0D1)损失:{:.8f}, {:.8f}"\
                ", 准确率:{:.2f}% , {:.2f}%,用时:{:.2f}秒"\
                "\n\t 生成模型(G1G0)损失:{:.8f}, {:.8f}, 准确率:{:.2f}%,
                {:.2f}%, "\
                "\ny 和h1还原损失:{:.8f}, {:.8f}, z1和z0还原损失:{:.8f},
```

```
                                {:.8f}, \n"
                    print(tmp.format(
                        epoch+1, step+1, time_end-time_start,
                        d_loss[1], d_loss[2], 100 * d_loss[3], 100 * d_loss[4],
                        g_loss[1], g_loss[2], 100 * g_loss[3], 100 * g_loss[4],
                        q_loss[1], q_loss[2],  q_loss[3], q_loss[4]))
                    time_start = time_end

                # 每训练save_checkpoints_steps步,保存一次模型
                if step % save_checkpoints_steps == 0:
                    save_path = self.manager.save()
                    tmp2 = "保存模型,文件名: {}\n"
                    print(tmp2.format(save_path))

                # 每训练sample_image_steps步,保存一次图片
                if step % sample_image_steps == 0:
                    self.save_images(epoch, step)

                self.checkpoint.step.assign_add(1)

            # 完成一轮训练,将轮次增加1次,并且保存模型
            self.checkpoint.epoch.assign_add(1)
```

8. 读取样本数据集

读取MNIST样本数据集,并转换到[0,1]区间。代码如下:

```
def read_mnist():
    """ 读取MNIST样本数据 """

    # 加载MNIST数据集
    (x, y), (_, _) = tf.keras.datasets.mnist.load_data()

    # 将图像维度从[28, 28]扩展到[28, 28, 1]
    x = tf.expand_dims(x, axis=-1)

    # 将MNIST的像素取值区间从[0, 255]映射到[0, 1],因为InfoGAN的生成模型的
    # 最后一层采用sigmoid作为激活函数,sigmoid输出的取值范围为[0, 1]
    # 因此样本数据也需要转换到[0, 1]区间
    x = tf.cast(x, tf.float32) / 255.0

    # 将标签转换成one-hot编码形式,并转换成float32类型
    y = tf.one_hot(y, 10)
    y = tf.cast(y, tf.float32)


    return x, y
```

9. 联合训练的入口

调用联合训练函数,完成联合训练。代码如下:

```python
def main(epochs=20, buffer_size=30000, batch_size=100,
         show_msg_steps=10, save_checkpoints_steps=200,
         sample_image_steps=400):
    """ 模型训练入口函数,完成样本数据读取、设置训练参数的工作 """

    x, y = read_mnist()
    # 转换成one-hot张量
    trainer = SGANJointTrainer()
    trainer.train_sgan(x, y, epochs=epochs, buffer_size=buffer_size,
                       batch_size=batch_size, show_msg_steps=show_msg_steps,
                       save_checkpoints_steps=save_checkpoints_steps,
                       sample_image_steps=sample_image_steps)


# -----------------------Main Starts here----------------------
# 静态随机噪声,用于生成图片,比较生成模型的训练效果
main(epochs=20, show_msg_steps=50,
     save_checkpoints_steps=300, sample_image_steps=600)
```

9.3.16　联合训练生成图片展示

联合训练生成的手写数字图片如图 9-13 所示。从图 9-13 中可见,生成手写数字的多样性得到保留,包括数字线条的粗细、数字的倾斜程度等。

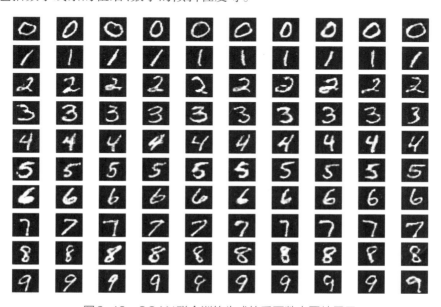

图9-13　SGAN联合训练生成的手写数字图片展示

9.4　SGAN在CIFAR数据集上的实现

在CIFAR数据集上,SGAN同样采用了两个GAN模型对堆叠来实现,所以对应的编码器(E_0、E_1)、生成模型(G_0、G_1)、判别模型(D_0、D_1)都包含两个部分,分别介绍如下。

CIFAR数据集中的图片形状为32×32×3,所以,对应编码器E_0和判别模型D_0的输入张量形状,以及生成模型G_0的输出张量形状都是32×32×3;中间的特征图谱h_1是长度为256的向量,所以编码器E_1和判别模型D_1的输入张量、编码器E_0和生成模型G_1的输出张量的形状都是长度为256的向量。

在CIFAR数据集上,主要介绍SGAN的模型实现,以及分步骤训练。

9.4.1　编码器架构

在CIFAR数据集上,SGAN的编码器采用卷积神经网络来实现,总共包含六个网络层,前面四层是卷积层或池化层,最后两层是全连接层。SGAN在CIFAR数据集上的编码器架构如图9-14所示。

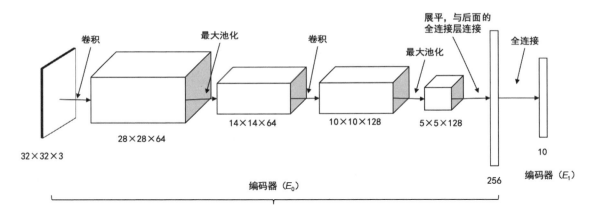

图9-14　SGAN在CIFAR数据集上的编码器架构

如图9-14所示,编码器的各个网络层如下。

(1)卷积层:采用64个尺寸为5×5、步长为1、填充方式为valid的卷积操作,将输入的形状为32×32×3的特征图谱转换成形状为28×28×64的特征图谱。

(2)最大池化层:采用尺寸为2×2、步长为2的最大池化操作,将输入的形状为28×28×64的特征图谱转换为14×14×64的特征图谱。

(3)卷积层:采用128个尺寸为5×5、步长为1、填充方式为valid的卷积操作,将输入的形状为14×14×64的特征图谱转换成形状为10×10×128的特征图谱。

(4)最大池化层:采用尺寸为2×2、步长为2的最大池化操作,将输入的形状为10×10×128的特征图谱转换为5×5×128的特征图谱。

（5）全连接层：将上述 5×5×128 的特征图谱展平，形成包含 3200（=5×5×128）个神经元的全连接层，再与包含 256 个神经元的全连接层连接。

（6）全连接层：与包含 10 个神经元的全连接层连接，采用 softmax 激活函数激活，作为最终的输出。

9.4.2　编码器实现

将模型（包括编码器、生成模型和判别模型）代码和训练入口代码保存到 sgan_cifar10_v4.py 文件中。从本小节开始，代码均保存在该文件中。

1. 初始化 StackGAN_CIFAR10 对象

初始化 StackGAN_CIFAR10 对象的代码如下：

```python
#!/usr/bin/env python3
# -*- coding: UTF-8 -*-

from __future__ import absolute_import
from __future__ import division
from __future__ import print_function


import os
import time
import imageio
import logging
import numpy as np
import matplotlib.pyplot as plt

import tensorflow as tf  # TensorFlow 2.0

# 导入常用模型
from tensorflow.keras.models import Sequential, Model
from tensorflow.keras.models import load_model

# 导入全连接层、批量标准化层、带泄漏的激活函数、激活函数
from tensorflow.keras.layers import Input, Dense, Embedding, Reshape, Flatten
from tensorflow.keras.layers import Conv2D, Conv2DTranspose, ZeroPadding2D
from tensorflow.keras.layers import MaxPool2D, GlobalAvgPool2D, BatchNormalization
from tensorflow.keras.layers import Softmax, LeakyReLU, ReLU, GaussianNoise, Dropout

from tensorflow.keras.optimizers import Adam


from NINLayer import NINLayer
from encoder_trainer import EncoderTrainer
from sgan_trainer_v4 import SGANTrainer
```

243

```
# 确保运行环境是 TensorFlow 2.0
assert tf.__version__.startswith('2')


class StackGAN_CIFAR10():
    def __init__(self, dim_z1=50, dim_z0=16, num_label=1,
                 dim_label=10, dim_h1=256, name='sgan_cifar10'):
        """ 初始化 StackGAN_CIFAR10 模型 """
        self.dim_z1 = dim_z1
        self.dim_z0 = dim_z0
        self.num_label = num_label  # 本例中为1
        self.dim_label = dim_label  # dim_h2
        self.dim_h1 = dim_h1
        self.name = name

        self.z1 = tf.random.normal([self.dim_z1, ])
        self.z0 = tf.random.normal([self.dim_z0, ])
```

2. 构建编码器 E_0

构建编码器 E_0 的代码如下：

```
def encoder_0(self):
    """ 编码器(E0),输入是样本图片、预测的h1 """

    initializer = tf.initializers.RandomNormal(stddev=0.01)

    model = Sequential(name='encoder_0')
    # 第一层,卷积层,采用64个尺寸为5×5、步长为1的卷积操作
    # 输入张量形状[32, 32, 3], 输出张量形状[28, 28, 64]
    model.add(Conv2D(64, 5, input_shape=(32, 32, 3), padding='valid',
                     kernel_initializer=initializer, activation='relu'))

    # 第二层,最大池化层
    # 输入张量形状[28, 28, 64], 输出张量形状[14, 14, 64]
    model.add(MaxPool2D())

    # 第三层,卷积层,采用128个尺寸为5×5、步长为1的卷积操作
    # 输入张量形状[14, 14, 64], 输出张量形状[10, 10, 128]
    model.add(Conv2D(128, 5, padding='valid', kernel_initializer=initializer,
                     activation='relu'))

    # 第四层,最大池化层
    # 输入张量形状[10, 10, 128], 输出张量形状[5, 5, 128]
    model.add(MaxPool2D())

    # 第五层,展平,与含有256个神经元的全连接层连接
    model.add(Flatten())
```

```
# 输出 h1
model.add(Dense(self.dim_h1, activation='relu'))

return model
```

3. 构建编码器 E_1

构建编码器 E_1 的代码如下:

```
def encoder_1(self):
    """ 编码器(E1),输入是预测的h1、输出是预测的所属类别 """
    model = Sequential(name='encoder_1')
    model.add(Dense(self.dim_label, input_shape=(self.dim_h1,), activation=
'softmax'))
    return model
```

9.4.3　编码器训练

复用 9.3.3 小节中的编码器训练程序 encoder_trainer.py,因为在构建并编译编码器训练器时是根据输入图片的形状来动态构建训练对象的,所以可以直接复用上述编码器训练器。在 encoder_trainer.py 文件中,根据输入图片形状来动态地构建训练对象的代码如下:

```
def build_encoder(self, x_shape, y_shape):
    """ 根据传入张量的形状,构建并编译编码器训练器 """
```

9.4.4　生成模型 G_0 架构

在 CIFAR 数据集上,SGAN 的生成模型 G_0 的输入是 h_1 和 z_0,最终输出 32×32×3 的图片。生成模型 G_0 架构如图 9-15 所示。

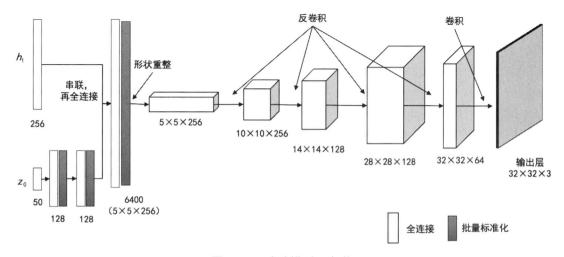

图 9-15　生成模型 G_0 架构

245

GAN 生成对抗神经网络原理与实践

如图9-15所示,生成模型 G_0 中的各个网络层介绍如下。

(1)全连接层:输入的随机噪声 z_0 首先与一个包含128个神经元的全连接层连接,经过批量正则化层之后,再与一个包含128个神经元的全连接层连接,再经过批量标准化,转换成包含128个神经元的特征图谱。

(2)全连接层:将输入的 h_1 和上述特征图谱串联起来,再与包含6400个神经元的全连接层连接,经过批量标准化转换之后进行形状重整,转换成5×5×256的特征图谱。

(3)反卷积层:采用256个尺寸为5×5、步长为2、填充方式为same、激活函数采用ReLU的反卷积操作,将特征图谱转换成10×10×256的张量,然后经过批量标准化转换。

(4)反卷积层:采用128个尺寸为5×5、步长为1、填充方式为valid、激活函数采用ReLU的反卷积操作,将输入的形状为10×10×256的特征图谱转换成14×14×128的张量,然后经过批量标准化转换。

(5)反卷积层:采用128个尺寸为5×5、步长为2、填充方式为same、激活函数采用ReLU的反卷积操作,将输入的形状为14×14×128的特征图谱转换成28×28×128的张量,然后经过批量标准化转换。

(6)反卷积层:采用64个尺寸为5×5、步长为1、填充方式为valid、激活函数采用ReLU的反卷积操作,将输入的形状为28×28×128的特征图谱转换成32×32×64的张量,然后经过批量标准化转换。

(7)卷积层:采用3个尺寸为3×3、步长为1、填充方式为same、激活函数采用sigmoid的卷积操作,将输入的形状为32×32×64的特征图谱转换成32×32×3的输出张量(最终的图片)。

9.4.5 生成模型 G_0 实现

实现生成模型 G_0 的代码如下:

```
def generator_0(self):
    """ 构建生成模型G0, gen_x = G0(h1, z0) """

    # 所有参数都采用均值为0、方差为0.02的正态分布随机数来初始化
    initializer = tf.initializers.RandomNormal(stddev=0.02)

    model = Sequential(name='generator_0')
    # 第一层,全连接层,包含 5×5×256 个神经元
    model.add(Dense(5*5*256, input_shape=(128+self.dim_h1,),
                    kernel_initializer=initializer, activation='relu'))
    model.add(BatchNormalization())
    model.add(Reshape(target_shape=(5, 5, 256)))

    # 第二层,反卷积层,采用256个尺寸为5×5、步长为2、填充方式为same的反卷积操作
    # 输入张量[5, 5, 256], 输出张量[10, 10, 256]
```

246

```python
model.add(Conv2DTranspose(256, 5, strides=(2, 2), padding='same',
                          kernel_initializer=initializer, activation='relu'))
model.add(BatchNormalization())

# 第三层,反卷积层,采用128个尺寸为5×5、步长为1、填充方式为valid的反卷积操作
# 输入张量[10, 10, 256],输出张量[14, 14, 128]
model.add(Conv2DTranspose(128, 5, strides=(1, 1), padding='valid',
                          kernel_initializer=initializer, activation='relu'))
model.add(BatchNormalization())

# 第四层,反卷积层,采用128个尺寸为5×5、步长为2、填充方式为same的反卷积操作
# 输入张量[14, 14, 128],输出张量[28, 28, 128]
model.add(Conv2DTranspose(128, 5, strides=(2, 2), padding='same',
                          kernel_initializer=initializer, activation='relu'))
model.add(BatchNormalization())

# 第五层,反卷积层,采用64个尺寸为5×5、步长为1、填充方式为valid的反卷积操作
# 输入:[28, 28, 128], 输出:[32, 32, 64]
model.add(Conv2DTranspose(64, 5, strides=(1, 1), padding='valid',
                          kernel_initializer=initializer, activation='relu'))

# 第六层,卷积层,采用3个尺寸为3×3、步长为1、填充方式为same的卷积操作
# 输入:[32, 32, 64], 输出:[32, 32, 3]
model.add(Conv2D(3, 3, strides=(1, 1), padding='same',
                 kernel_initializer=initializer, activation='sigmoid'))

model.summary()
print("\n")

# 构建 Generator_0 的输入
h1_input = Input(shape=(self.dim_h1,), dtype=tf.float32)
z0_input = Input(shape=(self.dim_z0,), dtype=tf.float32)

# 先连接两个全连接层,紧跟着批量正则化层
z0 = Dense(128, kernel_initializer=initializer, activation='relu')(z0_input)
z0 = BatchNormalization()(z0)
z0 = Dense(128, kernel_initializer=initializer, activation='relu')(z0)
z0 = BatchNormalization()(z0)

# 将h1和随机噪声串联起来
gen_input = tf.concat([h1_input, z0], axis=1)

# 调用生成模型生成图片
gen_x = model(gen_input)
return Model([h1_input, z0_input], gen_x, name='generator_0')
```

9.4.6　判别模型 D_0 架构

在 CIFAR 数据集上，SGAN 的判别模型 D_0 的架构如图 9-16 所示。

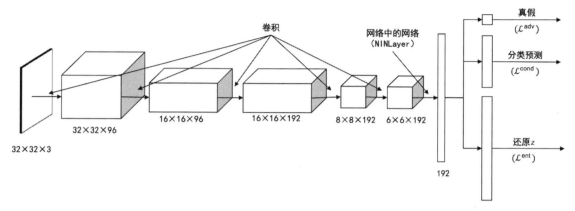

图 9-16　判别模型 D_0 架构

从图 9-16 中可以看出，判别模型 D_0 大致可以分成六层，各个网络层从左向右介绍如下。

（1）输入层：输入的是 32×32×3 的图片。

（2）卷积层：首先，在卷积操作之前，对输入图片的各个像素采用均值为 0、方差为 0.05 的高斯干扰；其次，采用 96 个尺寸为 3×3、步长为 1、填充方式为 same 的卷积操作，输出 32×32×96；最后，采用带泄漏的激活函数（泄漏系数为 0.2）对输出结果进行激活，作为最终的输出。

（3）卷积层：首先，采用 96 个尺寸为 3×3、步长为 2、填充方式为 same 的卷积操作，输出 16×16×96；其次，采用带泄漏的激活函数（泄漏系数为 0.2）对输出结果进行激活；最后，对输出结果进行批量标准化，再对输出结果进行概率为 0.1 的 Dropout，将最终结果作为输出。

（4）卷积层：首先，采用 192 个尺寸为 3×3、步长为 1、填充方式为 same 的卷积操作，输出 16×16×192；其次，采用带泄漏的激活函数（泄漏系数为 0.2）对输出结果进行激活；最后，对输出结果进行批量标准化，将最终结果作为输出。

（5）卷积层：首先，采用 192 个尺寸为 3×3、步长为 2、填充方式为 same 的卷积操作，输出 8×8×192；其次，采用带泄漏的激活函数（泄漏系数为 0.2）对输出结果进行激活；最后，对输出结果进行批量标准化，再对输出结果进行概率为 0.1 的 Dropout，将最终结果作为输出。

（6）网络中的网络（NINLayer）层：首先，采用具有 192 个神经元的网络中的网络层输出 6×6×192；其次，采用带泄漏的激活函数（泄漏系数为 0.2）对输出结果进行激活；最后，对输出张量进行全局平均池化操作，输出 1×1×192 的张量并展平，成为包含 192 个神经元的全连接层。

（7）输出层：包含三个分支，第一个是对抗分支，用于预测输入的图片的来源（真实样本或生成的图片）；第二个是条件约束分支，用于保证判别模型的中间的特征图谱与编码器生成的特征图谱尽可能一致；第三个分支是 z 还原分支，用于从生成的图片中还原出随机噪声 z 的信息，保证生成模型的多样性。

9.4.7　网络中的网络

SGAN 的判别模型 D_0 的架构中采用了网络中的网络（Network in Networks）配合全局池化层，取代全连接层，以达到减少参数数量的目的。笔者在写此书时，TensorFlow 2.0 中尚未包含这种网络层，所以在这里自定义一个网络中的网络层。

1. 基本思想

采用 1×1 的卷积操作实现降维，网络中的网络一般由三个卷积层构成，第一个卷积层往往是可以指定尺寸、步长、填充方式的卷积层，第二个和第三个卷积层往往是尺寸为 1×1、步长也为 1 的卷积操作。

网络中的网络往往需要配合全局池化层一起使用，因为经过上述三个堆叠的卷积层之后，输入张量形状并未改变，所以需要通过全局池化层来实现降维。

2. 实现方法

与一般的自定义网络层类似，自定义网络中的网络也包含三个步骤。

（1）初始化参数。初始化相关参数，包括输出神经元的数量，第一个卷积层的尺寸、步长、填充方式等。

（2）构建并编译网络层。构建并编译网络中的网络的模型，该模型包含三个网络层，该场景中不需要预先编译该模型。

（3）执行前向传播。执行前向传播，实现神经网络"推理"的过程，为误差的反向传播做准备。

3. 实现代码

将网络中的网络的实现代码单独保存成一个 NINLayer.py 文件，代码如下：

```python
#!/usr/bin/env python3
# -*- coding: UTF-8 -*-

from __future__ import absolute_import
from __future__ import division
from __future__ import print_function

import tensorflow as tf  # TensorFlow 2.0

# 导入常用模型
from tensorflow.keras.models import Sequential, Model
from tensorflow.keras.layers import Conv2D


class NINLayer(tf.keras.layers.Layer):
    """ 网络中的网络 """

    def __init__(self, num_units, kernel_size=(1, 1), strides=(1, 1),
                 padding='same', kernel_initializer=None):
        """
```

```
    初始化相关参数

    参数:
        num_units: 输出的神经元个数
        kernel_size: 第一个卷积层的卷积核尺寸
        strides: 第一个卷积层的步长
        kernel_initializer: 参数初始化器,GAN模型训练困难,参数初始化必须小心
        在这里采用均值为0.0、方差为0.02的正态分布随机数来填充
    """
    super(NINLayer, self).__init__()
    self.num_units = num_units
    self.kernel_size = kernel_size
    self.strides = strides
    self.padding = padding
    if kernel_initializer is None:
        kernel_initializer = tf.random_normal_initializer(mean=0.0, stddev
        =0.02)
    self.kernel_initializer = kernel_initializer
    self.model = Sequential()

def build(self, input_shape):
    """ 构建网络中的网络的模型 """
    self.model.add(Conv2D(self.num_units, self.kernel_size, input_shape=
    input_shape[-3:],
                          padding=self.padding, activation='relu'))
    self.model.add(Conv2D(self.num_units, 1, activation='relu'))
    self.model.add(Conv2D(self.num_units, 1, activation='relu'))

def call(self, input):
    """ 调用构建好的模型,执行前向传播计算 """
    return self.model(input)
```

9.4.8　判别模型 D_0 实现

实现判别模型 D_0 的代码如下:

```
def discriminator_0(self):
    ''' 判别模型D0 '''
    # 所有参数都采用均值为0、方差为0.02的正态分布随机数来初始化
    initializer = tf.keras.initializers.RandomNormal(mean=0.0, stddev=0.02)
    model = Sequential(name='discriminator_0')

    # 第一层,卷积层
    # 输入张量[32, 23, 3],输出张量[32, 32, 96]
    model.add(GaussianNoise(stddev=0.05, input_shape=(32, 32, 3)))
    model.add(Conv2D(96, 3, strides=(1, 1), kernel_initializer=initializer,
```

```
    padding='same'))
model.add(LeakyReLU(0.2))

# 第二层,卷积层
# 输入张量[32, 32, 96], 输出张量[16, 16, 96]
model.add(Conv2D(96, 3, strides=(2, 2), kernel_initializer=initializer,
 padding='same'))
model.add(LeakyReLU(0.2))
model.add(BatchNormalization())
model.add(Dropout(0.1))

# 第三层,卷积层
# 输入张量[16, 16, 96], 输出张量[16, 16, 192]
model.add(Conv2D(192, 3, strides=(1, 1), kernel_initializer=initializer,
 padding='same'))
model.add(LeakyReLU(0.2))
model.add(BatchNormalization())

# 第四层,卷积层
# 输入张量[16, 16, 192], 输出张量[8, 8, 192]
model.add(Conv2D(192, 3, strides=(2, 2), kernel_initializer=initializer,
 padding='same'))
model.add(LeakyReLU(0.2))
model.add(BatchNormalization())
model.add(Dropout(0.1))

# 第五层,卷积层
# 输入张量[8, 8, 192], 输出张量[6, 6, 192]
model.add(Conv2D(192, 3, strides=(1, 1), kernel_initializer=initializer,
 padding='valid'))
model.add(LeakyReLU(0.2))
model.add(BatchNormalization())
model.add(Dropout(0.2))

# 第六层，网络中的网络
model.add(NINLayer(192, kernel_initializer=initializer))
model.add(LeakyReLU(0.2))
model.add(GlobalAvgPool2D())

model.add(Flatten())

features = Input(shape=(192,))

d_adv = Dense(1, activation="sigmoid")(features)
adv_model = Model(features, d_adv, name='d_adv')
```

```
d_cond = Dense(self.dim_label+1, activation="softmax")(features)
d_cond_model = Model(features, d_cond, name='d_cond')

qnet = Dense(self.dim_z0, kernel_initializer=initializer)(features)
qnet_model = Model(features, qnet, name='q_net')

return model, adv_model, d_cond_model, qnet_model
```

9.4.9　生成模型 G_1 架构

在 CIFAR 上，SGAN 的生成模型 G_1 的架构如图 9–17 所示。

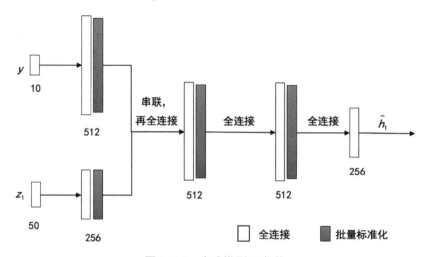

图9-17　生成模型 G_1 架构

如图 9–17 所示，生成模型 G_1 主要包含四个网络层，分别如下。

（1）输入层：分别是 y 和 z_1，它们分别与包含 512 个神经元和包含 256 个神经元的全连接层连接，再分别经过批量标准化转换，之后将它们串联成包含 768 个神经元的全连接层。

（2）全连接层：包含 512 个神经元的全连接层，再经过批量标准化的转换，作为最终输出的特征图谱。

（3）全连接层：包含 512 个神经元的全连接层，再经过批量标准化的转换，作为最终输出的特征图谱。

（4）全连接层：包含 256 个神经元的全连接层，最终输出长度为 256 的向量（$\widehat{h_1}$）。

9.4.10　生成模型 G_1 实现

实现生成模型 G_1 的代码如下：

```python
def generator_1(self):
    ''' specify generator G1, gen_fc3 = G1(y, z1) '''
    # 所有参数都采用均值为0、方差为0.02的正态分布随机数来初始化
    initializer = tf.initializers.RandomNormal(mean=0.0, stddev=0.02)

    model = Sequential(name='generator_1')

    # 第一层，全连接层，512个神经元，紧跟着批量标准化层
    model.add(Dense(512, input_shape=(768,), kernel_initializer=initializer,
     activation='relu'))
    model.add(BatchNormalization())

    # 第二层，全连接层，512个神经元，紧跟着批量标准化层
    model.add(Dense(512, kernel_initializer=initializer, activation='relu'))
    model.add(BatchNormalization())

    # 第三层，全连接层，256个神经元，紧跟着批量标准化层
    model.add(Dense(self.dim_h1, kernel_initializer=initializer, activation=
     'relu'))

    # 输入的直接就是one-hot张量，因为h2就是one-hot张量
    y_input = Input(shape=(self.num_label * self.dim_label,), dtype=tf.
     float32)
    h2 = Dense(512, activation='relu')(y_input)
    h2 = BatchNormalization()(h2)

    # 构建生成模型的输入，包括随机噪声、类别标签、互信息代码
    z_input = Input(shape=(self.dim_z1,), dtype=tf.float32)
    z1 = Dense(256, activation='relu')(z_input)
    z1 = BatchNormalization()(z1)

    # 将随机噪声、类别标签、互信息代码串联起来
    g1_input = tf.concat([y_input, z_input], axis=1)
    # 调用生成模型生成图片
    h1 = model(g1_input)

    return Model([y_input, z_input], h1, name='generator_1')
```

9.4.11 判别模型 D_1 架构

在 CIFAR 数据集上，SGAN 判别模型 D_1 的架构如图 9-18 所示。

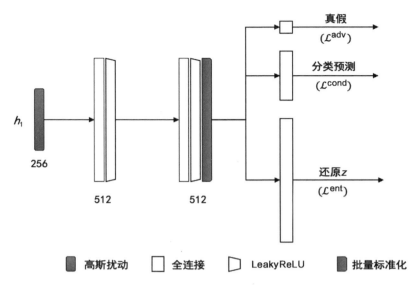

图9-18　判别模型 D_1 的架构

如图9-18所示,判别模型 D_1 包含四个网络层,分别如下。

(1)输入层:对输入的长度为256的向量(h_1)进行高斯扰动(增加随机性)。

(2)全连接层:包含512个神经元的全连接层,激活函数为LeakyReLU(泄漏系数为0.2)。

(3)全连接层:包含512个神经元的全连接层,激活函数为LeakyReLU(泄漏系数为0.2),再经过批量标准化转换之后作为最终的输出。

(4)输出层:与判别模型 D_0 相同,也包含三个分支,分别是对抗损失、分类预测、还原z损失。

9.4.12　判别模型 D_1 实现

实现判别模型 D_1 的代码如下:

```
def discriminator_1(self):
    """ 判别模型D1 """

    # 所有参数都采用均值为0、方差为0.02的正态分布随机数来初始化
    initializer = tf.keras.initializers.RandomNormal(mean=0.0, stddev=0.02)

    model = Sequential(name='Discriminator_1')

    # 第一层,给输入张量增加高斯随机噪声
    model.add(GaussianNoise(stddev=0.2, input_shape=(self.dim_h1,)))

    # 第二层,全连接层,512 个神经元
    model.add(Dense(512, kernel_initializer=initializer))
    model.add(LeakyReLU(0.2))
```

```
# 第三层,全连接层,512 个神经元
model.add(Dense(512, kernel_initializer=initializer))
model.add(LeakyReLU(0.2))
model.add(BatchNormalization())

# 构建输入张量,输入的是h1(对应 Encoder 的 fc3,或者 Generator_1 的输出)
h1 = Input(shape=(self.dim_h1,))
d1_head = model(h1)

# 对抗损失分支,使 Generator_1 能够生成足够逼真的特征图谱
# 判断输入的特征图谱来源于真实样本还是 Generator_1 的输出
d1_adv = Dense(1, kernel_initializer=initializer, activation='sigmoid')
 (d1_head)

# 输出 10 个类别(代表 0~9,共 10 个数字)
label_logit = Dense(self.dim_label, kernel_initializer=initializer)
 (d1_head)
# 采用 softmax 作为最终的预测结果
d1_cond = tf.keras.layers.Softmax()(label_logit)

# 重构随机噪声 z1 损失分支
d1_reconz = Dense(self.dim_z1, kernel_initializer=initializer,
 activation='sigmoid')(d1_head)

d1_head = Model(h1, d1_head)
d1_adv_model = Model(h1, d1_adv)
d1_cond_model = Model(h1, d1_cond)
d1_qnet = Model(h1, d1_reconz)

return d1_head, d1_adv_model, d1_cond_model, d1_qnet
```

9.4.13　训练 SGAN 模型对

在 CIFAR 数据集上,SGAN 的分步骤训练也包括初始化参数、恢复模型检查点、模型保存函数、构建并编译模型对训练器、样本数据转换与划分、模型对训练函数等几个部分。

本小节的代码单独存放在 sgan_trainer_v4.py 文件中。

1. 初始化参数

初始化参数的工作主要包括初始化 SGAN 训练器对象、保存有关参数、生成默认的优化器、检查点保存对象、创建模型保存的相关目录。代码如下:

```
#!/usr/bin/env python3
# -*- coding: UTF-8 -*-
```

```python
from __future__ import absolute_import
from __future__ import division
from __future__ import print_function

import os
import logging
import time
import numpy as np
import matplotlib.pyplot as plt
from IPython import display

import tensorflow as tf  # TF2

from tensorflow.keras.layers import Input, Dense, Reshape, Flatten, Dropout
from tensorflow.keras.models import Sequential, Model


# 导入常用优化器Adam
from tensorflow.keras.optimizers import Adam


# 确保代码的运行环境是 TensorFlow 2.0
assert tf.__version__.startswith('2')

logging.getLogger("tensorflow").setLevel(logging.ERROR)


class SGANTrainer(object):
    def __init__(self, generator, d_head, d_adv, d_cond, q_net, encoder,
                 dim_z, pixel_mean, y_pred_loss='mse',
                 model_name='sgan_cifar10', trainer_name='d0g0'):
        """
        初始化SGAN分步骤训练对象，保存相关参数、生成模型保存路径、构建默认的优化器对象、
            检查点保存对象等
        """
        self.generator = generator
        self.d_head = d_head
        self.d_adv = d_adv
        self.d_cond = d_cond
        self.q_net = q_net
        self.encoder = encoder
        self.encoder.trainable = False

        self.dim_z = dim_z
        self.pixel_mean = pixel_mean
        self.y_pred_loss = y_pred_loss

        # 优化器，初始化学习率为0.0002，beta_1参数为0.9
```

```python
        self.optimizer = Adam(0.002, 0.9)

        # 模型保存的地址
        self.model_dir = '../logs/{}/model_{}'.format(
            model_name, trainer_name)
        os.makedirs(self.model_dir, exist_ok=True)

        # 检查点保存函数,用于从上一次保存点继续训练
        self.checkpoint = tf.train.Checkpoint(
            # 训练的轮次,保存起来,在多次训练中持续增长
            epoch=tf.Variable(0),
            # 训练的步数(全局步数),在多次训练中持续增长
            step=tf.Variable(0),
            generator=self.generator,
            d_head=self.d_head,
            d_adv=self.d_adv,
            d_cond=self.d_cond,
            q_net=self.q_net
        )

        # 检查是否有上一次训练过程中保存的模型
        self.manager = tf.train.CheckpointManager(
            self.checkpoint, self.model_dir, max_to_keep=5)
        self.g_optimizer = tf.keras.optimizers.Adam(1e-4)
        self.d_optimizer = tf.keras.optimizers.Adam(1e-4)
```

2. 恢复模型检查点

从上一个检查点恢复模型,以便于能够从上一个检查点继续训练。代码如下:

```python
def restore_checkpoint(self, manager):
    """
    从上一次训练保存的检查点恢复模型,让模型能够"从断点"处继续训练
    参数:
        manager:检查点管理对象
    """
    # 如果有,则加载上一次保存的模型
    self.checkpoint.restore(manager.latest_checkpoint)
    # 检查是否加载成功,如成功,则从上一次保存点加载模型
    if manager.latest_checkpoint:
        print("\n从上一次保存点恢复:{}\n".format(manager.latest_checkpoint))
        self.epoch = self.checkpoint.epoch
        self.step = self.checkpoint.step
        self.generator = self.checkpoint.generator
        self.d_head = self.checkpoint.d_head
        self.d_adv = self.checkpoint.d_adv
        self.q_net = self.checkpoint.q_net
    else:
```

```
# 初始化 epoch、step
self.epoch = 1
self.step = 1
```

3. 模型保存函数

对于已经完成训练的 GAN 模型对,需要将其保存下来,以免每次继续训练时都要重复训练该模型对。代码如下:

```
def save_model(self, model, model_name):
    """ 保存训练好的模型 """
    fname = os.path.join(self.model_dir, 'model_{}.h5'.format(model_name))
    model.save(fname)
```

4. 构建并编译模型对训练器

对于 GAN 模型对,需要交替训练生成模型和判别模型,所以在这里分别构建生成模型训练器和判别模型训练器。

需要注意的是,因为样本数据也减去了均值,所以对于生成模型生成的图片数据,需要将它们减去均值,这样二者保持一致,才能使生成模型学会生成足够逼真的图片。

构建并编译训练器对象的代码如下:

```
def build_sgan(self, x_shape, y_shape):
    """ 构建 SGAN,并构建 d_trianer、g_trainer """

    x_input = Input(shape=x_shape[-3:])
    y_input = Input(shape=y_shape[-1:])
    z_input = Input(shape=(self.dim_z))

    d_head = self.d_head(x_input)
    d_adv = self.d_adv(d_head)
    d_cond = self.d_cond(d_head)

    # 构建生成模型训练器
    self.q_net.trainable = False
    self.d_trainer = Model(x_input, [d_adv, d_cond], name='d_trainer')
    self.d_trainer.compile(loss=['binary_crossentropy', 'categorical_crossentropy'],
                           loss_weights=[5.0, 1.0], optimizer=self.optimizer,
                           metrics=['accuracy'])
    self.d_trainer.summary()
    print("\n")

    # 构建生成模型训练器
    self.d_head.trainable = False
    self.d_adv.trainable = False
    self.d_cond.trainable = False
    self.q_net.trainable = True
    gen_x = self.generator([y_input, z_input])
```

```
        gen_x -= self.pixel_mean

        gen_h1 = self.encoder(gen_x)
        g_head = self.d_head(gen_x)
        g_adv = self.d_adv(g_head)
        g_cond = self.d_cond(g_head)
        z_pred = self.q_net(g_head)

        self.g_trainer = Model([y_input, z_input], [g_adv, g_cond, gen_h1, z_pred],
                               name="g_trainer")
        self.g_trainer.compile(
            loss=['binary_crossentropy', 'categorical_crossentropy', 'mse', 'mse'],
            loss_weights=[1.0, 1.0, 1.0, 1.0], optimizer=self.optimizer,
            metrics={'d_adv': 'accuracy', 'd_cond': 'accuracy'})
        self.g_trainer.summary()
        print("\n")
```

5. 样本数据转换与划分

在本例中有两个 GAN 模型对 (G_1、D_1 和 G_0、D_0)，这两个模型对的输入参数并不相同，所以需要在训练时对传入的样本数据按照训练轮次和批次进行划分。代码如下：

```
def to_dataset(self, x, y, h1, epochs, buffer_size, batch_size):
    """
    按照训练轮次和训练批次对样本数据进行划分

    参数:
        x:样本的图片
        y:样本图片所属的类别
        h1:样本数据经过编码器 E0 转换的特征图谱(是生成模型的输入张量)
        epochs:训练的轮次
        buffer_size:乱序排列时,乱序的缓存大小
        batch_size:批处理的大小
    Return:
        训练样本数据集
    """

    # 对样本数据进行乱序排列,并按照 batch_size 大小划分成不同批次的数据
    train_ds = tf.data.Dataset.from_tensor_slices((x, y, h1))
    # 如果机器的内存较大,建议设置较大的 buffer_size
    train_ds = train_ds.prefetch(buffer_size).shuffle(buffer_size)

    # drop_remainder=True,如果最后一个批次样本的数据个数少于 batch_size,则丢弃
    # 这样可以保证所有批次的样本数量都一致
    train_ds = train_ds.batch(batch_size, drop_remainder=True)
    return train_ds
```

6. 模型对训练函数

SGAN 在 CIFAR 数据集上的 GAN 模型对训练与在 MNIST 数据集上的训练类似。值得注意的是,在 CIFAR 数据集上用到了类别权重,这是因为各个类别的样本数量占比并不相同。通过设置损失权重,能够让占比较少的重要数据对参数的优化发挥较大的作用,使模型能够快速学习。

首先是对抗损失分支,真实样本图片和生成的图片各占一半,所以损失的权重为 1:1。其次是类别预测分支,对于一个批次来说,其包含一半的真实样本图片,所以每个类别的损失权重为类别数量除以批次大小的一半;对于生成的图片,损失权重为批次大小一半的倒数。

模型对训练函数的代码如下:

```python
def train_sgan(self, x, y, h, epochs, buffer_size, batch_size,
               save_checkpoints_steps=100, show_msg_steps=10,
               sample_image_steps=1000, sample_image_fn=None, name='d0g0'):
    """ SGAN模型对训练 """

    # 尝试从上一次训练保存的模型中读取
    self.restore_checkpoint(self.manager)
    # 检查训练轮次是否已经完成,在多次重复训练的情况下,有可能已经完成D0、G0
    # 的训练,需要继续训练D1、G1,所以这里直接返回,继续训练下一个模型对
    if int(self.checkpoint.epoch) >= epochs:
        return

    # 构建类别权重
    num_classes = 10
    half_batch = batch_size // 2
    # 正负样本权重 1:1
    cw1 = {0:1, 1:1}

    # 类别权重,正样本按照真实类别的比例设置权重
    # 生成图片的类别权重,按照批次大小的一半设置权重
    cw2 = {i: num_classes / half_batch for i in range(num_classes)}
    cw2[num_classes] = 1 / half_batch

    # 真实样本或生成图片
    valid = np.ones((batch_size, 1))
    fake = np.zeros((batch_size, 1))

    # 样本数据及划分(按轮次、批次)
    dataset = self.to_dataset(x, y, h, epochs=epochs,
                              buffer_size=buffer_size, batch_size=batch_size)

    # 从1开始计算轮数,轮数保存在checkpoint对象中,每次从上一次的轮数开始
    time_start = time.time()
    x_shape = x.shape
```

```
h_shape = h.shape

# 构建并编译模型训练器对象
self.build_sgan(x_shape, h_shape)

epoch_start = int(self.checkpoint.epoch)
for epoch in range(epoch_start, epochs):
    for x, y, h in dataset:
        step = int(self.checkpoint.step)
        # 训练生成模型
        z = tf.random.normal([batch_size, self.dim_z])

        gen_x = self.generator([h, z])
        gen_x -= self.pixel_mean

        labels = tf.one_hot(y, num_classes+1)
        labels = tf.squeeze(labels)

        fake_y = np.full((batch_size, 1), num_classes)
        fake_labels = tf.one_hot(fake_y, num_classes+1)
        fake_labels = tf.squeeze(fake_labels)

        # 训练生成模型
        d_loss_real = self.d_trainer.train_on_batch(
            x, [valid, labels], class_weight=[cw1, cw2])
        d_loss_fake = self.d_trainer.train_on_batch(
            gen_x, [fake, fake_labels], class_weight=[cw1, cw2])
        d_loss = 0.5 * np.add(d_loss_real, d_loss_fake)

        # 根据判别模型能够将生成图片识别出来的概率,决定生成模型的训练次数
        if d_loss_fake[3] > 0.65:
            n_iter = 1
        elif d_loss_fake[3] > 0.5:
            n_iter = 3
        elif d_loss_fake[3] > 0.3:
            n_iter = 5
        else:
            n_iter = 7

        # 训练生成模型
        for _ in range(n_iter):
            g_loss = self.g_trainer.train_on_batch(
                [h, z], [valid, labels, h, z],
                class_weight=[cw1, cw2, 1.0, 1.0])

        # 输出控制台日志,显示训练进程
```

```
time_end = time.time()
time_span = time_end-time_start

# 输出控制台日志,显示训练进程
if step % show_msg_steps == 0:
    tmp = "第{:2d}轮, 第{:3d}步, 用时:{:.2f}秒, 判别模型损失:"\
        "{:.8f}, {:.8f}, 准确率:{:.2f}%, {:.2f}%。"
    print(tmp.format(epoch+1, step+1, time_span, d_loss[1],
     d_loss[2],
            100 * d_loss[3], 100 * d_loss[4]))
    tmp = "生成模型损失:{:.8f}, {:.8f}, {:.8f}, {:.8f}, "\
        "准确率:{:.2f}%, {:.2f}%。\n"
    print(tmp.format(g_loss[1], g_loss[2], g_loss[3], g_loss[4],
                100 * g_loss[5], 100 * g_loss[6]))
    time_start = time_end

# 每训练save_checkpoints_steps步,保存一次模型
if step % save_checkpoints_steps == 0:
    save_path = self.manager.save()
    tmp2 = "保存模型,文件名: {}\n"
    print(tmp2.format(save_path))

# 每训练sample_image_steps步,保存一次图片
if sample_image_fn is not None \
        and step % sample_image_steps == 0:
    sample_image_fn(self.generator, epoch, step, name)

self.checkpoint.step.assign_add(1)

# 完成一轮训练,将轮次增加一次,并且保存模型
self.checkpoint.epoch.assign_add(1)

# 检查训练轮次是否已经完成,如果已经训练完成,则保存模型并返回
if int(self.checkpoint.epoch) >= epochs:
    self.save_model(self.generator, "generator")
    self.save_model(self.d_head, "d_head")
    self.save_model(self.d_adv, "d_adv")
    self.save_model(self.q_net, "q_net")
    print("\n")
    return
```

9.4.14　分步训练入口

分布训练入口函数完成的工作主要是将上述代码整合起来,完成模型分步骤的训练,与在 MNIST 数据集上的一致。需要注意的是,本小节的代码放在 sgan_cifar10_v4.py 文件中。

1. 生成图片采样

生成图片采样的代码如下：

```python
def save_images(self, generator, epoch, step, name='d0g0'):
    """
    利用生成模型生成图片，然后保存到指定的文件夹下

    参数：
        generator: 生成模型，已经经过epoch轮训练
        epoch: 训练的轮数
        step: 训练的步骤数
        name: 字符串，分别是static_z、code_1、code_2
        code: 互信息的代码，代表隐含的潜在特征
    """
    image_dir = '../logs/{}/images_{}/'.format(self.name, name)
    os.makedirs(image_dir, exist_ok=True)

    # 输出10行、10列，共计100个手写数字图片
    rows, cols = 10, 10
    fig, axs = plt.subplots(rows, cols)
    # 每次生成一个数字，共10次，分别是0~9
    y = tf.reshape(h1_samples, shape=(100, 256))
    gen_imgs = generator([y, static_z])

    for i in range(rows):
        for j in range(cols):
            axs[i, j].imshow(gen_imgs[i*10+j], interpolation='nearest')
            axs[i, j].axis('off')

    # 逐级创建目录，如果目录已存在，则忽略
    os.makedirs(image_dir, exist_ok=True)
    # 保存图片
    tmp = os.path.join(image_dir, 'image_{:04d}_{:05d}.png')
    image_file_name = tmp.format(epoch+1, step+1)
    fig.savefig(image_file_name)
    plt.close()

    # 输出日志
    tmp = "第{}轮，第{}步，保存图片:{}\n"
    print(tmp.format(epoch+1, step+1, image_file_name))
```

2. 读取样本数据

读取CIFAR10的样本数据，并且将像素的取值区间从[0, 255]映射到[0, 1]。代码如下：

```python
def read_cifar10(self):
    """ 读取CIFAR10数据集 """
    (x, y), (_, _) = tf.keras.datasets.cifar10.load_data()
```

```
    # 将样本数据从[0, 255]映射到[0, 1]
    x = x.astype('float32') / 255.0

    return x, y
```

3. 模型训练主函数

构建并调用SGAN模型分步骤训练的主函数,代码如下:

```
def main(epochs=20, buffer_size=30000, batch_size=64,
        show_msg_steps=10, save_checkpoints_steps=200,
        sample_image_steps=400, name='sgan_cifar10'):
    """ 模型训练入口函数,完成样本数据读取、设置训练参数的工作 """

    # 构建StackedGAN模型
    sgan = StackGAN_CIFAR10(
        dim_z1=50, dim_z0=50, num_label=1, dim_label=10, dim_h1=256, name=name)

    # Train Encoder或直接加载训练好的Encoder
    x, y = sgan.read_cifar10()
    pixel_mean = np.mean(x[0:50000], axis=0)
    x -= pixel_mean
    # 转换成one-hot张量
    images = x
    y = y.astype(np.int32)
    labels = tf.one_hot(y, 10)
    labels = tf.reshape(labels, shape=(-1, 10))

    model_dir = '../logs/{}/pre_trained/'.format(name)
    trainer = EncoderTrainer(sgan.encoder_0(), sgan.encoder_1(), model_dir=
     model_dir)
    encoder_0, encoder_1 = trainer.train_encoder(images, labels, epochs=40)

    # 训练Generator0和Discriminator0
    h1 = encoder_0(images)

    # 准备生成图片用的h1样本
    for i in range(10):
        elements = 0
        for idx, label in enumerate(y):
            if i == label:
                h1_samples.append(h1[idx])
                elements += 1
                if elements == 10:
                    break

    generator_0 = sgan.generator_0()
```

```
        d_head, d_adv, d_cond, qnet = sgan.discriminator_0()

        sgan_trainer = SGANTrainer(
            generator_0, d_head, d_adv, d_cond, qnet, encoder_0,
            dim_z=sgan.dim_z0, pixel_mean=pixel_mean,
            model_name=name, trainer_name='d0g0')

        sgan_trainer.train_sgan(
            images, y, h1, epochs=epochs, buffer_size=buffer_size,
            batch_size=batch_size, show_msg_steps=show_msg_steps,
            save_checkpoints_steps=save_checkpoints_steps,
            sample_image_steps=sample_image_steps,
            sample_image_fn=sgan.save_images)

        # 训练Generator1和Discriminator1
        h2 = encoder_1(h1)
        d1_head, d1_adv, d1_cond, d1_qnet = sgan.discriminator_1()
        g1 = sgan.generator_1()

        sgan_trainer = SGANTrainer(
            g1, d1_head, d1_adv, d1_cond, d1_qnet, encoder_1, dim_z=sgan.dim_z1,
            pixel_mean=pixel_mean, y_pred_loss='categorical_crossentropy',
            model_name=name, trainer_name='d1g1')

        sgan_trainer.train_sgan(
            h1, y, h2, epochs=epochs, buffer_size=buffer_size,
            batch_size=batch_size, show_msg_steps=show_msg_steps,
            save_checkpoints_steps=save_checkpoints_steps,
            sample_image_steps=sample_image_steps)


# ------------------------Main Starts here----------------------
# 静态随机噪声,用于生成图片,比较生成模型的训练效果
h1_samples = []
static_z = tf.random.normal([100, 50])
main(epochs=20, batch_size=64, show_msg_steps=50, save_checkpoints_steps=300,
    sample_image_steps=600, name='sgan_cifar10_v4')
```

9.4.15　生成图片展示

经过3600个批次的训练,生成的图片如图9–19所示。

图9-19　生成图片展示

　　从图9-19中可以看出,生成的图片上还有很多噪声。如果要消除这些噪声点,生成更清晰的图片,大致有两种途径,第一,增加模型的训练量,第二,取消 NINLayer 中的全局池化层,采用卷积操作及最大池化操作。读者可自行尝试。

第10章

CycleGAN

CycleGAN(循环一致的 GAN)是无配对的图像到图像转换(Unpaired Image-to-Image Translation)。图像到图像转换(Image-to-Image Translation)是一类计算机视觉问题,它的目标是学习到一个映射函数,将输入域的图像映射到输出域的图像,转换后的图像除了具备目标域图像的特征之外,还需要保留源域图片的某些关键特征。

与有配对图像转换不同,CycleGAN 并不要求样本图片一一对应,而是通过循环转换(Cycle)将样本图片从源域转换到目标域,然后将转换后的图片从目标域转换回源域,相当于实现了样本图片的配对。通过循环转换,CycleGAN 能够实现无配对样本数据的图像到图像转换。

10.1 CycleGAN简介

图像到图像转换往往需要使用有配对的训练数据集（Paired Training Data），有配对图片的样本数据集是指两个域的样本图片是一一互相对应的（配对）。有配对图片样本数据集可以表示为 $\{x_i, y_i\}_{i=1}^N$，其中，图片 x_i 与图片 y_i 是一一对应的（配对）。

有配对的训练数据集往往是非常难获得的。例如，克洛德·莫奈的很多画作都涉及自然风光这个题材，即我们能够容易获得很多印象派风格的自然风光图片。除此之外，通过照相机，我们也能够很容易获得丰富的自然风光的图片。印象派画作、相机拍摄的照片是两种不同风格的图片，都不难获得，但是这两种风格的图片很难做到一一对应，这种数据集就称为无配对的训练数据集（Unpaired Training Data）。无配对的样本数据集可以表示为一个样本数据集包含源域图片集，同时包含目标域图片集，并且源域和目标域中的图片没有对应关系。

CycleGAN通过采用循环转换技术，实现了无配对样本的图像到图像转换，极大地拓展了CycleGAN的应用场景。

10.2 技术原理

对于有配对样本的图像转换来说，图像的转换效果不难评价。由于存在配对的图片，因此，比较该图片转换后的图片与该图片配对图片之间的差异，就可以评价转换的效果。但是，对于CycleGAN来说，其样本图片不是一一配对的，该怎样评价图像转换的效果呢？

解决该问题的关键在于循环转换。循环转换是指，对于域 X 中的图片 x，先将它转换到域 Y，得到图片 $G_{(x \to y)}(x)$，然后再将图片转换回域 X，得到图片 $G_{(y \to x)}(G_{(x \to y)}(x))$。如果两次转换效果都比较好的话，那么图片 x 与图片 $G_{(y \to x)}(G_{(x \to y)}(x))$ 应该是非常相似的。图片 x 与图片 $G_{(y \to x)}(G_{(x \to y)}(x))$ 之间的差异可以用来评价CycleGAN的转换效果，即循环一致损失（Cycle Consistency Loss）。

CycleGAN技术实现原理如图 10-1 所示。从图 10-1 中可以看出，CycleGAN包含四个模型，分别为两个生成模型和两个判别模型。生成模型分别是将图片从域 X 转换到域 Y 的生成模型 $G_{(x \to y)}$，以及将图片从域 Y 转换到域 X 的生成模型 $G_{(y \to x)}$；判别模型分别是域 X 的判别模型 D_x 及域 Y 的判别模型 D_y。

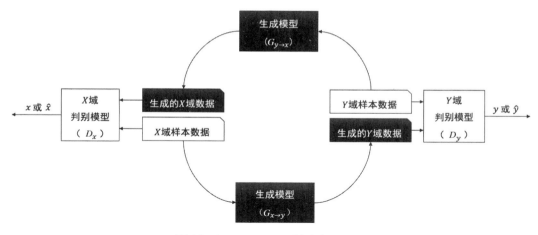

图 10-1 CycleGAN技术实现原理

CycleGAN 的循环转换中,假设从域 X 到域 Y、以及从域 Y 到域 X 的两次转换的效果都非常好,那么如何才能保证转换效果呢?为此 CycleGAN 引入了三个损失(对抗损失、循环一致损失和恒等变换损失),通过模型优化,尽可能减小这三个损失来保障图像的转换效果。

10.2.1 对抗损失

在普通的 GAN 中,对抗损失用来确保生成模型生成足够逼真的图片。CycleGAN 也是如此,只不过在 CycleGAN 中有两个判别模型,所以也有两个对抗损失。

CycleGAN 的对抗损失和循环一致损失如图 10-2 所示。

从图 10-2 中可以看出,CycleGAN 的这两个对抗损失分别由域 X 的判别模型 D_x 和域 Y 的判别模型 D_y 产生。其中,域 X 的判别模型 D_x 的输入分别是域 X 的样本图片 x 和由生成模型 $G_{(y \to x)}$ 生成的图片 $G_{(y \to x)}(y)$,通过对抗训练,生成模型 $G_{(y \to x)}$ 最终能生成足够像目标域 X 的样本图片;同理,通过域 Y 的判别模型 D_y 与域 Y 的生成模型 $G_{(x \to y)}$ 的对抗训练,生成模型 $G_{(x \to y)}$ 也能生成足够像域 Y 的样本图片。

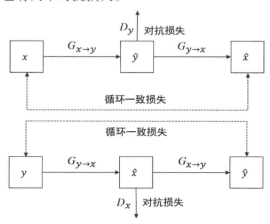

图 10-2 CycleGAN的对抗损失和循环一致损失

10.2.2 循环一致损失

对抗损失虽然能够保证生成模型 $G_{(x \to y)}$ 和生成模型 $G_{(y \to x)}$ 生成足够逼真的样本,但是很容易出现生成模型坍塌现象,即多个输入图片都映射到相同的输出图片。

如图 10-2 所示,对于生成模型 $G_{(x \to y)}$ 和生成模型 $G_{(y \to x)}$ 来说,对于域 X 的样本图片 x,经过生成

模型 $G_{(x \to y)}$ 和生成模型 $G_{(y \to x)}$ 的两次转换,得到 $G_{(y \to x)}(G_{(x \to y)}(x))$,要求样本图片 x 与最终的转换结果 $G_{(y \to x)}(G_{(x \to y)}(x))$ 到尽可能地接近;同理,对于域 Y 的样本图片 y,经过生成模型 $G_{(y \to x)}$ 和生成模型 $G_{(x \to y)}$ 的两次转换,得到 $G_{(x \to y)}(G_{(y \to x)}(y))$,要求样本图片 y 与最终的转换结果 $G_{(x \to y)}(G_{(y \to x)}(y))$ 到尽可能地接近。

从图片 10-2 中可见,CycleGAN 中共有两个循环一致损失。

10.2.3　恒等变换损失

除了对抗损失和循环一致损失之外,CycleGAN 还引入了恒等变换(Identity Mapping)损失,目的是保证生成更加多样的图片。在引入恒等变换之前,Cycle-GAN 容易生成色彩和光线接近傍晚的图片。此现象有可能是因为 CycleGAN 采用均方误差,而傍晚最接近夜晚和白天的平均光线导致的。

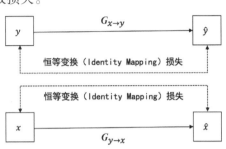

图 10-3　恒等变换损失

恒等变换损失的实现办法就是将域的样本图片输入生成模型,理论上来说,生成模型不需要任何转换输出的图片就已经是域的图片,整个转换过程其实就是恒等变换;同理,将域的样本图片输入生成模型,同样不需要任何转换,输出的图片就已经是域的图片。见图 10-3。

通过增加恒等变换损失,CycleGAN 能够生成更加多样的图片。

10.3　技术实现

从图 10-1 可知,CycleGAN 包含两个生成模型和两个判别模型,两个生成模型分别用于将图片从域 X 转换到域 Y 和将图片从域 Y 转换到域 X。两个判别模型,一个用于辨别域 X 样本图片和从域 Y 转换到域 X 的生成图片(由 $G_{(y \to x)}$ 转换);另一个用于辨别域 Y 的样本图片和从域 X 转换到域 Y 的生成图片(由 $G_{(x \to y)}$ 转换);如果域 X 和域 Y 图片的尺寸、通道数完全一致,那么,生成模型 $G_{(x \to y)}$ 和生成模型 $G_{(y \to x)}$ 输入输出完全相同,判别模型 D_x 和判别模型 D_y 的输入输出也完全相同。因此,只需要构建一个生成模型,分别用于生成模型 $G_{(x \to y)}$ 和生成模型 $G_{(y \to x)}$;同理,也只需要构建一个判别模型,分别用于判别模型 D_x 和判别模型 D_y。

将原始图片按照 RGB 格式解码,并将通道统一为三,然后将原始图片统一缩放到相同尺寸,CycleGAN 即可用一个生成模型和一个判别模型来实现。

10.3.1　生成模型架构

生成模型的输入和输出都是图片,并且尺寸和通道数完全一致。这是一个典型的编码解码过程,输入图片通过编码器编码,将图片压缩到潜在空间,然后解码器负责将潜在空间的特征解码成目标域的图片。

CycleGAN 各个网络层的命名方式如下。

(1)c7s1-k:代表 k 个尺寸为 7×7、步长为 1 的 Convolution-InstanceNorm-ReLU 操作,其中 Convolution 代表卷积,InstanceNorm 代表正则化方法,ReLU 代表激活函数。

(2)dk:代表降采样操作,采用 k 个尺寸为 3×3、步长为 2 的 Convolution-InstanceNorm-ReLU 操作,含义与(1)相同。输出张量的尺寸变为输入张量尺寸的一半,输出通道一般为输入通道的二倍。注意:填充方式为镜像(reflect),这是为了减少伪影,提高生成图片的清晰度。

(3)Rk:代表残差模块,包含两个卷积层,每层都有 k 个尺寸为 3×3 的卷积层。

(4)uk:代表升采样操作,采用 k 个、尺寸为 3×3、步长为 2 的 fractional-strided-Convolution-InstanceNorm-ReLU 的操作。其中,fractional-strided-Convolution 代表分子步长卷积,用于实现升采样;InstanceNorm 代表正则化方法;ReLU 代表激活函数,与降采样中的操作相同。

对于尺寸为 128×128 的输入图片,CycleGAN 生成模型采用了六个残差模块,采用上述命名法:c7s1-64、d128、d256、R256、R256、R256、R256、R256、R256、u128、u64、c7s1-3。CycleGAN 的生成模型架构如图 10-4 所示。

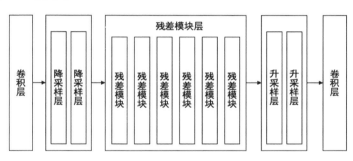

图 10-4　生成模型架构

10.3.2　生成模型代码

为了便于理解,对于每一个命名方式的网络层,均采用一个功能函数来实现。例如,对于 c7s1-k,采用 ck 函数来实现;对于 dk,采用 dk 函数来实现;依此类推,我们分别尝试了 Rk 和 uk 函数。这些函数的实现方式见下面的代码。

将 CycleGAN 的生成模型、判别模型的代码统一放在 cyclegan_model.py 文件中,构建生成模型的代码如下:

```python
#!/usr/bin/env python3
# -*- coding: UTF-8 -*-

from __future__ import absolute_import, division, print_function

import tensorflow as tf
```

```python
import tensorflow_addons as tfa
from tensorflow.keras.layers import (BatchNormalization, Conv2D,
                                      Conv2DTranspose, Input, LeakyReLU, ReLU)
from tensorflow.keras.models import Model


class CycleGAN():
    def __init__(self):
        # 输入图片的尺寸
        self.image_shape = (128, 128, 3)

        # 第一层的过滤器个数
        self.d_nfilters = 64   # 判别模型首层过滤器的个数
        self.g_nfilters = 64   # 生成模型首层过滤器的个数

        # 图片从 x 域转换到 y 域,再转换回 x 域的损失系数
        self.lambda_cycle = 10.0
        # 恒等变换的损失系数
        self.lambda_id = 0.1 * self.lambda_cycle

    def build_generator(self, name):
        """ 构建生成模型。 输入张量形状 128×128,采用六个 ResNet 模块 """

        def ck(layer_input, filters=64, kernel_size=7, strides=1, padding='REFLECT'):
            """ 用于实现形如 c7s1-64 的网络层,代表尺寸为 7×7、k 个过滤器、步长为 1、
            采用 reflect 填充的网络层 """
            # 如果是 reflect,则需要特殊处理
            if padding == 'REFLECT':
                # 计算需要填充的像素个数
                n_piexes = int((kernel_size - 1) / 2)

                # 按照卷积核尺寸的一半填充第一维、第二维
                # 第三维(通道)不填充
                paddings = [[0, 0], [n_piexes, n_piexes], [n_piexes, n_piexes], [0, 0]]

                # 采用 reflect 方式填充
                output = tf.pad(layer_input, paddings=paddings, mode='REFLECT')

                # 已经填充了,下面的卷积层就不用再填充了
                # 将填充方式改成 valid,再卷积时就不会填充了
                padding = 'valid'
            else:
                output = layer_input

            output = Conv2D(filters, kernel_size=kernel_size,
                            strides=strides, padding=padding)(output)
            output = tfa.layers.InstanceNormalization()(output)
            output = ReLU()(output)
```

```
        return output

    def dk(layer_input, filters, kernel_size=3, strides=2, padding='same'):
        """ 用于实现形如d256的网络层,代表尺寸为3×3、k个过滤器、步长为2、
        常规的填充的网络层 """
        output = Conv2D(filters, kernel_size=kernel_size,
                        strides=strides, padding=padding)(layer_input)
        output = tfa.layers.InstanceNormalization()(output)
        output = ReLU()(output)
        return output

    def Rk(layer_input, filters, kernel_size=3, padding='REFLECT'):
        """ 用于实现形如R256的网络层,ResNet模块,包括两个3×3卷积层、
        卷积核的数量都是k、采用reflect填充的网络层   """
        # 将padding方式复制一份
        padding_model = padding
        # 第一个3×3卷积,  如果是reflect,则需要特殊处理,否则略过
        if padding_model == 'REFLECT':
            # 计算需要填充的像素个数
            n_piexes = int((kernel_size - 1) / 2)

            # 按照卷积核尺寸的一半填充第一维、第二维,第三维(通道)不填充
            paddings = [[0, 0], [n_piexes, n_piexes], [n_piexes, n_piexes], [0, 0]]
            # 采用reflect方式填充
            output = tf.pad(layer_input, paddings=paddings, mode='REFLECT')

            # 已经填充了,下面的卷积层就不用再填充了
            # 将填充方式改成valid,在卷积时就不会填充了
            padding = 'valid'
        else:
            output = layer_input

        output = Conv2D(filters, kernel_size=kernel_size, padding=padding)(output)
        output = BatchNormalization()(output)
        output = ReLU()(output)   # 第1个3×3卷积包含非线性转换

        # 第二个3×3卷积,如果是reflect,则需要特殊处理,否则略过
        if padding_model == 'REFLECT':
            # 计算需要填充的像素个数 (仅限于尺寸为7×7、3×3等奇数的卷积核)
            n_piexes = int((kernel_size - 1) / 2)

            # 按照卷积核尺寸的一半填充第一维、第二维,第三维(通道)不填充
            paddings = [[0, 0], [n_piexes, n_piexes], [n_piexes, n_piexes], [0, 0]]
            output = tf.pad(output, paddings=paddings, mode='REFLECT')

            # 已经填充了,下面的卷积层就不用再填充了
            # 将填充方式改成valid,在卷积时就不会填充了
```

```
            padding = 'valid'

    output = Conv2D(filters, kernel_size=kernel_size, padding=padding)(output)
    output = BatchNormalization()(output)
    # 第三个 3×3 卷积,不包含非线性转换

    # 加上快捷连接的输出(shortcut connection),然后返回
    return output + layer_input

def uk(layer_input, filters, kernel_size=3, strides=2, padding='same'):
    """ 用于升采样,尺寸为 3×3、k 个过滤器、步长为 1/2 的分子卷积层
    (fractional-strided-Convolution-InstanceNorm-ReLU)"""
    # 采用转置卷积来实现分子卷积
    # 转置卷积 strides 等于 2 与分子卷积中步长等于 1/2 效果相同
    output = Conv2DTranspose(filters, kernel_size=kernel_size,
                             strides=strides, padding=padding)(layer_input)
    output = tfa.layers.InstanceNormalization()(output)
    output = ReLU()(output)
    return output


# 生成模型输入的形状
layer_input = Input(shape=self.image_shape)

# 网络层:c7s1-64、d128、d256、R256、R256、R256、R256、R256、R256、u128、u64、c7s1-3
# 第一个卷积层
net = ck(layer_input, self.g_nfilters)

# 两个降采样层
net = dk(net, self.g_nfilters * 2)
net = dk(net, self.g_nfilters * 4)

# 六个 ResNet 网络层
net = Rk(net, self.g_nfilters * 4)
net = Rk(net, self.g_nfilters * 4)
net = Rk(net, self.g_nfilters * 4)
net = Rk(net, self.g_nfilters * 4)
net = Rk(net, self.g_nfilters * 4)
net = Rk(net, self.g_nfilters * 4)

# 两个升采样层
net = uk(net, self.g_nfilters * 2)
net = uk(net, self.g_nfilters)

# 一个卷积层,采用 reflect 方式填充
paddings = [[0, 0], [3, 3], [3, 3], [0, 0]]
net = tf.pad(net, paddings=paddings, mode='REFLECT')
# 最后一层。采用 tanh 作为激活函数,将像素取值范围映射到 [0, 1]
```

```
net = Conv2D(3, kernel_size=7, strides=1, padding='valid', activation=
'tanh')(net)

# 构建生成模型
return Model(layer_input, net, name=name)
```

10.3.3　判别模型架构

CycleGAN 的判别模型是采用 70×70 的 PatchGAN 来实现的。传统的判别模型多采用二分类实现,所以最后一层往往只有一个神经元。输出的取值范围多为[0, 1],输出取值越接近 1,代表输入图片为真;输出取值越接近 0,代表输入图片为假。与传统的判别模型相比,PatchGAN 稍有变化,最后一层的输出是一个矩阵,矩阵的每个元素代表输入图片的一个区域(感受野)是否为真。通过以上变化,PatchGAN 所需的参数更少。

CycleGAN 的判别模型最后一层输出张量的形状为 8×8×1,可以将其看作一个二维矩阵,矩阵的每一个元素代表输入图片对应的 70×70 像素区域是否为真。

10.3.4　判别模型代码

CycleGAN 判别模型的网络层的命名方式如下。

ck:代表 *k* 个尺寸为 4×4、步长为 2 的 Convolution-InstanceNorm-LeakyReLU 操作。对于判别模型的最后一层,采用一个卷积操作,输出一维张量;对于判别模型的第一个网络层 C64,没有采用 InstanceNorm 正则化;对于 LeakyReLU 函数,泄漏系数采用 0.2。

采用上述命名规则,CycleGAN 的判别模型可以表示为 C64-C128-C256-C512。实现代码如下:

```
def build_discriminator(self, name):
    """ 构建判别模型"""

    def d_layer(layer_input, filters, kernel_size=4, normalization=True):
        """判别模型的网络层
        采用尺寸为4×4、步长为2的Convolution-InstanceNorm-LeakyReLU"""
        d = Conv2D(filters, kernel_size=kernel_size, strides=2, padding=
         'same')(layer_input)
        if normalization:
            d = tfa.layers.InstanceNormalization()(d)
        # LeakyReLU函数,泄漏系数为0.2
        d = LeakyReLU(alpha=0.2)(d)
        return d

    # 输入图片
    img = Input(shape=self.image_shape)

    # 第一个网络层,不采用InstanceNormalization正则化
```

```
    d1 = d_layer(img, self.d_nfilters, normalization=False)

    # 三个降采样的网络层,卷积核数量增加一倍,尺寸缩小一半
    d2 = d_layer(d1, self.d_nfilters * 2)
    d3 = d_layer(d2, self.d_nfilters * 4)
    d4 = d_layer(d3, self.d_nfilters * 8)

    # 输出一个通道的辨别结果
    validity = Conv2D(1, kernel_size=4, strides=1, padding='same')(d4)

    return Model(img, validity, name=name)
```

10.3.5　样本数据装载

对于样本图片,CycleGAN首先读取图片,再按照RGB格式、三通道的方式解析成输入张量。将样本数据装载的代码保存到dataset_loader.py文件中。实现代码如下:

```
#!/usr/bin/env python3
# -*- coding: UTF-8 -*-

import numpy as np
import tensorflow as tf


class DatasetLoader():
    """ 数据装载对象,用于装载训练数据集和测试数据集 """

    def __init__(self, dataset_name, input_image_size=(128, 128)):
        """CycleGAN的初始化函数
        :param dataset_name: 数据集名称,可选名称有apple2orange、summer2winter_yosemite、
        horse2zebra、monet2photo、cezanne2photo、ukiyoe2photo、vangogh2photo、maps、
        cityscapes、facades、iphone2dslr_flower、ae_photos
        :param input_image_size: 图片标准化尺寸,将原始图片的大小标准化,便于模型处理
        """
        self.dataset_name = dataset_name
        self.input_image_size = input_image_size

    def load_data(self, domain, batch_size=1, is_testing=False):
        """ 读取样本图片数据
        :param domain: 域
        :param batch_size: 批处理大小
        :param is_testing: 是否测试过程
        """
        dataset_type = "train{}".format(domain) if not is_testing else "test{}".
         format(domain)
        filename_pattern = './datasets/{}/{}/*'.format(self.dataset_name,
```

```
        dataset_type)
    image_filenames = tf.io.matching_files(pattern=filename_pattern)

    # 从所有图片中随机选择batch_size个图片
    batch_filenames = np.random.choice(image_filenames, size=batch_size)

    images = []
    for filename in batch_filenames:
        # 读取并且将图片缩放到标准尺寸
        image = self.image_read(filename)
        image = tf.image.resize(image, self.input_image_size)

        # 如果是训练过程,那么执行样本数据增强
        if not is_testing:
            image = tf.image.flip_left_right(image)

        images.append(image)

    # 将像素的取值范围从[0, 255]映射到[0.0, 1.0]
    images = np.array(images) / 127.5 - 1.0

    return images

def load_batch(self, batch_size=1, is_testing=False):
    """ 加载一个批次的样本数据
    :param batch_size: 批处理的大小
    :param is_testing: 是训练状态还是测试状态(选用哪个样本数据集)
    """
    dataset_type = "train" if not is_testing else "val"

    # 分别读取x、y域的图片文件名称列表
    x_images = tf.io.matching_files('./datasets/{}/{}A/*'.format(
                                    self.dataset_name, dataset_type))
    y_images = tf.io.matching_files('./datasets/{}/{}B/*'.format(
                                    self.dataset_name, dataset_type))

    # 为防止x域、y域图片数量不一致,以图片数量少的为准
    self.num_batches = int(min(len(x_images), len(y_images)) / batch_size)
    # 有效样本数量
    num_images = self.num_batches * batch_size

    # 从原始的图片中随机选择num_images图片出来,图片可能存在重复
    x_images = np.random.choice(x_images, num_images, replace=False)
    y_images = np.random.choice(y_images, num_images, replace=False)

    # 遍历样本数据中所有的图片
    for i in range(self.num_batches - 1):
```

```python
        # 读取该批次的原始样本图片,后续对样本图片进行增强
        x_batch_filenames = x_images[i * batch_size: (i + 1) * batch_size]
        y_batch_filenames = y_images[i * batch_size: (i + 1) * batch_size]

        # 用于保存样本增强后的图片,包括原始尺寸缩放、水平翻转生成的图片等
        x_yield_images, y_yield_images = [], []
        for x_image, y_image in zip(x_batch_filenames, y_batch_filenames):

            # 读取原始样本图片
            x_image = self.image_read(x_image)
            y_image = self.image_read(y_image)

            # 统一缩放到标准尺寸,与模型输入张量的形状(128,128,3)保持一致
            x_image = tf.image.resize(x_image, size=self.input_image_size)
            y_image = tf.image.resize(y_image, size=self.input_image_size)

            # 放在一个批次列表中统一返回
            x_yield_images.append(x_image)
            y_yield_images.append(y_image)

            # 如果是训练数据,那么对样本数据进行增强
            if not is_testing:
                # 样本数据增强,通过水平翻转增强样本图片数量
                # 此处还可以增加其他样本数据增强手段(如镜像、抖动等)
                x_image = tf.image.flip_left_right(x_image)
                y_image = tf.image.flip_left_right(y_image)
                x_yield_images.append(x_image)
                y_yield_images.append(y_image)

        # 将像素的取值范围从[0, 255]映射到[0.0, 1.0]
        x_yield_images = np.array(x_yield_images) / 127.5 - 1.0
        y_yield_images = np.array(y_yield_images) / 127.5 - 1.0

        yield x_yield_images, y_yield_images

def image_read(self, image_filename):
    """
    读取一张图片
    :param image_filename: 图片的文件名
    """
    # 将图片文件读取到内存中
    image_contents = tf.io.read_file(image_filename)
    # 将图片内容解析成张量形式(按照RGB颜色模式)
    # channels约定返回RGB格式的图像,确保通道数等于三,与模型输入匹配
    return tf.image.decode_jpeg(image_contents, channels=3)
```

10.3.6　生成图片缓存

为了提高模型训练过程的稳定性,对于生成图片,CycleGAN 会保留 50 张历史上生成的图片用于训练判别模型。因此需要一个生成图片缓存,用来缓存生成图片的历史,并且按照一定的概率返回,用于判别模型的训练。将生成图片缓存的实现代码保存到 image_pool.py 文件中。实现代码如下:

```python
#!/usr/bin/env python3
# -*- coding: UTF-8 -*-

import numpy as np


class ImagePool():
    """ 生成图片的缓冲池,用于保存训练过程中生成的历史图片
    采用历史图片训练判别模型,可以提高模型训练过程的稳定性 """

    def __init__(self, pool_size=50):
        """ 初始化图片缓冲池
        :param pool_size: 整形图片缓冲池的尺寸
        """
        if pool_size <= 0:
            pool_size = 50
        self.pool_size = pool_size
        if self.pool_size > 0:
            self.num_imgs = 0  # 当前缓冲池中图片的个数
            self.images = []    # 创建空的图片缓冲池

    def load_image(self, images):
        """ 从缓冲池中加载图片
        :param images: 生成模型最新生成的图片
        :return: 从缓冲池中返回图片

        有50%的概率,缓冲池会直接返回最新生成的图片
        同样有50%的概率,缓冲池会直接返回之前生成的图片,并把最新的图片添加到缓冲池中
        """
        # 要返回的图片列表
        return_images = []
        for image in images:
            # 此时,image对象是三维的,扩展到四维便于后续处理
            image = np.expand_dims(image, axis=0)
            # 如果缓冲区没有填充满,将图片直接添加到缓冲区,并返回输入图片
            if self.num_imgs < self.pool_size:
                self.num_imgs += 1
                self.images.append(image)
                return_images.append(image)
```

```
    else:
        # 如果缓冲区已经填充满,按照50%的概率返回之前生成的图片
        # 50%的概率返回当前图片
        p = np.random.uniform(0, 1)
        # 如果随机数大于0.5,返回之前的图片
        if p > 0.5:
            # 随机选择一张之前的图片
            idx = np.random.randint(0, self.pool_size - 1)
            previous_image = self.images[idx].clone()
            # 将当前图片存放在之前图片的缓冲区
            self.images[idx] = image
            # 将之前的图片保存在返回图片列表中
            return_images.append(previous_image)
        else:
            # 随机数不大于0.5,直接返回当前图片
            return_images.append(image)

# 将要返回的图片列表串联成输入张量的形状(batch_size、height、width、channels)
return_images = np.concatenate(return_images, axis=0)
return return_images
```

10.3.7　模型训练

模型训练包括环境准备、模型构建、模型训练、生成图片采样,以及模型训练入口。把模型训练的相关代码保存到 cyclegan_trainer.py 文件中。

1. 环境准备

环境准备主要是完成训练环境的初始化,包括训练对象的初始化、训练参数的初始化、检查点生成与恢复等。实现代码如下:

```
#!/usr/bin/env python3
# -*- coding: UTF-8 -*-
from __future__ import division, print_function

import datetime
import logging
import os

import matplotlib.pyplot as plt
import numpy as np
import tensorflow as tf
import tensorflow_addons as tfa
from tensorflow.keras.layers import (BatchNormalization, Conv2D,
                                     Conv2DTranspose, Dense, Dropout, Flatten,
                                     Input, LeakyReLU, ReLU, Reshape)
```

```python
from tensorflow.keras.models import Model, Sequential
from tensorflow.keras.optimizers import Adam

from cyclegan_model import CycleGAN
from dataset_loader import DatasetLoader
from image_pool import ImagePool

logging.getLogger("tensorflow").setLevel(logging.ERROR)


class CycleGANTrainer():
    def __init__(self, cyclegan_model, dataset_name='horse2zebra', disc_patch=
    (8, 8, 1)):
        self.model = cyclegan_model
        self.dataset_name = dataset_name
        self.disc_patch = disc_patch
        # 用于保存生成的x域、y域历史图片
        self.x_fakes_pool = ImagePool()
        self.y_fakes_pool = ImagePool()

        # 图片从x域转换到y域,再转换回x域的损失权重
        self.cycle_weight = 10.0
        # 恒等变换的损失系数
        self.id_weight = 0.1 * self.cycle_weight

        # 模型保存的地址
        self.model_dir = "./logs/cyclegan/model/{}".format(dataset_name)
        os.makedirs(self.model_dir, exist_ok=True)

        # 训练过程中生成的图片保存的地址
        self.image_dir = "./logs/cyclegan/images/{}".format(dataset_name)
        os.makedirs(self.image_dir, exist_ok=True)

        # 初始化数据集加载对象
        self.data_loader = DatasetLoader(dataset_name)
        self.build_cyclegan()

    def restore_checkpoint(self, manager):
        """ 从上一次训练保存的检查点恢复模型
        :param manager:检查点管理对象
        """
        # 如果有,则加载上一次保存的模型
        self.checkpoint.restore(manager.latest_checkpoint)
        # 检查是否加载成功,如成功,则从上一次保存点加载模型
        if manager.latest_checkpoint:
            print("\n从上一次保存点恢复:{}\n".format(manager.latest_checkpoint))
            self.epoch = self.checkpoint.epoch
```

```
            self.step = self.checkpoint.step
            # 分别保存x域、y域的判别模型
            self.x_discriminator = self.checkpoint.x_discriminator
            self.y_discriminator = self.checkpoint.y_discriminator

            # 保存联合模型（combined）
            self.combined = self.checkpoint.combined
        else:
            # 初始化epoch、step
            self.epoch = 1
            self.step = 1
```

2. 模型构建

模型构建需要完成生成模型、判别模型以及联合模型的创建和编译。实现代码如下：

```
def build_cyclegan(self):
    # 优化器
    optimizer = Adam(0.0002, 0.5)

    # 构建x域、y域的判别模型
    self.x_discriminator = self.model.build_discriminator(name="x_discriminator")
    self.y_discriminator = self.model.build_discriminator(name="y_discriminator")
    self.x_discriminator.summary()
    print("\n")

    # 编译x域、y域的判别模型
    self.x_discriminator.compile(loss='mse', optimizer=optimizer, metrics=['accuracy'])
    self.y_discriminator.compile(loss='mse', optimizer=optimizer, metrics=['accuracy'])

    # 构建计算图
    # 构建x域到y域、y域到x域转换的生成模型
    self.g_x2y = self.model.build_generator(name="g_x2y")
    self.g_y2x = self.model.build_generator(name="g_y2x")
    self.g_x2y.summary()
    print("\n")

    # 源域图像的输入
    x_input = Input(shape=self.model.image_shape)
    y_input = Input(shape=self.model.image_shape)

    # 将源域的图片转换到另一个域
    fake_y = self.g_x2y(x_input)
    fake_x = self.g_y2x(y_input)

    # 将转换后的图片再转换回原来的域
    recon_x = self.g_y2x(fake_y)
    recon_y = self.g_x2y(fake_x)
```

```
# 恒等变换分支损失，能够提高生成图片的色彩还原度
# 实现：将目标域的样本图片输入给转换函数，目标是转换后的图片与原始图片完全一致
id_x = self.g_y2x(x_input)
id_y = self.g_x2y(y_input)

# 固定判别模型的参数。准备构建联合模型，用于训练生成模型
self.x_discriminator.trainable = False
self.y_discriminator.trainable = False

# 判别模型判断生成的图片是否真实
valid_x = self.x_discriminator(fake_x)
valid_y = self.y_discriminator(fake_y)

# 构建联合模型，训练生成模型试图欺骗判别模型
# 生成模型生成判别模型认为"真实"的图片
self.combined = Model(inputs=[x_input, y_input], outputs=[
                        valid_x, valid_y, recon_x, recon_y, id_x, id_y])
self.combined.compile(loss=['mse', 'mse', 'mae', 'mae', 'mae', 'mae'],
                        loss_weights=[1, 1, self.cycle_weight, self.cycle_weight,
                                        self.id_weight, self.id_weight],
                        optimizer=optimizer)
```

3. 模型训练

　　模型训练包括样本图片读取、分批次优化模型、记录训练日志，以及在训练过程中定期对生成模型进行采样，即调用生成模型生成图片用于检查生成模型的性能。实现代码如下：

```
def train(self, epochs=1, batch_size=1, sample_interval=50):
    """ 模型训练 """
    start_time = datetime.datetime.now()
    # 检查点保存函数，用于从上一次保存点继续训练
    self.checkpoint = tf.train.Checkpoint(
        # 训练的轮次，保存起来，在多次训练中持续增长
        epoch=tf.Variable(0),
        # 训练的步数（全局步数），在多次训练中持续增长
        step=tf.Variable(0),

        # 分别保存x域、y域的判别模型
        x_discriminator=self.x_discriminator,
        y_discriminator=self.y_discriminator,

        # 保存联合模型（combined）
        combined=self.combined
    )

    # 检查是否有上一次训练过程中保存的模型
    self.manager = tf.train.CheckpointManager(
```

```
            self.checkpoint, self.model_dir, max_to_keep=5)
    # 如果有,则加载上一次保存的模型
    self.checkpoint.restore(self.manager.latest_checkpoint)

    # 检查是否加载成功
    if self.manager.latest_checkpoint:
        self.restore_checkpoint(self.manager)
    else:
        # 使用默认的生成模型和判别模型(初始化时已经构建)
        pass


# 标签(样本图片为valid,生成图片为fake)
valid = tf.ones((batch_size,) + self.disc_patch)
fake = tf.zeros((batch_size,) + self.disc_patch)


# 从0开始计算轮数,轮数保存在checkpoint对象中,每次从上一次的轮数开始
epoch = int(self.checkpoint.epoch)
for epoch in range(epoch, epochs):
    # 逐个批次训练
    for _, (x_imgs, y_imgs) in enumerate(self.data_loader.load_batch(batch_size)):
        # 当前进行了多少个批次的训练(第几步)
        step = int(self.checkpoint.step)
        # ------------------
        #  训练判别模型
        # ------------------
        # 将原始图片从原始的域转换到目标域
        fake_y = self.g_x2y.predict(x_imgs)
        fake_x = self.g_y2x.predict(y_imgs)

        # 训练x域的判别模型(样本图片为valid,生成图片为fake)
        dx_loss_real = self.x_discriminator.train_on_batch(x_imgs, valid)
        # 从x域的图片缓冲池中加载生成的图片
        fake_x = self.x_fakes_pool.load_image(fake_x)
        dy_loss_fake = self.x_discriminator.train_on_batch(fake_x, fake)
        dx_loss = 0.5 * np.add(dx_loss_real, dy_loss_fake)

        # 训练y域的判别模型(样本图片为valid,生成图片为fake)
        dy_loss_real = self.y_discriminator.train_on_batch(y_imgs, valid)
        # 从y域的图片缓冲池中加载生成的图片
        fake_y = self.y_fakes_pool.load_image(fake_y)
        dy_loss_fake = self.y_discriminator.train_on_batch(fake_y, fake)
        dy_loss = 0.5 * np.add(dy_loss_real, dy_loss_fake)

        # 对于CycleGAN来说,判别模型既包括x域的判别模型,也包括y域的生成模型
        d_loss = 0.5 * np.add(dx_loss, dy_loss)

        # ------------------
```

```
    #  训练生成模型
    # ------------------
    # 使用combined训练生成模型
    # 在联合模型中,判别模型的参数已经固定(trainable=False)
    g_loss = self.combined.train_on_batch(
        [x_imgs, y_imgs], [valid, valid, x_imgs, y_imgs, x_imgs, y_imgs])

    elapsed_time = datetime.datetime.now() - start_time

    # 输出控制台日志,显示训练进程
    if step % 10 == 0:
        print("[轮次 {}/{}] [批次 {}/{}] [D 损失: {:.6f}, 精度: {:.2f}%] ".format(
            epoch + 1, epochs, step, self.data_loader.num_batches, d_loss[0],
            100 * d_loss[1]))
        print("[G 损失: {:.6f}, 对抗损失: {:.6f}, 循环损失: {:.6f}, "\
            "Id损失: {:.6f}] 耗时: {}\n".format(g_loss[0], np.mean(g_loss[1:3]),
            np.mean(g_loss[3:5]), np.mean(g_loss[5:6]), elapsed_time))

    # 每训练sample_interval步,生成一次图片,以便于检查模型效果
    if step % sample_interval == 0:
        self.sample_images(epoch, step)

    # 每训练sample_interval × 2步,保存一次模型
    if step % (sample_interval * 2) == 0:
        save_path = self.manager.save()
        print("保存模型,文件名: {}\n".format(save_path))

    self.checkpoint.step.assign_add(1)

    # 完成一轮训练,将轮次增加一次
    self.checkpoint.epoch.assign_add(1)
```

4. 生成图片采样

生成图片采样是指每隔一定的训练步骤,就调用生成模型生成一次图片,用于观察图像转换的效果。实现代码如下:

```
def sample_images(self, epoch, step):
    """ 在模型训练过程中,每隔一段时间就生成一次图片,检查模型训练效果 """
    r, c = 2, 3

    x_img = self.data_loader.load_data(domain="A", batch_size=1, is_testing=True)
    y_img = self.data_loader.load_data(domain="B", batch_size=1, is_testing=True)

    # 将图像从一个域转换到另一个域
    fake_y = self.g_x2y.predict(x_img)
    fake_x = self.g_y2x.predict(y_img)
```

```
# 将转换后的图片转换回原来的域
recon_x = self.g_y2x.predict(fake_y)
recon_y = self.g_x2y.predict(fake_x)

gen_imgs = np.concatenate([x_img, fake_y, recon_x, y_img, fake_x, recon_y])

# 将像素取值映射到[0, 1]区间
gen_imgs = 0.5 * gen_imgs + 0.5

titles = ['Original', 'Translated', 'Cycled Image']
fig, axs = plt.subplots(r, c)
cnt = 0
for i in range(r):
    for j in range(c):
        axs[i, j].imshow(gen_imgs[cnt])
        axs[i, j].set_title(titles[j])
        axs[i, j].axis('off')
        cnt += 1

image_fname = os.path.join(self.image_dir, "{:04d}_{:05d}.png".format
  (epoch+1, step+1))
fig.savefig(image_fname)
plt.close()

tmp = "第{}轮，第{}步，保存图片:{}\n\n"
print(tmp.format(epoch + 1, step + 1, image_fname))
```

5. 模型训练入口

最后实现CycleGAN模型训练的调用入口,实现代码如下:

```
# CycleGAN模型训练入口
trainer = CycleGANTrainer(CycleGAN())
trainer.train(200, sample_interval=50)
```